高职高专规划教材

化工自动化及仪表

（第二版）

王银锁　主编

石油工业出版社

内 容 提 要

本书主要介绍压力、流量、物位、温度等检测及对应仪表的基本结构、工作原理和使用方法，过程控制系统的基本概念、组成、过渡过程形式、质量指标和控制器参数对系统过渡过程的影响，不同控制系统的结构、特点、应用场合等，新型控制系统、典型单元操作和生产过程控制方案等。本书配有实训项目的说明，通过理论知识和实际操作训练相结合，力求使学生达到国家职业标准要求的培养目标。

本书为高职高专炼油技术专业、应用化学专业、化学工程与工艺专业、石油化工专业的教材，也适用于医药、煤矿、冶金等相关专业，还可作为炼油、化工、医药、煤矿等相关企业的职业技能培训教材或参考书。

图书在版编目(CIP)数据

化工自动化及仪表/王银锁主编. —2版. —北京：石油工业出版社，2020.3(2024.1重印)

高职高专规划教材

ISBN 978-7-5183-3851-1

Ⅰ. ①化… Ⅱ. ①王… Ⅲ. ①化工过程—自动控制系统—高等职业教育—教材 ②化工仪表—高等职业教育—教材 Ⅳ. ①TQ056

中国版本图书馆 CIP 数据核字(2020)第 024493 号

出版发行：石油工业出版社

　　　　(北京市朝阳区安定门外安华里 2 区 1 号楼　100011)

　　网　　址：http://www.petropub.com

　　编辑部：(010)64251362　图书营销中心：(010)64523633

经　　销：全国新华书店

排　　版：北京创意弘图文化发展有限公司

印　　刷：北京晨旭印刷厂

2020 年 3 月第 2 版　2024 年 1 月第 9 次印刷

787 毫米×1092 毫米　开本：1/16　印张：16.75

字数：405 千字

定价：36.00 元

第二版前言

本书的第一版于 2011 年出版，多年来在教学实践中得到了广大师生的好评。但随着行业的发展和国家对高职院校的要求的变化，原有的内容已不能完全满足实际需要。在这样的背景下，本次修订工作于 2018 年启动，初稿于 2019 年 10 月完成，综合了多所院校的师资力量。编者对部分章节的内容进行了增补，坚持以"必需、够用"为原则，在内容选择上注意实用性、先进性、通用性和典型性，突出了高等职业教育注重实践技能训练和动手能力培养的特色。

本书依旧以自动控制系统的内容为主线，主要介绍自动控制系统的基本概念、组成、过渡过程形式、质量指标和控制器参数对系统过渡过程的影响；压力、流量、物位、温度及成分变量的检测仪表的基本结构、工作原理和使用方法；简单、串级、均匀、比值等控制系统的结构、特点、应用场合，并介绍新型控制系统、典型单元的控制方案等。本书第十一章为实训项目指导，将理论与实践紧密结合。授课教师可以根据本校情况，有选择地以本书内容为基础进行授课，以满足具体需求。

本书可作为高等职业教育、继续教育的炼油技术专业、应用化学专业、化学工程与工艺专业、石油化工专业的教材，也适用于医药、煤矿、冶金等相关专业，还可作为炼油、化工、医药、煤矿等相关企业的职业技能培训教材。

本书共分为十一章，其中绪论和第一、第二、第八章由兰州石化职业技术学院王银锁编写；第三、第四、第十章及附录由兰州石化职业技术学院李海霞编写；第五章由甘肃石化技师学院马志新编写；第六、第七、第十一章由兰州石化职业技术学院杜青青编写；第九章由兰州石化职业技术学院李红萍编写。王银锁任主编并负责全书统稿工作，兰州石化职业技术学院丁炜任主审。

本书编写过程中得到了兰州石化职业技术学院和中国石油兰州石化公司等单位的领导、朋友和同仁的大力支持，并参考了大量的相关书籍和资料。编者在此向为本书的编写提供过帮助的人们、相关书籍及资料的作者致以诚挚的谢意！

鉴于编者水平有限，书中难免存在错误和不妥之处，恳请诸位读者不吝批评指正。

编　者
2019 年 10 月

第一版前言

本书主动适应社会发展需要，在内容选择上注意实用性、先进性、通用性和典型性，突出高等职业教育注重实践技能训练和动手能力培养的特色，并以"必需、够用"为原则，精选教学材料，精心设计实训项目。

本书以自动控制系统的内容为主线，主要介绍自动控制系统的基本概念、组成、过渡过程形式、质量指标和控制器参数对系统过渡过程的影响；压力、流量、物位、温度变量的检测仪表的基本结构、工作原理和使用；简单、串级、均匀、比值等控制系统的结构、特点、应用场合，并介绍新型控制系统、典型单元的控制方案等。在第十一章中编写了实训项目指导，通过一边学习理论知识，一边进行实际操作训练，将理论与实践紧密结合起来，工学结合，案例教学，达到国家职业标准要求的培养目标。

本书为高等职业教育、继续教育等院校的炼油技术专业、应用化学工程专业、化学工程与工艺专业、石油化工专业的教材，也适用于医药、煤矿、冶金等相关专业，并可作为炼油、化工、医药、煤矿等相关企业的职业技能培训教材。

本书授课总计约 70 学时。授课教师可根据本校情况，对书中的内容进行选择、补充或删减，拟定授课计划，以满足教学需要。

本书共分为十一章，其中，绪论、第一、二、八章由兰州石化职业技术学院王银锁编写；第三、四章由新疆轻工职业技术学院王伟编写；第五章由甘肃石化技师学院马志新编写；第六、七章由兰州石化职业技术学院张德泉编写；第十章及附录由兰州石化职业技术学院尤晓玲编写；第九、十一章由兰州石化职业技术学院李红萍编写。王银锁负责全书统稿工作。

本书由王银锁任主编，马志新、王伟任副主编。全书由兰州石化职业技术学院丁炜任主审。

在本书编写过程中得到了兰州石化职业技术学院和中国石油兰州石化公司等单位的领导、朋友和同仁的大力支持和帮助，并参考了大量的相关书籍和资料。编者在此向为本书的编写提供过帮助的人们和相关书籍及资料的作者致以诚挚的谢意！

由于编者水平有限，书中难免存在错误和不妥之处，恳请读者批评指正。

编　者
2011 年 4 月

目　　录

绪　论

化工生产过程自动化,就是在化工设备、装置及管道上,配置一些自动化装置,替代操作工人的部分直接劳动,使某些过程变量能准确地按照预期需要的规律变化,使生产在不同程度上自动地进行。这种部分地或全部地通过自动化装置来管理化工生产过程的办法,称为化工生产过程自动化,简称为化工自动化。自动化是提高社会生产力的有力工具之一。

一、化工自动化及仪表技术发展概况

在 20 世纪 40 年代以前,绝大多数化工生产处于手工操作状况,操作工人根据反映主要工艺变量的仪表指示情况,人工改变操作条件,生产过程单凭经验进行。

20 世纪 50 年代和 60 年代应用的自动化技术工具主要是基地式电动、气动仪表及膜片式的单元组合仪表。此时由于对化工对象的动态特性了解不够深入,因此,半经验、半理论的设计准则和整定公式,在自动控制系统设计和控制器整定中起了相当重要的作用,解决了许多实际问题。

20 世纪 70 年代在自动化技术工具方面,气动Ⅲ型和电动Ⅲ型单元组合式仪表就相继问世,并发展到具有多功能的组装仪表、智能式仪表,为实现各种特殊控制规律提供了条件。新型智能传感器和控制仪表的问世使仪表与计算机之间的直接联系极为方便。

在自动控制系统方面,各种新型控制系统相继出现,控制系统的设计与整定方法也有了新的发展。特别是电子计算机在自动化中发挥越来越巨大的威力,促使常规仪表不断变革,以满足生产过程中对能量利用、产品质量、效率等各个方面的越来越高的要求。

20 世纪 70 年代计算机开始用于生产过程控制,出现了计算机控制系统。最初是用计算机代替常规控制仪表,实现集中控制,这就是直接数字控制系统(Direct Digital Control,DDC)。由于集中计算机控制的固有缺陷,很难取得显著的社会效益和经济效益,因此很快就被集散控制系统(Distributed Control System,DCS)所代替。

集散控制系统一方面将控制负荷分散化,另一方面又将数据显示、实时监督等功能集中化,这种既集中又分散的控制系统在 20 世纪 80 年代得到了很快的发展和广泛的应用。DCS不仅可以实现许多复杂控制系统,而且在其基础上还可以实现许多先进控制和优化控制。随着计算机及网络技术的发展,DCS 还可以实现多层次计算机网络构成的管控一体化系统(Computer Integrated Process System,CIPS)。

现场总线和现场总线控制系统得到了迅速的发展。现场总线是顺应智能现场仪表而发展起来的一种开放型的数字通信技术,它是综合运用微处理器技术、网络技术、通信技术和自动控制技术的产物。

采用现场总线作为系统的底层控制网络,构造了新一代的网络集成式全分布计算机控制系统,这就是现场总线控制系统(Fieldbus Control System,FCS)。FCS 的最显著特征是它的开放性、分散性和数字化通信,较 DCS 而言,它更好地体现了"信息集中,控制分散"的思想,因此有着更加广泛的应用基础。

二、化工自动化仪表的分类

在化工生产过程中,需要测量与控制的变量是多种多样的,但主要的有热工量（压力、流量、液位、温度等）和成分(或物性) 量。

化工自动化仪表按其功能不同,大致分成四个大类:检测仪表(包括各种工艺变量的测量元件和变送器)、显示仪表(包括模拟量显示仪表和数字量显示仪表)、控制仪表(包括气动、电动控制仪表及数字式控制器)、执行器(包括气动、电动、液动控制阀和变频器等)。

三、化工自动化系统的分类

化工自动化系统根据其功能不同,可以分为以下四种。

1. 自动检测系统

利用各种仪表对化工生产过程中主要工艺变量进行测量、指示或记录的系统,称为自动检测系统。它代替了操作人员对工艺变量的不断观察与记录,因此起到对过程信息的获取与记录作用。这在生产过程自动化中,是最基本的也是十分重要的内容。

2. 自动信号报警和联锁保护系统

化工生产过程中,有时由于一些偶然因素的影响,导致工艺变量超出允许的变化范围而出现不正常情况,就有可能引起事故。为此,常对某些关键性变量设有自动信号报警和联锁保护装置。

当工艺变量超过了工艺允许的范围,在事故即将发生以前,信号报警系统就自动地发出声、光信号警报,提醒操作人员注意,并督促操作人员及时采取措施。声信号提醒操作人员有变量超过了工艺允许的范围,光信号帮助操作人员确定是哪一个变量异常。

如果工况已到达危险状态,联锁系统立即自动采取紧急措施,打开安全阀或切断某些通路,必要时紧急停车,以防止事故的发生和扩大。它是生产过程中的一种安全系统。

3. 自动操纵及自动开停车系统

自动操纵系统可以根据预先规定的步骤自动地对生产设备进行某种周期性操作。例如合成氨造气车间的煤气发生炉,要求按照吹风、上吹、下吹、制气、吹净等步骤周期性地接通空气和水蒸气,利用自动操纵系统可以代替人工,自动地按照一定的时间程序开启空气和水蒸气的阀门,使它们交替地接通煤气发生炉,从而极大地减轻了操作人员的重复性体力劳动。

自动开停车系统可以按照预先规定好的步骤,将生产过程自动地投入运行或自动停车。

4. 自动控制系统

化工生产,大多数是连续生产,各设备相互关联着,生产过程中各种工艺条件是经常变化的,当其中某一设备的工艺条件发生变化时,都可能引起其他设备中某些变量的波动,从而偏离正常的工艺条件。因此,就需要用一些自动控制装置,对生产中某些关键性变量进行自动控制,使它们在受到外界干扰的影响而偏离正常状态时,能自动地回到规定的数值上或规定的数值范围内,这就是自动控制系统。

由以上所述可以看出:自动检测系统是"了解"生产过程进行的情况;自动信号报警和联锁保护系统能够在工艺条件进入某种极限状态时,采取安全措施,以免发生生产事故;自动操纵系统能够按照预先规定好的步骤进行某种周期性操纵;自动控制系统能够自动地克服各种干扰因素对工艺变量的影响,使它们始终保持在预先规定的数值上,保证生产维持在正常或最佳的工艺操作状态。因此,自动控制系统是生产过程自动化的核心内容。

四、课程的性质和任务

化工生产过程自动化是一门综合性的技术课程。它是利用自动控制课程、仪器仪表课程及计算机学科的理论与技术服务于石化工程课程。随着现代科学技术的进步,本课程将不断发展并日益被人们所重视。

在化工生产过程中,由于实现了自动化,人们通过自动化装置来管理生产,自动化装置与工艺及设备已结合成为有机的整体。因此,越来越多的工艺技术人员认识到:学习仪表及自动化方面的知识,对于管理与开发现代化化工生产过程是十分必要的。

第一章　自动控制系统基本知识

第一节　概述

一、化工生产过程的控制

在工业生产中,对工艺过程中的一些物理量,即工艺变量,有着一定的控制要求。例如,在精馏塔的操作中,当塔中压力维持恒定时,只有保持精馏段或提馏段温度一定,才能得到合格的产品。有些工艺变量虽不直接影响产品的质量和数量,然而,保持其平稳却是使生产获得良好控制的前提。因此对某些工艺变量,需要加以必要的控制。

二、自动控制系统的组成

为了实现化工生产过程的控制,早期是人工控制,后来发展为自动控制。自动控制也是受到人工控制经验的启发而产生和发展起来的。

1.人工控制

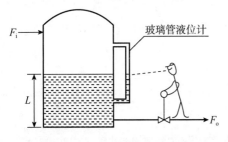

图 1-1　液位人工控制原理图

液体贮槽是生产上常用的设备,通常用来作为中间容器或成品储罐。从前一个工序来的物料连续不断地流入贮槽,而槽中的液体又送至下一工序进行加工或包装。流入量或流出量的波动都会引起槽内液位的波动。贮槽液位过高,液体有可能溢出槽外造成浪费;液位过低,贮槽可能被抽空,有被抽瘪而报废的危险。因此,维持液位在设定的标准值上是保证贮槽正常运行的重要条件。这可以采用以贮槽液位为操作指标,以改变流出量为控制手段,达到维持液位稳定的目的。贮槽液位人工控制原理如图1-1所示。

操作人员用眼睛观察玻璃液位计的液位高度,并通过神经系统告诉大脑;大脑根据眼睛看到的液位高度加以思考,并与生产上要求的液位标准值进行比较,得出偏差大小和方向,然后根据经验发出操作命令。按照大脑发出的命令,操作人员用双手去改变阀门开度,以调整流出流量 F_o,使流出量等于流入流量 F_i,最终使液位保持在设定的标准值上。贮槽液位人工控制逻辑如图1-2所示,人的眼、脑、手三个器官,分别承担了检测、运算和执行三个任务,通过眼看、脑想和手动等一系列行为,共同来完成测量、求偏差、再控制以纠正偏

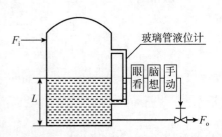

图 1-2　液位人工控制逻辑图

差的全过程,保持了贮槽液位的恒定。

2. 自动控制

随着工业生产装置的大型化和对生产过程的强化,生产流程更为复杂。人工控制受生理方面的限制,越来越难以满足大型现代生产的需要。因此,人们在长期的生产和科学实验中经过不断探索发现,意识到如果能找到一套自动化装置替代人工操作,将液体贮槽和自动化装置结合在一起,构成一个自动控制系统,那么就可以实现自动控制了。贮槽液位自动控制原理如图1-3所示。

液位变送器将贮槽液位的高度测量出来并转换为标准统一信号。控制器接收变送器送来的标准信号,与工艺要求保持的贮槽液位高度标准信号相比较后得出偏差,按某种运算规律输出控制信号。控制阀接受控制器输出的控制信号以改变阀门的开度,从而调整流出量,使贮槽液位保持稳定,这就是自动控制。图1-4所示为贮槽液位自动控制流程图。图中,LT表示液位变送器,LC表示液位控制器,SV表示设定值,LV表示液位控制阀。它们组合起来,构成了自动化装置。

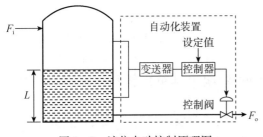
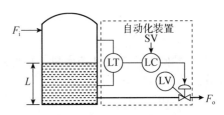

图1-3 液位自动控制原理图   图1-4 液位自动控制流程图

通过以上示例的对比分析可知,在贮槽液位自动控制中,液位变送器、控制器和控制阀分别替代了人工控制中人的眼睛、大脑和双手的职能,它们和液体贮槽一起,构成了一个自动控制系统。这里,液体贮槽称为被控对象,简称对象或过程。

综上所述,一般自动控制系统是由被控对象和自动控制装置两大部分组成的,或者说,自动控制系统是由被控对象、检测元件与变送器、控制器和执行器等四个基本环节所组成的。

3. 自动控制系统的方框图

在研究自动控制系统时,为了能更清楚地说明系统的结构及各环节之间的信号联系和相互影响,一般用方框图加以表示。自动控制系统的方框图,就是从信号流的角度出发,将组成自动控制系统的各个环节用带箭头的信号线相互连接起来的一种图形,如图1-5所示。

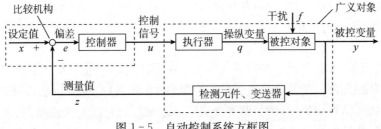

图1-5 自动控制系统方框图

方框图中每个方框代表系统中的一个环节,方框之间用一条带有箭头的直线表示它们相互间的联系,线上箭头表示信号传递的方向,线上字母说明传递信号的名称。箭头指向方框的信号为该环节的输入信号,箭头指离方框的信号为该环节的输出信号。

几点说明:

(1)箭头还具有单向性,即方框的输入信号只能影响输出信号,而输出信号不能影响输入信号。

(2)方框图中各线段所表示的是信号关系,而不是指具体的物料或能量。

(3)图中的比较机构实际上是控制器的一个部分,不是独立的元件,为了更醒目地表示其比较作用,才把它单独画出。比较机构的作用是比较设定值与测量值并得到其差值。

贮槽液位控制系统方框图如图1-6所示。

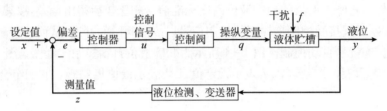

图1-6 贮槽液位控制系统方框图

现以贮槽液位控制系统为例,说明自动控制系统中常用的名词和术语的意义。

(1)被控变量y:被控变量是表征生产设备或过程运行状况,需要加以控制的变量。在图1-4中,贮槽液位就是被控变量。在控制系统中常见的被控变量有温度、压力、流量、液位、成分或物性等。

(2)干扰(或扰动)作用f:在生产过程中,凡是作用于对象,引起被控变量变化的各种外来因素都叫干扰(或扰动)作用。在图1-4中,流入贮槽液体的流量或压力变化就是干扰作用。

(3)操纵变量q:在控制系统中,受控制器操纵,并使被控变量保持在设定值的物料量或能量,被称为操纵变量。在图1-4中,出料流量就是操纵变量。用来实现控制作用的具体物料称为控制介质。一般地说,流过控制阀的流体就是控制介质。控制阀输出信号的变化称为控制作用。控制作用具体实现对被控变量的控制。

(4)设(给)定值x:设定值是一个与工艺要求的(期望的)被控变量相对应的信号值或工艺要求被控变量保持的数值。在图1-4中,生产期望的贮槽液位数值就是设定值。

(5)测量值z:测量值是检测元件与变送器的输出信号值。在图1-4中,液位变送器的输出信号值就是测量值。

(6)偏差值e:在自动控制系统中,规定偏差值是设定值与测量值之差,即$e=x-z$。在对控制器的特性分析和调校时,习惯取测量值与设定值之差为偏差值,即$e=z-x$。

(7)控制器输出(或控制信号)u:在控制器中,设定值与测量值进行比较得出偏差值,控制器根据此偏差值,按一定的控制规律进行运算,得到一个结果,与此结果对应的信号值,即为控制器输出。

(8)检测变送器:检测变送器是检测元件与变送器的简称。检测元件是将被测变量转换成宜于测量的信号的元件。变送器是接受过程变量(输入变量)形成的信息,并按一定的规律将其转换成标准统一信号的装置,例如温度变送器、压力变送器、流量变送器、液位变送器等。

(9)执行器:执行器是自动控制系统的终端环节。它响应控制器发出的信号,用于直接改变操纵变量,达到控制被控变量的目的。它可以是控制阀,也可以是变频调速装置等。

(10)被控对象:被控对象通常是需要控制其工艺变量的生产设备、机器、一段管道或设备的一部分,例如各种塔器、反应器、换热器、各种容器、泵和压缩机等。在图1-4中,贮槽就是被控对象。

(11)反馈:将系统的输出信号通过检测元件与变送器又引回到系统输入端的做法称为反馈。当系统输出端送回的信号取负值与设定值相加时,属于负反馈;当反馈信号取正值与设定值相加时,属于正反馈。自动控制系统一般采用的是负反馈。

三、自动控制系统的分类

自动控制系统有多种分类方法,可以按被控变量分类,如分为温度、压力、流量、液位、成分等控制系统,也可以按控制器具有的控制规律分类,如比例、比例积分、比例微分、比例积分微分控制系统。在分析控制系统时,最经常遇到的是将自动控制系统按照工艺过程需要控制的被控变量数值(即给定值)是否变化和如何变化来分类,这样可以将自动控制系统分为三类,即定值控制系统、随动控制系统和程序控制系统。

(1)定值控制系统。在生产过程中,如果要求控制系统使被控变量保持在一个生产指标上不变,这类控制系统称为定值控制系统。图1-4所示的液位自动控制系统就是定值控制系统的一个实例。在化工生产中绝大部分是定值控制系统,因此我们后面讨论的自动控制系统,如果没有特殊说明,都是定值控制系统。

(2)随动控制系统。给定值是一个未知变化量的控制系统称为随动控制系统,这类控制系统的任务是保证各种条件下的输出(被控变量)以一定的精度跟随着给定信号的变化而变化。

(3)程序控制系统。程序控制系统的给定值有规律的变化,是已知的时间函数。

假如对控制系统按有无闭合(简称闭环)来分类,又可分为闭环控制系统和开环控制系统。

凡是系统的输出信号对控制作用有直接影响的控制系统,就称为闭环控制系统。例如,图1-4所示的贮槽液位控制系统便是闭环控制系统。在图1-6所示的方框图中,任何一个信号沿着箭头方向前进,最后又会回到原来的起点。从信号的传递角度来看,构成了一个闭合回路。所以,闭环控制系统必然是一个反馈控制系统。

若系统的输出信号不能影响控制作用,则称作开环控制系统。这种系统的输出信号不反馈到输入端,不能形成信号传递的闭合环路。蒸汽加热器开环控制系统如图1-7所示。在蒸汽加热器中,如果负荷是主要干扰,则开环控制系统能使蒸汽流量与冷流体流量之间保持一定的函数关系。当冷流体流量变化时,通过控制蒸汽流量以保持热量平衡。图1-8所示为蒸汽加热器开环控制系统方框图,显然,开环控制系统不是反馈控制系统。

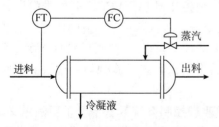

图1-7 蒸汽加热器开环控制系统

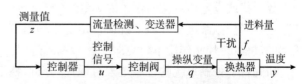

图1-8 蒸汽加热器开环控制系统方框图

由于闭环控制系统采用了负反馈,因而使系统的被控变量受外来干扰和内部参数变化影响小,具有一定的抑制干扰、提高控制精度的特点,开环控制系统则不能做到这一点。但开环控制系统结构简单、使用便捷。

方框图是研究自动控制系统的常用工具和重要的概念,有了它可以方便地讨论各个环节之间的相互影响。如果只需要研究系统输入与输出的关系,有时把图1-6的方框图简化为图1-9中所示的形式,即将检测元件与变送器、控制阀、控制对象合为一个整体,称之为广义对象。

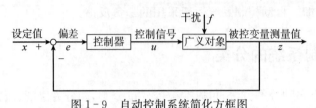

图1-9　自动控制系统简化方框图

上述各种系统中,各环节的传递信号都是时间的函数,因而统称连续控制系统。当各环节的输入、输出特性为线性时,则称这种系统为线性控制系统,反之为非线性控制系统。根据系统的输入和输出信号的数量可将各种系统分为单输入系统和多输入多输出系统等。

第二节　自动控制系统的过渡过程及其质量指标

一、静态、动态

自动控制系统如果处于平衡状态时,系统的输入信号(给定值和干扰量等)及输出信号(被控变量)都保持不变,过程控制系统内各组成环节都不改变其原来的状态,其输入、输出信号的变化率为零。而此时生产仍在进行,物料和能量仍然有进有出。被控变量不随时间而变化的平衡状态称为静态。

自动控制系统中原来处于平衡状态的系统受到干扰的影响,其平衡状态受到破坏,被控变量偏离给定值,此时控制器会改变原来的状态,产生相应的控制作用,改变操纵变量去克服干扰的影响,使系统达到新的平衡状态。被控变量随时间而变化的不平衡状态称为动态。

二、自动控制系统的过渡过程

当控制系统受到外界干扰信号或设定值变化信号时,被控变量都会被迫离开原先的设定值开始变化,使系统原先的平衡状态被破坏,只有当操纵变量重新找到一个合适的新数值来平衡外界干扰或设定值变化的作用时,系统才能重新处于平衡状态。因此,控制系统的过渡过程实际上是当控制系统在外界干扰或设定变化作用下,从一个平衡状态过渡到另一个新的平衡状态的过程,是控制作用不断克服干扰影响的过程。

研究自动控制系统的过渡过程对设计、分析、整定和改进控制系统具有十分重要的意义,过渡过程可以直接表示控制系统控制质量的优劣,与工业生产过程中的安全、产品产量及质量等有着密切的联系。

三、过渡过程的质量指标

1. 过渡过程的形式

在自动控制系统中,干扰作用是破坏系统的平衡状态,引起被控变量发生变化的外界因素,例如生产过程中前后工序的相互影响,负荷的变化,电压、气压的波动,气候的影响,等等。干扰是客观存在的,不可避免的。在生产过程中,大多数控制对象往往有数种干扰作用同时存在。从干扰的种类和形式来看是不固定的,多半属于随机性质的。在分析和设计控制系统时,为了安全和方便起见,在多种干扰中,往往只考虑一个最不利的干扰。阶跃干扰通常是最不利的,其作用特性如图 1-10 所示,图中横坐标代表时间,纵坐标代表被控变量偏离设定值的变化量。

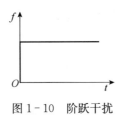

图 1-10　阶跃干扰

由图可见,阶跃干扰作用是一种突变作用,而且一经产生后就持续下去不再消失,它对被控变量的影响最大。如果一个系统能够很好地克服这种最不利的干扰影响,那么,其他形式的、变化较为缓和的干扰就能较好地被克服。

一般地说,自动控制系统在阶跃干扰作用下的过渡过程有以下几种基本形式。

1) 非周期衰减过程

当系统受到阶跃干扰后,在控制作用下,被控变量的变化先是单调地增大,到达一定程度后又逐渐减小,速度越来越慢,最终趋近设定值而稳定下来,这种过渡过程形式称为非周期衰减过程,如图 1-11 所示。

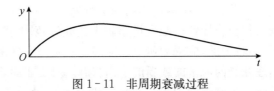

图 1-11　非周期衰减过程

2) 衰减振荡过程

当系统受到阶跃干扰后,被控变量在设定值附近上下波动,但幅度越来越小,最后稳定在某一数值上,这种过渡过程形式称为衰减振荡过程,如图 1-12 所示。

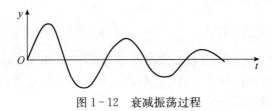

图 1-12　衰减振荡过程

3)等幅振荡过程

当系统受到阶跃干扰后,被控变量在设定值附近来回波动,而且波动幅度保持相等,这种过渡过程形式称为等幅振荡过程,如图 1-13 所示。

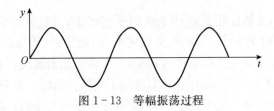

图 1-13　等幅振荡过程

4)发散振荡过程

当系统受到阶跃干扰后,被控变量来回波动,而且波动幅度逐渐变大,即偏离设定值越来越远,这种过渡过程形式称为发散振荡过程,如图 1-14 所示。

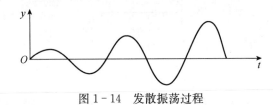

图 1-14　发散振荡过程

5)非周期发散过程

当系统受到阶跃干扰后,被控变量是单调地增大或减小,偏离原来的平衡点越来越远,这种过渡过程形式称为非周期发散过程,如图 1-15 所示。

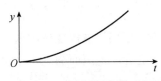

图 1-15　非周期发散过程

从以上分析可知,发散振荡、等幅振荡及非周期发散都属于不稳定过程,在控制过程中,被控变量不能达到平衡状态,甚至将导致被控变量超越工艺允许范围,严重时会引起事故发生,这是生产上所不允许的和不希望的,应竭力避免。非周期衰减与衰减振荡是属于稳定过程,被控变量经过一段时间后,逐渐趋向原来的或新的平衡状态。对于非周期衰减过程,由于这种过渡过程变化较慢,被控变量在控制过程中长时间地偏离给定值,而不能很快恢复平衡状态,所以一般不会采用,只有在生产上不允许被控变量有波动的情况下才会采用。对生产操作者来说,更希望得到衰减振荡过程,因为他容易看出被控变量的变化趋势,能够较快地使系统稳定下来,便于及时操作调整。所以,在研究过渡过程时,一般都以在阶跃干扰(包括设定值的变化)作用下的衰减振荡过程为依据。

2.过渡过程的质量分析

自动控制系统在受到外界作用时,要求被控变量能平稳、迅速和准确地回到设定值上来。控制系统的过渡过程是衡量控制系统品质的依据,因此,可以从过渡过程的稳定性、快速性和准确性等三方面来分析控制系统的控制品质。

假定自动控制系统在阶跃输入作用下,被控变量的变化是衰减振荡曲线形式,如图1-16所示。图中横坐标为时间,纵坐标为被控变量偏离设定值的变化量。假定在$t=0$之前,系统处于静态,且被控变量等于设定值。当$t=0$时,外加阶跃干扰作用。在控制作用下,被控变量开始按衰减振荡规律变化,经过一段时间后逐渐达到新的稳态值上。一般采用下列指标来评价控制系统的控制质量。

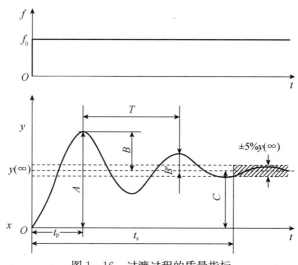

图1-16 过渡过程的质量指标

1)余差(C)

余差是控制系统过渡过程终了时,被控变量新的稳态值$y(\infty)$与设定值x之差。或者说余差就是过渡过程终了时存在的残余偏差,在图1-16中用C表示:

$$C=y(\infty)-x \tag{1-1}$$

余差是衡量控制系统准确性的一个质量指标。所以,希望余差越小越好。但在实际生产中,也并非要求任何系统的余差都要很小,例如一般贮槽的液位控制要求就不高,这种系统往往允许液位在一定范围波动,余差就可以大一些。又如精馏塔的温度控制,一般要求比较高,应当尽量消除余差。所以,对余差大小的要求,必须结合具体系统做具体分析,不能一概而论。

有余差的控制过程称为有差控制,相应的系统称为有差系统;没有余差的控制过程称为无差控制,相应的系统称为无差系统。

2)最大偏差(A)或超调量(B)

最大偏差是指在过渡过程中,被控变量偏离设定值的最大数值。在衰减振荡过程中,最大偏差就是第一个波的峰值,在图1-16中用A表示。达到第一个峰值所用的时间用t_p表示,第一个峰值可用$y(t_p)$表示。最大偏差表示系统瞬间偏离设定值的最大程度。若偏离越大,偏离的时间越长,对稳定正常生产越不利,因此,最大偏差可以作为衡量控制系统稳定性的一个质量指标。

被控变量偏离设定值的程度有时也可用超调量来表示,在图1-16中用B表示。超调量是指过渡过程曲线超出新稳态值的最大值,反映了系统超调程度,也是衡量控制系统稳定性的一个质量指标。对于有差控制系统,超调量习惯上用百分数σ来表示:

$$\sigma=\frac{y(t_p)-y(\infty)}{y(\infty)}\times100\%=\frac{B}{C}\times100\% \tag{1-2}$$

3）衰减比（n）

衰减比是指过渡过程曲线同方向的前后相邻两个峰值之比，用 n 表示。在图 1-16 中，$n=B/B'$。习惯上用 $n:1$ 表示。衰减比表示衰减振荡过渡过程的衰减程度，是衡量控制系统稳定性的质量指标。

若 $n<1$，则过渡过程是发散振荡过程；若 $n=1$，则过渡过程是等幅振荡过程；若 $n>1$，则过渡过程是衰减振荡过程。

如果尽管 $n>1$，但 n 只比 1 稍大一点，则过渡过程接近于等幅振荡过程，由于这种过程不易稳定，振荡过于频繁，不够安全，因此一般不采用。如果 n 值过大，则又太接近于非周期衰减过程，过渡过程过于缓慢，通常这也是不希望见到的。通常取 $n:1=4:1\sim10:1$ 之间为宜。选择衰减振荡过程并规定衰减比在 $4:1\sim10:1$ 之间，完全是人们多年操作经验的总结。

4）过渡时间（t_s）

过渡时间是从干扰作用开始，到系统重新建立平衡为止，过渡过程所经历的时间。从理论上讲，要系统完全达到新的平衡状态需要无限长的时间。实际上，由于仪表灵敏度（或分辨率）的限制，当被控变量靠近新稳态值时，显示值就不再改变了。所以有必要在可以测量的区域内，在新稳态值上下规定一个适当小的范围，当显示值进入这一范围而不再越出时，就认为被控变量已经达到稳态值。这个范围一般定为新稳态值的 $\pm5\%$（有的为 $\pm2\%$）。按照这个规定，过渡时间就是从干扰开始作用之时起，直至被控变量的增量进入最终稳态值的 $\pm5\%$（或 $\pm2\%$）的范围之内且不再越出时为止所经历的最短时间，在图 1-16 中用 t_s 表示。注意，这里所讲的最终稳态值是指被控变量的动态变化量即增量，而不是被控变量的最终实际值。因为在自动控制系统的过渡过程中，各个变量的值是相对于稳态的增量值。例如，假定某温度控制系统在阶跃干扰作用下，被控变量从 600℃ 开始变化，在控制作用下经过反复调整，最终使被控变量在 605℃ 上重新稳定下来，则被控变量的增量的最终稳态值的 $\pm5\%$ 应该为 $(605-600)\times(\pm5\%)=\pm0.25℃$。

过渡时间是衡量系统快速性的质量指标。过渡时间短，表示过渡过程进行得比较迅速，这时即使干扰频繁出现，系统也能及时适应，系统控制质量就高。反之，过渡时间太长，前一个干扰引起的过渡过程尚未结束，后一个干扰就已经出现。这样，几个干扰的影响叠加起来，就可能使系统难以满足生产的要求。

5）振荡周期（T）或频率（f）

过渡过程同向相邻两个波峰（或波谷）之间的间隔时间称为振荡周期或工作周期，在图 1-16 中用 T 表示。其倒数称为振荡频率，一般用 f 表示。它们也是衡量系统快速性的质量指标。在衰减比相同的情况下，振荡周期与过渡时间成正比，因此希望振荡周期短一些为好。

除上述品质指标外，还有一些次要的品质指标。其中振荡次数是指在过渡过程内被控变量振荡的次数。所谓"理想过渡过程两个波"，就是指过渡过程振荡两次就能稳定下来，此时衰减比约近于 $4:1$，它将被认为是良好的过程。另外，峰值时间也是一个品质指标，它是指从干扰开始作用起至第一个波峰所经过的时间。显然，峰值时间短一些为好。

综上所述，过渡过程的品质指标主要有：余差、最大偏差、衰减比、过渡时间和振荡周期等。这些指标在不同的系统中各有重要性，且相互之间既有矛盾又有联系。因此，应根据具体情况分清主次、区别轻重，对生产过程有决定性意义的主要品质指标应优先予以保证。另外，对一个系统提出的品质要求和评价一个控制系统的质量,都应该从实际需要出发,不应过分偏高偏严,否则就会造成人力物力的巨大浪费,有时甚至根本无法实现。

【例1-1】某石油裂解炉工艺要求的操作温度为890℃±10℃,为了保证设备的安全,在过程控制中,辐射管出口温度偏离设定值最高不得超过20℃。温度控制系统在单位阶跃干扰作用下的过渡过程曲线如图1-17所示。试分别求出最大偏差、余差、衰减比、振荡周期和过渡时间等过渡过程质量指标。

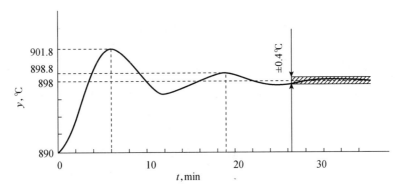

图1-17 裂解炉温度控制系统过渡过程曲线

解:(1)最大偏差 $A=901.8-890=11.8℃$。

(2)余差 $C=898-890=8℃$。

(3)第一个波峰值 $B=901.8-898=3.8℃$,第二个波峰值 $B'=898.8-898=0.8℃$,衰减比 $n=3.8÷0.8=4.75:1$。

(4)振荡周期: $T=19-6=13min$。

(5)过渡时间与规定的被控变量限制范围大小有关。假定被控变量进入额定值的 $±5\%$,就可以认为过渡过程已经结束。那么限制范围为 $(898℃-890℃)×(±5\%)=±0.4(℃)$,这时,可在新稳态值(898℃)两侧以宽度为±0.4℃画一区域,图1-17中以画有阴影线的区域表示,只要被控变量进入这一区域且不再越出,过渡过程就可以认为已经结束。因此,从图上可以看出,过渡时间大约为 $t_s=27min$。

四、影响质量指标的主要因素

一个自动控制系统包括两大部分,即工艺过程部分(被控对象)和自动化装置。前者是指与该过程控制系统有关的部分。自动化装置指的是为实现自动控制所必需的自动化仪表设备,通常包括测量与变送、控制器和执行器等三部分。对于一个过程控制系统,过渡过程品质的好坏,很大程度上取决于对象的性质。

下面通过蒸汽加热器温度控制系统来说明影响对象性质的主要因素。如图1-18所示,从结构上分析可知,影响过程控制系统过渡过程品质的主要因素有:换热器的负荷的波动;换热器的设备结构、尺寸和材料;换热器内的换热情况、散热情况及结垢程度等。对于已有的生产装置,对象特性一般是基本确定。自动化装置应按对象性质加以选择和调整。自动化装置的选择和调整不当,也直接影响控制质量。此外,在控制系统运行过程中,自动化装置的性能一旦发生变化,如阀门失灵、测量失真,也会影响控制质量。

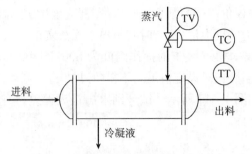

图 1-18　蒸汽加热器温度控制系统

TV—控制阀；TC—温度控制器；TT—温度变送器

总之，影响过程控制系统过渡过程品质的因素很多，在系统设计和运行中都应充分注意。只有在充分了解这些环节的作用和特性后，才能进一步研究和分析设计自动控制系统，提高系统的控制质量。

习题与思考题

1. 什么是自动控制？自动控制系统是由哪些环节构成的？

2. 按设定值形式不同，自动控制系统可分为哪几类？

3. 在自动控制系统中，检测与变送器、控制器、执行器分别起什么作用？

4. 什么是干扰作用？什么是控制作用？两者有何关系？

5. 管式加热炉是炼油、化工生产中的重要设备，燃料在炉膛中燃烧以产生很大的热量，原料油在很长的炉管中经过炉膛时吸收热量，通过调整进入炉膛燃料流量来保持炉出口原料温度稳定。无论是原油的加热还是重油的裂解，对炉出口原料温度的控制十分重要。某加热炉温度控制系统如图 1-19 所示，图中 TT 表示温度变送器，TC 表示温度控制器，TV 表示控制阀。试画出该控制系统的方框图，并指出该系统中的被控对象、被控变量、设定值、操纵变量、操纵介质及可能影响被控变量的干扰分别是什么。结合本题说明该温度控制系统是一个具有负反馈的闭环系统。

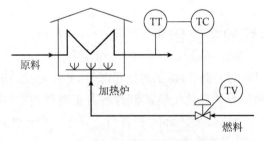

图 1-19　某加热炉温度控制系统

6. 图 1-19 所示的温度控制系统中，假定由于原料量增加使炉出口原料温度低于设定值，试说明此时该控制系统是如何通过控制作用来克服干扰作用对被控变量影响，使炉出口原料温度重新回到设定值的。

7. 什么是控制系统的静态和动态？为什么说研究控制系统的动态比研究其静态更为重要？

8. 阶跃干扰作用是怎样的？为什么经常采用阶跃干扰作用作为系统的输入作用形式？

9.什么是自动控制系统的过渡过程？系统在阶跃干扰作用下的过渡过程有哪几种基本形式？

10.为什么生产上通常希望得到控制系统的过渡过程具有衰减振荡形式？

11.自动控制系统衰减振荡过渡过程的品质指标有哪些？

12.图1-20是直接蒸汽加热器的温度控制系统原理图。该加热器的目的是用蒸汽直接加热流入的冷物料,使加热器出口的热流体达到某一规定的温度,然后送至下一工序进入下一步的工艺过程。试画出该系统的方框图,并指出被控对象、被控变量、操纵变量和可能存在的干扰是什么。现因生产需要,要求出口物料温度从80℃提高到81℃,当控制器的设定值阶跃变化后,被控变量的响应曲线如图1-21所示。试求该系统的过渡过程质量指标:最大偏差、衰减比、振荡周期和余差(提示:该系统为随动控制系统,新的给定值为81℃)。

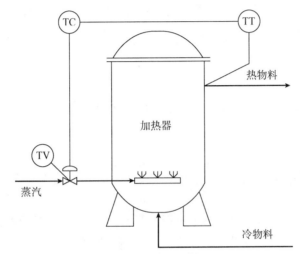

图1-20 直接蒸汽加热器的温度控制系统

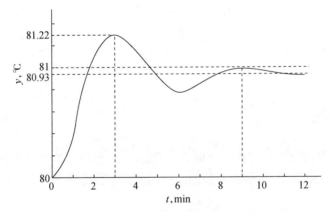

图1-21 温度控制系统过渡过程曲线

第二章 过程检测及仪表

过程检测仪表用来实现对过程变量的自动检测、变送和显示,通过它获取过程变量变化的信息,以便对生产过程有效地进行监视和控制。常见的过程检测仪表有压力(包括差压、负压)检测仪表、流量检测仪表、物位(包括液位、料位和界面)检测仪表、温度检测仪表、物质成分分析仪表及物性检测仪表等。

由于工业生产过程机理复杂,被测介质的化学和物理性质及操作条件差异,检测要求也各不相同。为了满足各类产品生产的需要,目前生产、使用的过程检测仪表品种繁多,而且还在不断更新换代。本章仅就常用检测仪表及变送器的基本结构、工作原理、主要特点、用途及使用等内容分别做介绍。

第一节 过程检测仪表的基本知识

一、测量过程

过程变量的检测方法很多,但就测量过程的实质而言,其共性在于被测变量都需经过一次或多次的信号能量形式的变换,最后获得便于测量的信号能量形式,通过指针位移或文字、图形显示出来。因此,检测仪表的测量过程,实质上就是被测变量信号能量的不断变换和传递,并将它与其相应的测量单位进行比较的过程,而检测仪表正是实现这种比较的工具。例如,使用热电偶温度计检测炉温时,通常利用热电偶的热电效应,首先将被测温度(热能)变换成直流毫伏信号(电能),然后经过毫伏信号检测仪表转换成仪表指针位移,再与温度标尺相比较而显示被测温度的数值。

二、测量误差

测量的目的是要获取被测变量的真实值。但是,由于所使用的测量工具本身的性能、检测者的主观性和环境条件等原因,被测变量的测量值与真实值之间存在着一定的差距,这个差距称为误差。

任何测量过程都存在误差,知道被测变量的真实值是困难的。在实际工作中,通常用约定真值来代替真实值。约定真值一般用被测量的多次测量结果来确定,即在一定测量条件下,采用算术平均值求得近似真实值。被测变量的指示值(测量值)与其约定真值的差值就称为测量误差。

测量误差通常有两种表示方法,即绝对误差和相对误差。绝对误差在理论上是指仪表指示值 x_i 和被测量的真值 x_t 之间的差值,可表示为

$$\Delta = |x_i - x_t| \qquad (2-1)$$

测量仪表在其标尺范围内各点读数的绝对误差,一般是指用被校表(x)和标准表(x_0)同时对同一被测量进行测量所得到的两个读数之差,可用下式表示

$$\Delta = |x - x_0| \tag{2-2}$$

式中　　Δ——绝对误差;

　　　　x——被校表的读数值;

　　　　x_0——标准表的读数值。

测量误差值越小,说明测量仪表的可靠性越高。因此,求知测量误差的目的就在于用来判断测量结果的可靠程度。绝对误差表示了被校仪表与标准仪表对同一变量测量时的读数偏差,它反映了测量值偏离标准值的大小。

测量误差还可以用相对误差来表示。相对误差 y 等于某一点的绝对误差与标准表在这一点的指示值 x_0 之比,可表示为

$$y = \frac{\Delta}{x_0} \times 100\% \tag{2-3}$$

式(2-3)表明,相对误差的大小与被测量的真实值也有关。

三、仪表性能指标

1. 精确度

仪表的精确度(简称精度)不仅与绝对误差有关,而且还与仪表的测量范围有关。工业上经常将绝对误差折合成仪表测量范围的百分数表示,称为相对百分误差,即

$$\delta = \pm \frac{\Delta_{max}}{N} \times 100\% = \pm \frac{\Delta_{max}}{x_H - x_L} \times 100\% \tag{2-4}$$

式中　　δ——相对百分误差;

　　　　Δ_{max}——最大绝对误差;

　　　　N——仪表的量程,是仪表测量范围的上限值与下限值之差,$N = x_H - x_L$;

　　　　x_H——仪表测量范围的上限值;

　　　　x_L——仪表测量范围的下限值。

根据仪表的使用要求,规定一个在正常情况下允许的最大误差,这个允许的最大误差就叫允许误差($\delta_{允}$)。仪表的 $\delta_{允}$ 越大,表示它的精确度越低。仪表的允许误差去掉"±"及"%",便可以确定仪表的精确度等级。

目前,我国生产的仪表常用的精确度等级有

　　　　0.005,0.02,0.05(Ⅰ级标准仪表)

　　　　0.1,0.2,0.4,0.5(Ⅱ级标准仪表)

　　　　1.0,1.5,2.5,4.0(一般工业用表)

在仪表的显示面板上,通常将表示该仪表精度等级的数字标注在一个圆圈、菱形或三角形框中,例如 ⑴.⑸、△ 等。

根据工艺要求来选择仪表精度等级时,仪表的允许误差应该小于(至多等于)工艺上所允许的最大相对百分误差。

【例2-1】某台测压仪表的测量范围为 $0 \sim 600kPa$,校验该表得到的最大绝对误差为 $\pm 3.5kPa$,试确定该仪表精度等级。

解:仪表相对百分误差为

$$\delta = \pm \frac{\Delta_{max}}{N} \times 100\% = \pm \frac{\Delta_{max}}{x_H - x_L} \times 100\% = \pm \frac{3.5}{600-0} \times 100\% = \pm 0.58\%$$

如果将仪表的允许误差去掉正负号和百分符号,其数值为 0.58。由于国家规定的精度等级中没有 0.58 级仪表,同时,该仪表的允许误差超过了 0.5 级($\pm 0.5\%$)。所以该台仪表的精度等级为 1.0 级。

【例 2-2】某台测温仪表的测温范围为 $200 \sim 1000\,^\circ\!C$,根据工艺要求,温度指示值的最大绝对误差不得超过 $\pm 6\,^\circ\!C$。仪表的精度等级为多少才能满足以上要求?

解:仪表相对百分误差为

$$\delta = \pm \frac{\Delta_{max}}{N} \times 100\% = \pm \frac{\Delta_{max}}{x_H - x_L} \times 100\% = \pm \frac{6}{1000-200} \times 100\% = \pm 0.75\%$$

将仪表的相对百分误差去掉正负号及百分符号,其数值为 0.75。此数值介于 0.5 与 1.0 之间。如果选择精度等级为 1.0 级的仪表,其允许误差的最大绝对误差为 $\pm 10\,^\circ\!C$,超过了工艺上允许的数值,故应选择 0.5 级仪表才能满足工艺要求。

由以上两个例题可以看出,根据工艺要求来选择仪表精度等级时,仪表的允许误差应小于或等于工艺上所允许的最大相对百分误差,即仪表精度向数值小的方向选;根据仪表的校验数据来确定仪表的精度等级,仪表的允许误差应该大于(至少等于)仪表校验所得的最大相对百分误差,即仪表精度向数值大的方向选。

2. 变差

检测仪表的变差(又称回差)是在规定的技术条件下,用同一仪表对某一变量进行正、反行程(即被测变量逐渐由小到大和逐渐由大到小)测量时,仪表正、反行程指示值之间存在的差值,如图 2-1 所示。

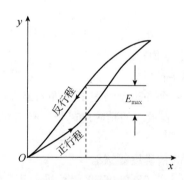

图 2-1　仪表的变差

x—被测变量;y—仪表示值;E_{max}—最大绝对差值

仪表变差的大小,通常用仪表测量同一变量时正、反行程指示值间的最大绝对差值与仪表量程之比的百分数表示,即

$$变差 = \frac{E_{max}}{N} \times 100\% \tag{2-5}$$

式中　E_{max}——最大绝对差值;

N——仪表的量程。

仪表变差产生的因素有传动机构的间隙、运动部件间的摩擦、弹性元件弹性滞后的影响

等。必须注意,仪表的变差不能超出仪表的允许误差,否则应及时检修。

3.灵敏度与灵敏限

仪表指针的线位移或角位移,与引起这个位移的被测变量变化量之比值称为仪表的灵敏度,即

$$S=\frac{\Delta\alpha}{\Delta x} \qquad (2-6)$$

式中　S——仪表的灵敏度;

　　　$\Delta\alpha$——仪表输出变化量;

　　　Δx——引起 $\Delta\alpha$ 所需的输入变化量。

所谓仪表的灵敏限,是指能引起仪表指针发生动作的被测变量的最小变化量。通常仪表灵敏限的数值应不大于仪表允许绝对误差的一半。

4.分辨率

对于数字式仪表,往往用分辨率来表示仪表反应的灵敏程度。分辨率表示使仪表测量范围的下限值末位改变一个数字所对应的输入信号的变化量,即

$$\phi=\frac{1}{2^{n+1}-1}\times100\% \qquad (2-7)$$

式中　ϕ——分辨率;

　　　n——数字式显示仪表的数据位数。

5.线性度

线性度是表征线性刻度,即仪表的输出量与输入量的实际校准曲线与理论直线的吻合程度。

线性度通常用实际测得的输入—输出特性曲线(称为校准曲线)与理论直线之间的最大偏差与测量仪表量程之比的百分数表示(图 2-2):

$$线性度=\frac{\Delta_{max}}{y_{max}-y_{min}}\times100\% \qquad (2-8)$$

式中　Δ_{max}——仪表特性曲线与直线间的最大偏差;

　　　y_{max},y_{min}——刻度上限与刻度下限,二者之差即为仪表量程。

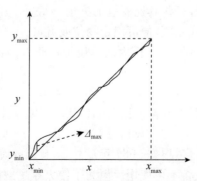

图 2-2　仪表非线性特性曲线

四、检测仪表的类型及测量方法分类

1.检测仪表的类型

(1)依据所测变量的不同,可分为压力(包括差压、压力)检测仪表、流量检测仪表、物位(液位)检测仪表、温度检测仪表、物质成分分析仪表、物性检测仪表。

(2)按表示数的方式不同,可分为指示型、记录型、信号型、远传指示型、累积型。

(3)按精度等级及使用场合的不同,可分为一般工业用表(在现场使用)、Ⅱ级标准仪表(在实验室使用)、Ⅰ级标准仪表(在标定室使用)。

2.测量方法的分类

按照测量结果的获得过程,测量方法可以分为直接测量和间接测量。

1)直接测量

利用经过标定的仪表对被测变量进行测量,并可以直接从显示结果,获得被测变量的具体数值,这种测量方法叫直接测量。

2)间接测量

当被测量不宜直接测量时,可以通过测量与被测量有关的几个相关量后,再经过计算来确定被测量的大小。

这种间接测量方法一般比直接测量要复杂一些,但随着计算机的应用,仪表功能的加强,测量过程中的数据处理完全可以由计算机快速而准确地完成。

第二节　压力检测及仪表

一、概述

工业生产中,所谓压力是指由气体或液体均匀垂直地作用于单位面积上的力。此外,压力测量的意义还不局限于它自身,有些其他变量的测量,如物位、流量等往往是通过测量压力或差压来进行的,即测出了压力或差压,便可确定物位或流量。

根据国际单位制(代号为 SI)规定,压力的单位为帕斯卡,简称帕(Pa),1 帕为 1 牛顿每平方米,即

$$1Pa=1N/m^2 \qquad (2-9)$$

帕所表示的压力较小,工程上经常使用兆帕(MPa)。帕与兆帕之间的关系为

$$1MPa=1×10^6 Pa \qquad (2-10)$$

过去使用的压力单位比较多,根据 1984 年 2 月 27 日国务院"关于在我国统一实行法定计量单位的命令"规定,这些单位将不再使用。但为了使大家了解国际单位制中的压力单位(Pa 或 MPa)与过去的单位之间的关系,下面给出几种单位之间的换算关系,见表 2-1。

表 2 - 1　各种压力单位换算表

单位	帕 Pa(N/m^2)	物理大气压 atm	工程大气压 kgf/cm^2	毫米水柱 mmH$_2$O	毫米汞柱 mmHg	巴 bar
帕 Pa(N/m^2)	1	0.9869236×10^{-5}	1.019716×10^{-5}	1.019716×10^{-1}	0.75006×10^{-2}	1×10^{-5}
物理大气压 atm	1.01325×10^5	1	1.0332	1.033227×10^4	0.76×10^3	1.01325
工程大气压 kgf/cm^2	0.980665×10^5	0.9678	1	1×10^4	0.73556×10^3	0.980665
毫米水柱 mmH$_2$O	0.980665×10	0.9678×10^{-4}	1×10^{-4}	1	0.73556×10^{-1}	0.980665×10^{-4}
毫米汞柱 mmHg	1.333224×10^2	1.316×10^{-3}	1.35951×10^{-3}	1.35951×10	1	1.333224×10^{-3}
巴 bar	1×10^5	0.9869236	1.019716	1.019716×10^4	0.75006×10^3	1

在压力测量中,常有表压、绝对压力、负压(真空度)之分,其关系见图 2 - 3。工程上所用的压力指示值,大多为表压(绝对压力计的指示值除外)。表压是绝对压力和大气压力之差,即

$$p_{表} = p_{绝对压力} - p_{大气压力}$$

当被测压力低于大气压力时,一般用负压或真空度来表示。真空度是大气压力与绝对压力之差,即

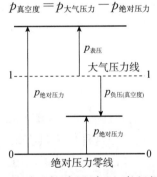

$$p_{真空度} = p_{大气压力} - p_{绝对压力}$$

图 2 - 3　绝对压力、表压、负压(真空度)的关系

二、常用压力检测方法及仪表

测量压力或真空度的仪表很多,按照其转换原理的不同,大致可分为四大类。

1. 液柱式压力计

液柱式压力计是根据流体静力学原理,将被测压力大小转换成液柱高度进行测量的。按其结构形式的不同,有 U 形管压力计、单管压力计和斜管压力计等,如图 2 - 4 所示。这类压力计使用方便、结构简单,但其精度受工作液(常用水、酒精等)的毛细管作用、密度及视差等因

素的影响,测量范围较窄,一般用来测量较低压力、真空度或压力差。

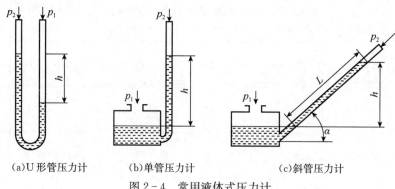

(a)U形管压力计　　　(b)单管压力计　　　(c)斜管压力计

图 2-4　常用液体式压力计

2. 弹性式压力计

弹性式压力计是将被测压力转换成弹性元件变形的位移进行测量的,例如弹簧管压力计、波纹管压力计及膜式压力计等。

3. 电气式压力计

电气式压力计是通过电气元件和机械结构将被测压力转换成电量(如电压、电阻、电流、频率等)来进行测量的仪表,例如各种压力传感器和压力变送器。

4. 活塞式压力计

活塞式压力计是根据水压机液体传送压力的原理,将被测压力转换成活塞上所加平衡砝码的质量来进行测量的。它结构较复杂,价格较高,但它的测量精度很高,允许误差可小到 $0.05\% \sim 0.02\%$,一般作为标准型压力测量仪器来校验其他类型的压力计。

三、弹性式压力计

弹性式压力计,是利用各种形式的弹性元件在被测介质压力的作用下使弹性元件受压后产生弹性变形的原理而制成的测压仪表。这种仪表具有结构简单、使用可靠、读数清晰、牢固可靠、价格低廉、测量范围宽等优点。弹性式压力计可以用来测量几百帕到数千兆帕范围内的压力,因此在工业上是应用最为广泛的一种测压仪表。

1. 弹性元件

弹性元件是一种简易可靠的测压元件。当测压范围不同时,所用的弹性元件也不一样,常用的弹性元件如图 2-5 所示。

1)弹簧管式弹性元件

弹簧管式弹性元件测压范围较宽,可测高达 1000MPa 的压力。单圈弹簧管是一根弯成 270°、横截面为椭圆或扁圆截面的空心金属管子,如图 2-5(a)所示。为了增加自由端的位移,可以制成多圈弹簧管,如图 2-5(b)所示。

2)薄膜式弹性元件

薄膜式弹性元件有膜片与膜盒,如图2-5(c)、图2-5(d)所示。

3)波纹管式弹性元件

波纹管式弹性元件如图2-5(e)所示。这种元件易于变形,而且位移很大,常用于微压与低压的测量。

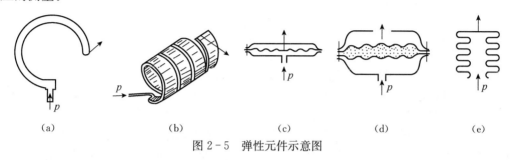

(a)   (b)   (c)   (d)   (e)

图2-5 弹性元件示意图

2.弹簧管压力表

弹簧管压力表的结构原理如图2-6所示。弹簧管是压力表的测量元件。图中所示为单圈弹簧管,它是一根弯成270°圆弧的椭圆或扁圆截面的空心金属管子。管子的自由端B封闭,管子的另一端固定在接头上。当被测的压力p进入弹簧管后,弹簧管椭圆形截面在压力p的作用下,将趋于圆形,弹簧管也随之产生向外挺直的扩张变形,使弹簧管的自由端B产生位移。由于输入压力p与弹簧管自由端B的位移成正比,所以只要测得弹簧管自由端B点的位移量,就能反映压力p的大小,这就是弹簧管压力表的基本测量原理。

弹簧管自由端B的位移量一般很小,必须通过放大机构才能指示出来。放大过程如下:弹簧管自由端B的位移通过拉杆(图2-6)使扇形齿轮作逆时针转动,于是指针通过同轴的中心齿轮的带动而作顺时针转动,在面板的刻度标尺上显示出被测压力的数值。由于弹簧管自由端的位移与被测压力之间具有正比关系,因此弹簧管压力表的刻度标尺是线性的。

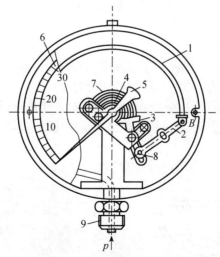

图2-6 弹簧管压力表

1—弹簧管;2—拉杆;3—扇形齿轮;4—中心齿轮;5—指针;6—面板;7—游丝;8—螺钉;9—接头

游丝用来克服因中心齿轮和扇形齿轮间的传动间隙而产生的仪表变差。改变调整螺钉的位置(根据杠杆原理即改变机械传动的放大系数),可以实现压力表量程的调整。

在石油化工生产过程中,需要把压力控制在某一范围内,即当压力低于或高于要求范围时,就会破坏正常工艺条件,甚至可能发生危险。将普通弹簧管压力表加以改造,便可成为电接点信号压力表,它能在压力偏离要求范围时,及时发出信号,以提醒操作人员注意或通过中间继电器实现压力的某种自动控制。上下限的数值可以根据工艺要求进行调整。

四、电气式压力计

1. 应变片式压力传感器

电阻应变片有金属应变片(金属丝或金属箔)和半导体应变片两类。当应变片产生压缩或拉伸应变时,其阻值减小或增加。如图2-7(a)是应变片式压力传感器原理图,应变片 r_1 和 r_2 用特殊的黏合剂牢牢地粘在传感筒的外壁,应变片 r_1 沿传感筒的轴向粘贴,应变片 r_2 沿传感筒的径向粘贴,当被测压力 p 作用于传感筒密封膜片时,传感筒受压变形,应变片 r_1 被压缩,阻值减小,应变片 r_2 被拉长,阻值增加。应变片阻值的变化,再通过桥式电路获得相应的毫伏级电势输出,如图2-7(b)所示,并用毫伏计或其他记录仪表显示出被测压力,从而组成应变片式压力计。

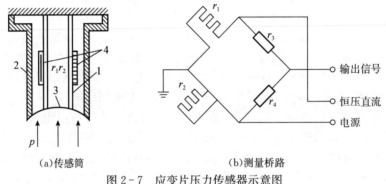

(a)传感筒   (b)测量桥路

图2-7 应变片压力传感器示意图

1—应变筒;2—外壳;3—密封膜片;4—应变片

2. 压阻式压力传感器

压阻式压力传感器是利用单晶硅的压阻效应而构成。它采用单晶硅片为弹性元件,在单晶硅片上利用集成电路的工艺,在单晶硅的特定方向扩散一组等值电阻,并将电阻接成桥路,单晶硅片置于传感器腔内。当压力发生变化时,单晶硅产生应变,使直接扩散在上面的应变电阻产生与被测压力成比例的变化,再由桥式电路获得相应的电压输出信号,如图2-8所示。

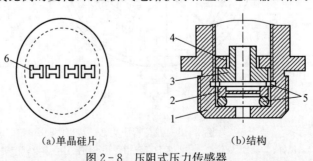

(a)单晶硅片   (b)结构

图2-8 压阻式压力传感器

1—基座;2—单晶硅片;3—导环;4—螺母;5—密封垫圈;6—等效电阻

3.电容式压力变送器

图2-9是电容式差压变送器的原理图,将左右对称的不锈钢底座的外侧加工成环状波纹沟槽,并焊上波纹隔离膜片。玻璃层内表面磨成凹球面,球面上镀有金属膜,此金属膜层有导线通往外部,构成电容的左右固定极板。在两个固定极板之间是弹性材料制成的测量膜片,作为电容的中央动极板。当被测压力 p_1、p_2 分别加于左右两侧的隔离膜片时,引起中央动极板与两边固定电极间的距离发生变化,因而两电极的电容量不再相等,电容的变化量通过引线传至测量电路,最终输出 $4\sim20\text{mA}$ 的直流电信号。

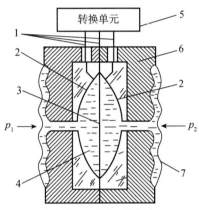

图2-9 电容式压力变送器示意图

1—引线;2—固定电极;3—可动电极;4—硅油;5—转换与放大电路;6—基座;7—隔离膜片

五、智能型压力变送器

智能型压力或差压变送器就是在普通压力或差压传感器的基础上增加微处理器电路而形成的智能检测仪表。智能差压变送器所用的手持通信器,它可以接在现场变送器的信号端子上,就地设定或检测,也可以在远离现场的控制室中,接在某个变送器的信号线上进行远程设定及检测。为了便于通信,信号回路必须有不小于 250Ω 的负载电阻。其连接示意图如图2-10所示。

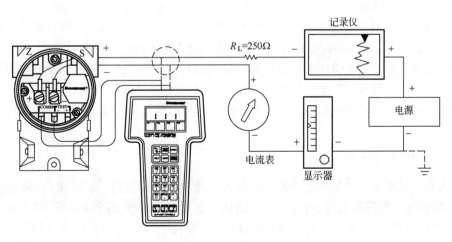

图2-10 手持通信器的连接示意图

智能型变送器的特点是:利用手持通信器可对现场仪表进行各种参数的选择和标定,这使维护和使用都十分方便;可以进行远程通信,通过现场通信器使变送器具有自修正、自补偿、自诊断及错误方式告警等多种功能,简化了调整、校准与维护过程。

六、压力检测仪表的选择与安装

1. 压力计的选用

压力计的选用应根据工艺生产过程对压力测量的要求,结合其他各方面的情况(例如介质的物理和化学性质),加以全面的考虑和具体的分析。选用压力计和选用其他仪表一样,一般应该考虑以下几个方面的问题。

1)仪表类型的选用

仪表类型的选用必须满足工艺生产的要求。例如自动记录或报警是否需要远传;被测介质的物理、化学性能是否对测量仪表提出特殊要求;现场环境条件对仪表类型是否有特殊要求等等。

例如普通压力计的弹簧管多采用铜合金,高压的也有采用碳钢的,而氨用压力计弹簧管的材料却都采用碳钢,不允许采用铜合金。因为氨气对铜的腐蚀极强,所以普通压力计用于氨气压力测量时很快就会损坏。

氧气压力计与普通压力计在结构和材质上完全相同。氧气压力计禁油,因为油进入氧气系统易引起爆炸。氧气压力计在存放中要严格避免接触油污。如果必须采用现有的带油污的压力计测量氧气压力时,使用前必须用四氯化碳反复清洗,直到无油污时为止。

2)仪表测量范围的确定

仪表的测量范围是指该仪表可按规定的精确度对被测量变量进行测量的范围,它是根据操作中需要测量的变量的大小来确定的。

在测量压力时,为了延长仪表使用寿命,避免弹性元件因受力过大产生永久性变形,压力计的上限值应该高于工艺生产中可能的最大压力值。根据《化工自控设计规定》,在测量稳定压力时,最大工作压力不应超过测量上限值的 2/3;测量脉动压力时,最大工作压力不应超过测量上限值的 1/2;测量高压压力时,最大工作压力不应超过测量上限值的 3/5。

为了保证测量值的准确度,被测压力值不能太接近于仪表的下限值,即仪表的量程不能选得太大,一般被测压力的最小值不低于仪表满量程的 1/3 为宜。

根据被测参数的最大值和最小值计算出仪表的上、下限后,还不能以此数值直接作为仪表的测量范围。因为仪表标尺极限值是系列值,它是由国家主管部门用规程或标准规定了的,因此,选用仪表的标尺极限值时,也只能采用相应的规程或标准中的数值(一般可在相应的产品目录中找到)。

3)仪表精度等级的选取

仪表精度是根据工艺生产上所允许的最大测量误差来确定的。一般来说,所选用的仪表精度越高,则测量结果越精确、可靠。但不能认为选用的仪表精度越高越好,因为仪表精度越高,一般价格越贵,操作和维护越费事。因此,在满足工艺要求的前提下,应尽可能选用精度较低、价廉耐用的仪表。

【例 2-3】 某往复式空气压缩机的出口压力范围为 26~29MPa,工艺要求测量误差不得大于 1MPa,就地观察,并能高低限报警,试正确选用一台压力表(型号、精度、量程范围)。

解: 由于往复式空气压缩机的出口压力波动较大,按脉动压力处理,所以选择仪表的上限值为

$$p_1 = p_{max} \times 2 = 29 \times 2 = 58 (MPa)$$

根据就地观察及能进行高低限报警的要求,由本书附录一,可查得选用 YX—150 型电接点压力表,测量范围为 0~60MPa。

由于 $\frac{26}{60} > \frac{1}{3}$,故被测压力的最小值不低于满量程的 1/3。另外,根据测量误差的要求,可算得允许误差为

$$\delta = \pm \frac{1}{60} \times 100\% = \pm 1.67\%$$

去掉"±"和"%",为 1.67,所以,精度等级为 1.5 级的仪表完全可以满足误差要求。

压力表类型为 YX—150 型电接点压力表,量程范围为 0~60MPa,精度等级为 1.5 级。

2. 压力计的安装

压力计的安装正确与否对测量结果的准确性和压力计的使用寿命有直接影响。

1)测压点的选择

所选择的测压点应能反映被测压力的真实大小。为此,必须注意以下几点:

(1)要在介质直线流动的管段部分进行测量,不要选在管路死角、分叉、拐弯或其他易形成漩涡的地方。

(2)测量流动介质的压力时,应使测压点的取压管与管道垂直,取压管内端面与生产设备连接处的内壁应保持平齐,不应有凸出物或毛刺。

(3)测量液体压力时,测压点应在管道下部,使导压管内不积存气体;测量气体压力时,取压点应在管道上方,使导压管内不积存液体。

2)导压管敷设

(1)导压管粗细要合适,一般内径为 6~10mm,长度应尽可能短,越长压力指示反应越慢,最长不得超过 50m。如超过 50m,应选用能远距离传送的压力计。

(2)导压管水平安装时应保证有 1:10~1:20 的倾斜度,以利于积存于其中之液体(或气体)的排出。

(3)当被测介质具有易冷凝或冻结的特性时,必须加设保温伴热管线。

(4)测压点到压力计之间应装有切断阀,以备检修压力计时使用。切断阀应装设在靠近测压点的地方。

3)压力表的安装

(1)压力表应安装在易观察和检修的地方。安装地点应力求避免振动和高温影响。

(2)为安全起见,测量高压的压力表除应选用有通气孔的压力表外,安装时表壳的通气孔应向墙壁或无人通过之处,以防发生意外。

(3)测量蒸汽压力时,应加装冷凝管,以防止高温蒸汽直接接触测压元件,见图 2-11(a);

对于有腐蚀性介质的压力测量,应加装有中性介质的隔离罐,图2-11(b)表示了被测介质密度 ρ_2 大于和小于隔离液密度 ρ_1 的两种情况。

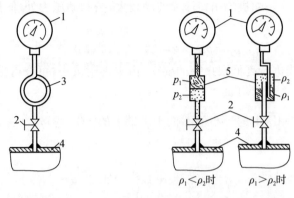

(a)测量蒸汽时　　　　　　(b)测量有腐蚀性介质时

图2-11　压力计安装示意图

1—压力计;2—切断阀门;3—冷凝管;4—取压容器;5—隔离罐

(4)压力计的连接处,应根据被测压力的高低和介质性质,选择适当的材料作为密封垫片,以防泄漏。

(5)当被测压力较小,而压力计与测压点又不在同一高度时,对由此高度而引起的测量误差应按 $\Delta p = \pm H\rho g$ 进行修正。式中,H 为高度差,ρ 为导压管中介质的密度,g 为重力加速度。

总之,对被测介质的不同性质(高温、低温、腐蚀、脏污、结晶、沉淀、黏稠等),要采取相应的防热、防冻、防腐、防堵等措施。

第三节　流量检测及仪表

一、概述

在化工和炼油生产过程中,为了生产平稳安全进行,经常需要测量生产过程中各种介质(液体、气体和蒸汽等)的流量,以便为生产操作和控制提供依据。同时,为了进行经济核算,应知道在一段时间(如一班、一天等)内流过的介质总量。因此,介质流量是控制生产过程达到安全生产、优质高产以及进行经济核算所必需的一个重要变量。

流量大小是指单位时间内流过管道某一截面的流体数量的大小,即瞬时流量。在某一段时间内流过管道的流体流量的总和,即瞬时流量在某一段时间内的累计值,称为总量。

流量和总量,可以用质量表示,也可以用体积表示。质量流量是指单位时间内流过管道的流体的质量,常用符号 M 表示。体积流量是指单位时间内流过管道的流体的体积,常用符号 Q 表示。

测量流体流量的仪表一般叫流量计。测量流体总量的仪表常称为计量表。若流体的密度是 ρ,则体积流量与质量流量之间的关系是

$$M = \rho Q \quad 或 \quad Q = M/\rho \tag{2-11}$$

若以 t 表示时间,则流量和总量之间的关系为

$$\begin{cases} Q_总 = \int_0^t Q\mathrm{d}t \\ M_总 = \int_0^t M\mathrm{d}t \end{cases} \tag{2-12}$$

常用的流量单位有吨每小时(t/h)、千克每小时(kg/h)、千克每秒(kg/s)、立方米每小时(m³/h)、升每小时(L/h)、升每分（L/min）等。

流量测量仪表,其分类主要为:

(1)速度式流量计:通过测量流体在管道内的流速来计算流量的仪表,例如差压式流量计、转子流量计、电磁流量计、涡街流量计、涡轮流量计、堰式流量计等。

(2)容积式流量计:通过测量单位时间内所排出的液体的固定容积的数目来计算流量的仪表,例如椭圆齿轮流量计、活塞式流量计等。

(3)质量式流量计:测量流过流体的质量 M 的流量仪表,例如惯性力式质量流量计、补偿式质量流量计等。质量式流量计的流量测量数值具有不受流体的温度、压力、黏度等变化的影响的特点。

二、差压式流量计

差压式(也称节流式)流量计,是基于流体流动的节流原理,利用流体流经节流装置时产生的压力差而实现流量测量的。节流装置包括节流元件和取压装置。节流元件是使管道中的流体产生局部收缩的元件。常用的节流元件有孔板(图 2-12)、喷嘴、文丘里管等。

在流量检测系统中,节流装置产生的压差信号,通过差压变送器转换成相应的信号（标准统一信号）,以供显示、记录或控制使用。

1. 节流现象与流量基本方程式

1)节流现象

流体在有节流装置的管道中流动时,在节流装置前后的管壁处,流体的静压力产生差异的现象称为节流现象。下面以孔板为例说明节流现象。

流动流体的能量有两种形式,即静压能和动能。流体由于有压力而具有静压能;流体由于有流动速度而具有动能。这两种形式的能量在一定的条件下可以互相转化,并遵守能量守恒定律。

流体在管道截面 Ⅰ 前,以一定的流速 v_1 流动。此时静压力为 p_1'[图 2-12(b)]。在接近节流装置时, 由于孔板的开孔面积小于管道,对流体的流动有阻挡作用,尤其靠近管壁处的流体受到孔板的阻挡作用最大,因而使一部分动能转化为静压能,出现了孔板入口端面靠近管壁处的流体静压力升高,并且比管道中心处的压力大,即在孔板入口端面处产生一径向压差。这一径向压差使流体产生径向附加速度,从而使靠近管壁处的流体质点的流向与管道中心轴线相倾斜,形成了流束的收缩运动。由于惯性作用,流束的最小截面并不在孔板的开孔处,而是经过孔板后仍继续收缩,到截面 Ⅱ 处达到最小,这时流速最大,达到 v_2。随后流束又逐渐扩大,至截面 Ⅲ 后完全复原,流速便降低到原来的数值,即 $v_3 = v_1$。

由于孔板造成流束的局部收缩,使流体的流速发生变化,即动能发生变化。与此同时,表

征流体静压能的静压力也要变化。在截面 I，流体具有静压力 p_1'。到达截面 II，流速增加到最大值，静压力就降低到最小值 p_2'，而后又随着流束的扩大而逐渐增加。

由于在孔板端面处，流通截面突然缩小与扩大，使流体形成局部涡流，要消耗一部分能量，同时流体流经孔板时，要克服摩擦力，所以流体的静压力不能恢复到原来的数值 p_1'，而产生了压力损失 $p_1'-p_3'$。

节流装置前后压差的大小与流量有关。管道中流动的流体流量越大，在节流装置前后产生的压差也越大。只要测出孔板前后侧压差的大小，即可表示流量的大小，这就是节流装置测量流量的基本原理。

节流装置前流体压力较高，称为正压，常以"＋"标记；节流装置后流体压力较低，称为负压，常以"－"标记。

孔板前后流体的速度与压力的分布情况如图 2-12(b)所示。

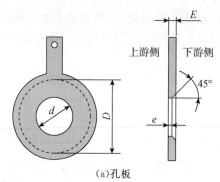

（a）孔板

d—孔板开孔直径；D—管道直径；E—孔板总厚度；e—孔板直孔部分的厚度

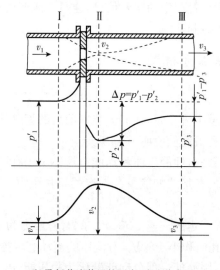

（b）孔板节流装置的压力、流速分布图

图 2-12　孔板及其压力、流速分布图

2）流量基本方程式

流量基本方程式是阐明流量与压差之间的定量关系的基本流量公式，它是根据流体力学中的伯努利方程式和连续性方程式推导而得的流量基本方程式：

$$M=\alpha\varepsilon F_0\sqrt{2\rho\Delta p} \tag{2-13}$$

$$Q = \alpha \varepsilon F_0 \sqrt{(2/\rho)\Delta p} \qquad\qquad (2-14)$$

式中　α——流量系数,它与节流装置的结构形式、取压方式、孔口截面积与管道截面积之比、雷诺数 Re、孔口边缘锐度、管壁粗糙度等因素有关;

　　ε——膨胀校正系数,它与孔板前后压力的相对变化量、介质的等熵指数、孔口截面积与管道截面积之比等因素有关(运用时可查阅有关手册而得。但对不可压缩的液体来说,常取 $\varepsilon = 1$,对于气体 $\varepsilon < 1$);

　　F_0——节流装置的开孔截面积;

　　Δp——节流装置前后实际测得的压力差;

　　ρ——节流装置前的流体密度。

由流量基本方程式还可以看出,流量 $Q(M)$ 与压力差 Δp 的平方根成正比。用这种流量计测量流量时,如果不加开方器,流量标尺刻度是不均匀的。起始部分的刻度很密,后来逐渐变疏。因此,在用差压法测量流量时,被测流量值接近于仪表的下限值,误差将会很大。

孔板使用条件的规定:被测量介质应充满全部管道截面连续地流动;管道内的流束(流动状态)应该是稳定的;被测量介质在通过孔板时应不发生相变,例如:液体不发生蒸发,溶解在液体中的气体应不会释放出来,同时是单相存在的。对于成分复杂的介质,只有其性质与单一成分的介质类似时,才能使用;测量气体(蒸汽)流量时所排出的冷凝液或灰尘,或测量液体流量时所排出的气体或沉淀物,既不得聚积在管道中的孔板附近,也不得聚积在连接管内;在测量能引起孔板堵塞的介质流量时,必须进行定期清洗;在离开孔板前后两端面 $2D$ 的管道内表面上,没有任何凸出物和肉眼可见的粗糙与不平现象。

2. 标准节流装置

差压式流量计,由于使用历史长久,已经积累了丰富的实践经验和完整的实验资料。因此,国内外已把最常用的节流装置孔板、喷嘴、文丘里管等标准化,并称其为"标准节流装置"。标准节流装置适用于测量管径大于 50mm 介质的流量测量。

标准节流装置可以直接使用,不必用实验方法进行单独标定。但对于非标准化的特殊节流装置,在使用时,均应进行个别标定。

三、转子流量计

转子流量计与前面所讲的差压式流量计在工作原理上是不相同的。差压式流量计是在节流面积(如孔板面积)不变的条件下,以差压变化来反映流量的大小,即以变压降定流通截面积。转子流量计是以压降不变,利用节流面积的变化来测量流量的大小,即采用恒压降、变流通截面积的流量测量法。转子流量计适用于测量管径小于 50mm 介质的流量测量。

图 2-13 是指示式转子流量计的工作原理图,它基本上由两个部分组成,一个是由下往上逐渐扩大的锥形管;另一个是放在锥形管内可自由运动的转子。

被测流体由锥形管下部进入,沿着锥形管向上运动,流过转子与锥形管之间的环隙,再从锥形管上部流出。当流体流过锥形管时,转子障碍流体流动,在转子的上下有一定的压降,此压降的大小与流体的速度

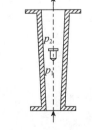

图 2-13　转子流量计的工作原理图

有关,位于锥形管中的转子受到一个向上的力,使转子浮起。当这个力等于浸没在流体里的转子重量减去转子所受的浮力时,则作用在转子上的上下方向的力达到平衡,此时转子就停浮在一定的高度上。

假如被测流体的流量突然增加时,作用在转子上的力就加大,所以转子就上升。由于转子在锥形管中位置的升高,造成转子与锥形管间环隙面积增大,即流通面积增大。随着环隙的面积增大,环隙中流体流速变慢,因而,流体作用在转子上的力也就变小。当流体作用在转子上的力再次等于转子重量减去在流体中的转子所受的浮力时,转子又稳定在一个新的高度上,平衡方程可用下式表示

$$V(\rho_t - \rho_f)g = (p_1 - p_2)A \tag{2-15}$$

式中　V——转子的体积,m³;

　　　ρ_t——转子材料的密度,kg/m³;

　　　ρ_f——被测流体的密度,kg/m³;

　　　p_1,p_2——转子前、后流体的压力,kPa;

　　　A——转子的最大横截面积,m²;

　　　g——重力加速度,m/s²。

转子就停浮在一定的高度上,转子下方与上方的压差 $\Delta p = p_1 - p_2$ 一定的情况下,流过转子流量计的流量与转子和锥形管间环隙面积 F_0 有关。由于锥形管由下往上逐渐扩大,所以 F_0 是与转子浮起的高度有关的。这样,根据转子的高度就可以判断被测介质的流量大小。

这样,转子在锥形管中的平衡位置的高低与被测介质的流量大小相对应。如果在锥形管外沿其高度刻上对应的流量值,那么根据转子平衡位置的高低就可以直接读出流量的大小,这就是转子流量计测量流量的基本原理。

使用时注意:转子流量计是一种非标准化仪表,仪表制造厂在进行刻度时,对于液体介质用水标定(20℃,760mmHg),对于气体介质用空气标定(20℃,760mmHg);在实际使用时,必须进行修正。

四、椭圆齿轮流量计

椭圆齿轮流量计是容积式流量计的一种。特别适合于测量高黏度的流体,甚至糊状物的流量。

1.工作原理

椭圆齿轮流量计的主要部分是壳体和装在壳体内的一对相互啮合的椭圆齿轮,它们与盖板构成了一个密闭的流体计量空间,流体的进出口分别位于两个椭圆齿轮轴线构成平面的两侧壳体上,如图 2-14 所示。

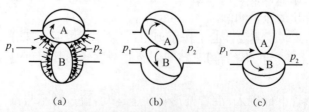

图 2-14　椭圆齿轮流量计的工作原理图

当流体流过椭圆齿轮流量计时,要克服阻力一定有压力降,即进口压力 p_1 大于出口的压力。椭圆齿轮在被测量介质的压差 $\Delta p = p_1 - p_2$ 的作用下,产生作用力矩而使其转动,在图 2-14(a) 中所示的位置时,由于 $p_1 > p_2$,在 Δp 的作用下椭圆齿轮 A 将受到一个合力矩的作用,使齿轮 A 按顺时针方向转动,把齿轮 A 和壳体间的半月形容积内的介质排至出口,并带动齿轮 B 做逆时针方向转动,这时 A 为主动轮,B 为从动轮;在图 2-14(b) 上所示中间位置时,A 和 B 均为主动轮;而在如图 2-14(c) 所示的位置时,作用在 A 齿轮上的合力矩为零,作用在 B 齿轮上的合力矩将使 B 齿轮做逆时针方向转动,并把已吸入的半月形容积内的介质排至出口,这时 B 为主动轮,A 为从动轮,与图 2-14(a) 刚好相反。如此往复循环,轮 A 和轮 B 互相交替地由一个带动另一个转动,将被测量介质以半月形容积为单位一次一次地由进口排至出口。显然,图 2-14 仅仅表示椭圆齿轮转动了 1/4 周的情况,而所排出的被测量介质量为一个半月形容积。所以椭圆齿轮每转一周所排出的被测量介质量为半月形容积的 4 倍,则通过椭圆齿轮流量计的体积流量为

$$Q = 4nV_0 \tag{2-16}$$

式中　n——椭圆齿轮的旋转频率,r/s;

　　　V_0——半月形部分的容积,m^3。

由上式可知,在椭圆齿轮流量计的半月形容积 V_0 已知的条件下,只要测量出椭圆齿轮的旋转频率 n,便可知道被测量介质的流量。

2.使用特点

椭圆齿轮流量计有就地显示和远传显示两种类型,可根据生产的实际要求进行选择。这种流量计测量精度较高,压力损失较小,安装使用也较方便。但是,它的结构比较复杂,加工制造比较困难,因而成本较高。

椭圆齿轮流量计一般用在重油、聚乙烯醇树脂等黏度较高的介质的流量测量。作为计量仪表使用时特别要注意,必须满足其规定的使用温度和允许最小流量条件,否则将会增大测量误差。

在使用椭圆齿轮流量计时要特别注意被测介质中不能含有固体颗粒,更不能夹杂机械物,否则会引起齿轮磨损以至损坏。为此,椭圆齿轮流量计的入口端必须加装过滤器。

五、涡轮流量计

涡轮流量计的测量变送部分的结构如图 2-15 所示。它由涡轮、导流器、磁电感应转换器和前置放大器构成。涡轮是由导磁的不锈钢材料制成的。

涡轮流量计的工作原理:当流体通过涡轮叶片与管道之间的间隙时,由于叶片前后的压差产生的力推动叶片,使涡轮旋转。在被测量流体冲击下,涡轮沿着管道轴向旋转,其旋转速度随流量的变化而不同,流量越大,涡轮的转速也越高,在涡轮旋转的同时,叶片周期性地切割电磁铁产生的磁力线,改变通过线圈的磁通量。根据电磁感应原理,在线圈内将感应出脉动的电势信号。脉动电势信号的频率与被测量流体的流量成正比。将脉动信号通过前置放大器,放大后送至显示仪表(或 DCS)进行计算和显示,根据单位时间内的脉冲数和累计脉冲数即可求出瞬时流量和累积流量。

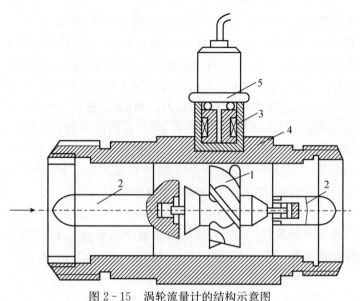

图 2-15 涡轮流量计的结构示意图

1—涡轮；2—导流器；3—磁电感应转换器；4—外壳；5—前置放大器

涡轮流量计的涡轮容易磨损，被测介质中不应带机械杂质，否则会影响测量精度和损坏机件。因此，一般应加过滤器。

六、电磁流量计

电磁流量计是基于法拉第电磁感应定律而工作的流量测量仪表。当导体在磁场中作切割磁力线方向的运动时，就会感应产生一个方向与磁场方向和导体运动方向相垂直的感应电动势，其值与磁感应强度和运动的速度成正比。

电磁流量计的特点是能够测量酸、碱、盐溶液以及含有固体颗粒或纤维液体的体积流量。电磁流量计变送部分的原理图如图 2-16 所示。在一段用非导磁材料制成的管道外面，安装有一对磁极 N 和 S，用以产生磁场。当导电液体流过管道时，因流体切割磁力线而产生了感应电势。此感应电势由与磁极成垂直方向的两个电极引出。

电磁流量计是电磁感应定律的具体应用，当导电的被测介质垂直于磁力线方向流动时，在与介质流动和磁力线都垂直的方向上产生一个感应电动势 E_x，如图 2-16 所示。

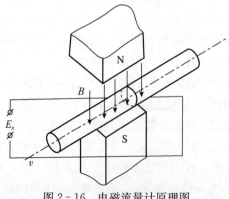

图 2-16 电磁流量计原理图

$$E_x = BDv \qquad (2-17)$$

式中　E_x——感应电势,V;

　　　B——磁感应强度,T;

　　　D——导管直径,即导体垂直切割磁力线的长度,m;

　　　v——被测介质在磁场中运动的速度,m/s。

因体积流量 Q 等于流体流速 v 与管道截面积 A 的乘积,直径为 D 的管道的截面积 $A=\dfrac{\pi}{4}D^2$,故有

$$Q = \frac{\pi D^2}{4}v \qquad (2-18)$$

将式(2-17)代入式(2-18)中,即得

$$E_x = \frac{4B}{\pi D}Q$$

$$Q = \frac{\pi D}{4B}E_x \qquad (2-19)$$

由式(2-19)可知,当管道直径 D 和磁感强度 B 不变时,感应电势 E_x 与体积流量 Q 之间成正比。

电磁流量计的测量导管内无可动部件或突出于管内的部件,因而压力损失很小,在采取防腐衬里的条件下,可以用于测量各种腐蚀性液体的流量,也可以用来测量含有颗粒、悬浮物等的液体的流量。此外,其输出信号与流量之间的关系不受液体的物理性质变化和流动状态的影响。该设备对流量变化反应速度快,故可用来测量脉动流量。

电磁流量计只能用来测量导电液体的流量,其电导率要求不小于 $20\ \mu S/cm$ 即不小于水的电导率,不能测量气体、蒸汽及石油制品等的流量。安装时要远离一切磁源(例如大功率电动机、变压器等),不能有振动。

七、漩涡流量计

漩涡流量计又称涡街流量计。漩涡流量计的特点是精确度高、测量范围宽、没有运动部件、无机械磨损、维护方便、压力损失小、节能效果明显。

漩涡流量计是利用有规则的漩涡剥离现象来测量流体流量的仪表。在流体中垂直插入一个非流线型的柱状物(圆柱或三角柱)作为漩涡发生体,如图2-17所示。当雷诺数达到一定的数值时,会在柱状物的下游处产生两列平行状,并且上下交替出现的漩涡,称为涡街,也称作"卡曼涡街"。当两列漩涡之间的距离 h 和同列的两漩涡之间的距离 L 之比能满足 $\dfrac{h}{L}=0.281$ 时,则所产生的涡街是稳定的。

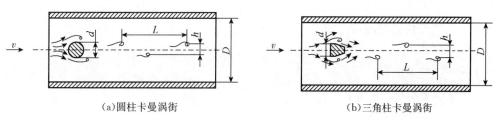

(a)圆柱卡曼涡街　　　　　　　　　　　　(b)三角柱卡曼涡街

图2-17　漩涡流量计原理图

体积流量的计算式为

$$Q=Kf \tag{2-20}$$

式中 f——漩涡频率；

      K——仪表系数，与漩涡发生体两侧的流通截面、管道的流通截面、流体的平均流速漩涡发生体的尺寸、形状等有关。

漩涡流量计可显示流量和总量，其内置免维护锂电池，支持工作时间 1 年以上；可检测介质的温度与压力并进行自动补偿和压缩因子自动修正；流量计可输出脉冲信号或 4～20mA 标准模拟信号。

八、超声波流量计

超声波流量计是一种利用超声波脉冲来测量流体流量的速度式流量仪表，适用于测量不易接触和观察的流体，也适用于测量大管径管道内流体的流量。

超声波在流动的流体中传播时就载上了流体流速的信息，因此通过接收到的超声波就可以测量出流体的流速，从而换算成流量。根据信号检测的原理，测量方法可分为传播速度差法、波束偏移法、多普勒法、相关法、空间滤波法及噪声法等不同类型的超声波流量计，如图 2-18 所示。

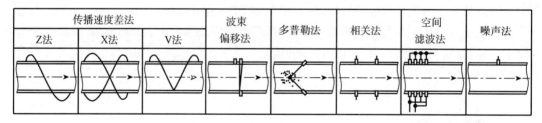

图 2-18   超声波流量计检测原理分类

传播速度差式超声波流量计是通过测量超声波脉冲顺流和逆流传播时的速度之差来反映流体流速的，其方法称为传播速度差法。按照换能器的配置方法不同，传播速度差法又分为 Z 法（透过法）、X 法（交叉法）、V 法（反射法）等。

如图 2-19 所示，换能器 1 向换能器 2 发射超声波信号，这是顺流方向，反之为逆流方向，其传播时间时间差为

$$\Delta t_1 = t_2 - t_1 = \frac{2Lv\cos\theta}{c^2 - v^2\cos^2\theta} \tag{2-21}$$

式中 t_1——顺流传播时间；

      t_2——逆流传播时间；

      c——声速；

      L——换能器间距；

      θ——换能器安装角度；

      v——被测流体流速。

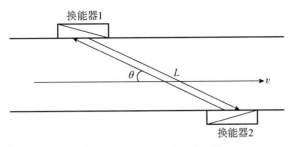

图 2 - 19　时差法测量原理图

由于 $c \gg v, v^2\cos^2\theta$ 忽略不计，有

$$\Delta t = \frac{2L\cos\theta}{c^2} \times v \tag{2-22}$$

所以，流体流速为

$$v = \frac{c^2}{2L\cos\theta} \times \Delta t \tag{2-23}$$

同样，c、L、θ 均为常数，测得时间差 Δt 即可求出流体流速 v，进而求得流体流量。

目前生产最多、应用范围最广泛的该类设备是速度差式超声波流量计。它主要用来测量洁净的流体流量，在工业用水领域和自来水公司得到广泛应用。此外它也可以测量杂质含量不高（杂质含量小于 10g/L，粒径小于 1mm）的均匀流体，如污水等介质的流量，而且精度可达到 ±1.5%。实际应用表明，选用速度差式超声波流量计，对相应流体的测量都可以达到令人满意的效果。

超声波流量计由超声波换能器（又称探头）、电子线路及流量显示和累积系统三部分组成。超声波发射换能器将电能转换为超声波能量，并将其发射到被测流体中，接收器接收到的超声波信号经电子线路放大并转换为代表流量的电信号，供给显示和积算仪表进行显示和积算，这样就实现了流量的检测和显示。超声波流量计换能器常为压电换能器。

根据超声波流量计换能器安装方式的不同，可以分为夹装式、插入式、管段式三种，如图 2 - 20 所示。

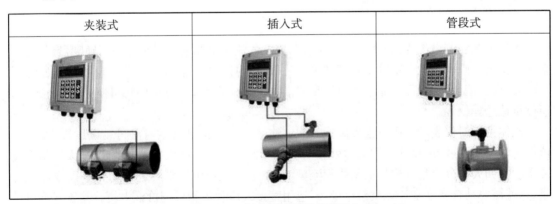

图 2 - 20　超声波流量计的安装方式

管段式超声波流量计将换能器和测量管组成一体，不受管道材质、衬里的限制，而且测量精度也比其他超声波流量计要高，可达到 ±0.5%，但同时也牺牲了外贴式超声波流量计不断流安装这一优点，要求断开管道安装换能器。随着管径的增大，成本也会随之增加，通常情况下，选用中小口径的管段式超声波流量计较为经济。

九、质量流量计

1. 直接式质量流量计——科氏力流量变送器

科氏力流量变送器是两根金属 U 形管与被测管路由连通器相接,流体按箭头方向分为两路通过,如图 2-21 所示。在 A、B、C 三处各有一组压电换能器,其中 A 利用逆压电效应,B 和 C 处利用正压电效应。A 处在外加交流电压下产生交变力,使两个 U 形管彼此一开一合的振动,B 和 C 处分别检测两管的振动幅度。B 位于进口侧,C 位于出口侧。根据出口侧相位领先于进口侧的规律,C 输出的交变电信号领先于 B 某个相位差,此相位差的大小与质量流量成正比。

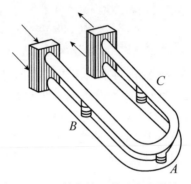

图 2-21 双管弯管型科氏力流量计

2. 间接式质量流量计

这类仪表是由测量体积流量的仪表与测量密度的仪表配合,再用运算器将两表的测量结果加以适当的运算,间接得出质量流量。

十、流量检测仪表的选用

各种工艺对测量的要求不同,有的要求在较宽的流量范围内保持测量的精确度,有的要求在某一特定范围内满足一定的精确度即可。一般过程控制中对流量的测量可靠性和重复性要求较高,而在流量结算、商贸储运中对测量的准确性要求较高。应该针对具体的测量目的,有所侧重地选择仪表。

流体特性对仪表的选用有很大影响。流体物性参数与流动参数对测量精确度影响较大;流体化学性质、脏污结垢等对测量的可靠性影响较大。在众多物性参数中,影响最大的是密度和黏度。如大部分流量计测量的是体积流量,但在生产过程中经常要进行物料平衡或能源计量,这就需要结合密度来计算质量流量,若选用直接式质量流量计则价钱太高。差压式流量计测量原理中测量流量本身就与密度有关,密度的变化直接影响测量的准确性。涡轮流量计适用于测低黏度介质,容积式流量计适用于测高黏度介质。另外,电磁流量计要考虑流体的电导率,超声波流量计要考虑流体声速。有些流量计与介质直接接触,必须考虑是否会产生腐蚀,可动部件是否会被堵塞等等。各种流量计对安装要求差异很大,如差压式流量计、旋涡式流量计需要长的上游直管段以保证检测元件进口端为充分发展的管流,而容积式流量计就无此要求。间接式质量流量计中包括推导运算,上下游直管段长度的要求是保证测量准确性的必要条件。因此选用流量仪表时必须考虑安装条件。表 2-2 为按被测介质一部分特性选用流量计的参考表。

表 2-2　按被测介质特性选用流量计

适用性 流量仪表 \ 介质		清洁液体	脏污液体	蒸汽或气体	高黏性液体	腐蚀性液体	腐蚀浆液	含纤维浆液	高温介质	低温介质	低流速流体	不满管流体	非牛顿流体
节流装置	孔板	○	+	○	+	√	×	×	○	+	×	×	×
	文丘里管	○	+	○	+	+	×	×	+	+	+	×	×
	喷嘴	○	+	○	+	+	×	×	○	+	×	×	×
电磁流量计		○	○	×	×	○	○	○	+	×	√	+	√
涡街流量计		○	+	√	×	√	×	×	√	√	×	×	×
超声波流量计		○	√	×	×	√	×	×	√	√	√	×	×
转子流量计		○	+	○	√	√	×	×	×	√	√	×	×
容积式流量计		○	×	×	○	×	×	×	√	√	×	×	√
涡轮流量计		○	+	√	√	√	×	×	+	√	+	×	×
靶式流量计		○	√	√	√	√	×	×	√	√	+	×	+

注:标记√为适用;○为可用;+为一定条件下可用;×为不适用。

第四节　物位检测及仪表

在工业生产过程中,罐、塔、槽等容器中存放的液体表面位置称为液位;将料斗、堆场仓库等储存的固体块、颗粒、粉料等的堆积高度和表面位置称为料位;两种互不相溶的物质的界面位置称为界位。液位、料位以及界位总称为物位。

一、差压式液位变送器

1.工作原理

差压式液位变送器,是利用容器内的液位改变时,由液柱产生的静压也相应变化的原理而工作的,如图 2-22 所示。通常被测介质的密度是已知的。

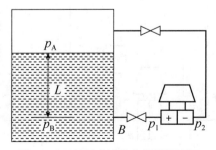

图 2-22　差压式液位变送器原理图

差压式变送器正压室压力 p_1 的计算式为

$$p_1 = p_A + L\rho g \qquad (2-24)$$

式中　p_A——容器内气相压力,kPa;

　　　L——容器内液体高度,m;

　　　ρ——容器内液体介质的密度,kg/m³;

　　　g——重力加速度,m/s²。

差压式变送器负压室压力 p_2 的计算式为

$$p_2 = p_A \qquad (2-25)$$

用式(2-24)减去式(2-25),得差压式变送器差压

$$\Delta p = p_1 - p_2 = L\rho g \qquad (2-26)$$

从式(2-26)可知,在介质密度 ρ 一定的情况下,差压变送器测得的差压与液位高度成正比。液位高度的测量转换为差压的测量问题了。

当被测容器为敞口的,气相压力为大气压时,只需将差压变送器的负压室通大气即可。

2. 零点迁移问题

零点迁移是指液位测量系统,当液位为零时,由于现场安装位置情况的不同,造成差压不为零,而是一个固定差压值,也就是零点发生"迁移",这个差压值就成为迁移量。如果 $L=0$, $\Delta p=0$,即称为无迁移;如果 $L=0$,$\Delta p>0$,即有迁移,称为正迁移;如果 $L=0$,$\Delta p<0$,称为负迁移。

在使用差压变送器测量液位时,为防止容器内液体和气体进入变送器而造成管线堵塞或腐蚀,并保持负压室的液柱高度恒定,在变送器正、负压室与取压点之间分别装有隔离罐,并充以隔离液,如图 2-23 所示。

差压式变送器正压室压力

$$p_1 = p_0 + L\rho_1 g + h_1\rho_2 g \qquad (2-27)$$

差压式变送器负压室压力

$$p_2 = p_0 + h_2\rho_2 g \qquad (2-28)$$

用式(2-27)减去式(2-28),得差压式变送器差压

$$\Delta p = p_1 - p_2 = L\rho_1 g - (h_2 - h_1)\rho_2 g \qquad (2-29)$$

从式(2-29)可知,当 $L=0$,压差不为零且 $\Delta p<0$,为负迁移,迁移量为 $-(h_2-h_1)\rho_2 g$。"迁移"只是同时改变了仪表的量程上下限,而不改变量程的大小。

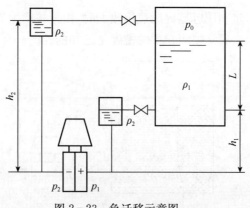

图 2-23　负迁移示意图

3.用法兰式差压变送器测量液位

如果介质含有结晶颗粒、黏度大或具有腐蚀性、易凝固等性质,在测量这样介质液体液位时易出现引压管线被腐蚀、被堵塞的问题,因此可采用在导压管入口处加隔离膜盒的法兰式差压变送器,如图2-24所示。作为敏感元件的测量头(金属膜盒),经毛细管与变送器的测量室相通。在膜盒、毛细管和测量室所组成的封闭系统内充有硅油,使被测介质不进入毛细管与变送器,以免堵塞。

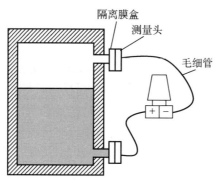

图2-24 双法兰液位计

法兰式差压变送器按其结构形式又分为单法兰式及双法兰式两种,图2-24为双法兰式。

二、浮力式液位计

浮力式液位计结构简单、造价低廉,维护也比较方便,在工业生产所广泛应用。浮力式液位计大致分为两种:一种是恒浮力式,浮标永远漂浮在液面上,浮标的位置随着液面高低而变化。这种液位计有浮标式液位计、浮球式液位计、自动跟踪式液位计等。另一种是变浮力式,浮筒浸没在液体里,浮筒所受的浮力随被浸没的高度——液位高低而变。

1.恒浮力式液位计

1)浮球式液位计

对于温度、黏度较高而压力不太高的密闭容器内的液位测量,一般采用浮球式液位计,其工作原理如图2-25所示。浮球1是一个空心圆球,一般用不锈钢制成。它通过连杆2与转动轴3相连;转动轴3的另一端与容器外侧的杠杆相连。在杠杆5上加以平衡锤4,组成以转动轴3为支点的杠杆系统。一般要求浮球的一半浸没在液体时,实现系统的力矩平衡。当液位升高时,浮球位置不变,浮球浸没在液体中深度增加,浮球所受的浮力增加,破坏了原有的力矩平衡状态,平衡重物拉动杠杆5做顺时针方向转动,浮球上升,直到杠杆系统的力矩平衡,浮球停留在新的位置上,这时浮球没在液体中深度与原先相同。如果在转动轴的外端安装指针和刻度标尺,便可以从输出的角位移确定液位的高低。

浮球式液位计可将浮球直接装在容器内部,即内浮球式,如图2-25(a)所示。当容器直径很小时,也可在容器外侧另做一浮球室,即外浮球式,如图2-25(b)所示与容器相通。外浮式便于检修,但不适于黏稠或易结晶、易凝固的液体的测量,内浮式的特点则相反。浮球式液位计必须用轴、轴套、密封填料等结构才能保持既密封,又能将浮球的位移传送出来,因此不适用于较高压力下的测量,它的测量范围也受到运行角限制而不能太大。

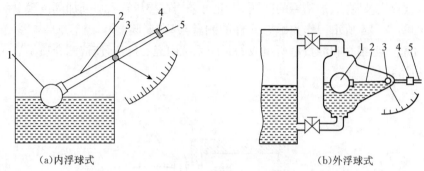

(a)内浮球式　　　　　　　　　(b)外浮球式

图 2-25　浮球式液位计示意图

1—浮球;2—连杆;3—转动轴;4—平衡锤;5—杠杆

在安装检修时,必须十分注意浮球、连杆与转动轴等部件连接是否结实牢固,以免日久浮球脱落,造成严重事故。在使用时,遇有液体中含有沉淀物或凝结的物质附着在浮球表面时,要重新调整平衡重物的位置,调整好零位。一旦调好,就不能随便移动平衡重物,否则会引起测量误差。

除了在转动轴的外侧安装指针,也可以将这个位移转换成标准信号用浮球液位变送器进行远传,一般采用 4~20mA、标准二线制传输方式。浮球液位变送器具有结构简单、调试方便、可靠性好、精度高、体积小的特点,常直接安装在各种储槽设备上。它特别适用于热重油,如温度不大于 450℃、压力不大于 4.0MPa 的黏稠脏污介质、沥青、含蜡油品等以及易燃、易爆、有腐蚀性介质的液位连续测量,被广泛用于石油、化工、冶金、医药等工业领域。

2)磁翻转式液位计

磁翻转式液位计可替代玻璃板或玻璃管液位计,用来测量有压容器或敞口容器内的液位,不仅可以就地指示,还可以附加液位超限报警及信号远传功能,实现远距离的液位报警和监控。它的结构原理如图 2-26 所示。

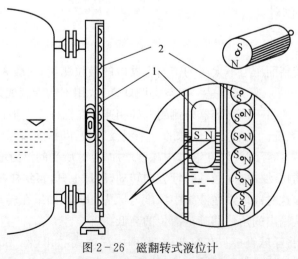

图 2-26　磁翻转式液位计

1—内装磁铁的浮子;2—翻辊

在与设备连通的连通器内,有一个自由移动的带磁铁的浮子。连通器一般由不锈钢管制成,连通器外一侧有一个铝制翻板支架,支架内纵向均匀安装了多个磁翻板。磁翻板可以是薄片形,也可以是小圆柱形。支架长度和翻板数量随测量范围及精度而定。翻板支架上有液位刻度标尺。每个磁翻板都有水平轴,可以灵活转动,翻板的一面是红色,另一面为白色。每个磁翻板内都镶嵌有小磁铁,磁翻板间小磁铁彼此吸引,使磁翻板总保持垂直,即红色朝外或白色朝外。根据红色指示的高度可以读到液位的具体数值,读数直观、色彩分明,效果较好。

2. 变浮力式液位计

浮筒液位计是变浮力式液位计的典型,如图 2 - 27 所示。其基本原理是当浮筒被液体浸没的高度不同时,浮筒上的浮力也不同,因此通过检测浮筒所受的浮力便可以确定液位高度。当液位低于浮筒下端时,浮筒的全部重力作用在杠杆上。此时作用在扭力管上的扭力最大,扭力管产生的扭角最大(一般约为 7°)。

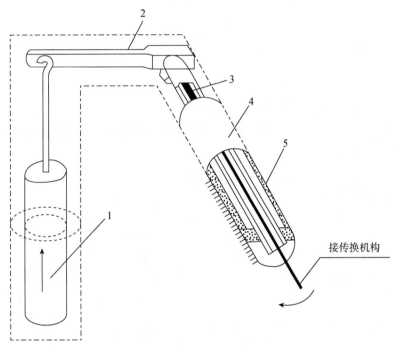

接传换机构

图 2 - 27 浮筒液位计示意图
1—浮筒;2—杠杆;3—扭力管;4—芯轴;5—外壳

当液位上升时,浮筒的浮力抵消掉一部分重力,作用在扭力管上的扭力矩减小,则扭力管扭转角减小。与扭力管 3 底端固定的芯轴 4 顺时针偏转相同的角度。芯轴输出角位移量,通过机械传动放大机构带动指针,便可以就地指示出液位数值,并通过转换元件将此角位移转换为电动信号输出,以适应远传和控制的需要。

浮筒式液位变送器的量程取决于浮筒的长度。国产液位变送器的量程范围为 300mm、500mm、800mm、1200mm、1600mm、2000mm。所适用的密度范围为 0.5~1.5kg/m³。变送器的输出信号不仅与液位高度有关,并且与被测液体的密度有关。因此密度发生变化时,必须进行密度修正。浮筒式液位计还可用于两种液体分界面的测量。

三、电容式物位计

电容式物位计是将物位变化量转换成电容的变化量,然后再变换成统一的标准电信号,传输给显示仪表进行指示、记录、报警或控制。

电容式物位计的电容检测元件结构形式如图 2-28 所示。电容器由两相互绝缘的同轴圆柱极板,即内电极和外电极组成,在两筒之间充以介电常数为 ε 的电介质时,两圆筒间的电容量为

$$C=\frac{2\pi \varepsilon L}{\ln(D/d)} \tag{2-30}$$

式中　L——两极板相互遮盖部分的长度;

　　　D——外电极的内径;

　　　d——圆筒形内电极的外径;

　　　ε——中间介质的介电常数,$\varepsilon = \varepsilon_0 \varepsilon_p$,其中 $\varepsilon_0 (= 8.84 \times 10^{-12}\ \mathrm{F/m})$ 为真空(和干空气的值近似)介电常数,ε_p 为介质的相对介电常数。

图 2-28　圆筒形电容器

由式可知,只要 ε、L、D、d 中任何一个参数发生变化,就会引起电容 C 的变化。在实际应用中 D、d 一定时,电容量 C 的大小与极板的长度和介质的介电常数 ε 的乘积成比例。将电容式物位计的探头插入被测介质中,电极浸入介质中的深度随物位高低变化,故测得 C 即可知道液位的高低。

四、雷达式液位计

雷达液位计是利用超高频电磁波经天线向被探测容器里的液面发射,当电磁波碰到液面后反射回来,仪表检测出发射波和回波的时差,从而计算出液面高度。

典型的脉冲雷达测距原理由图 2-29 所示,由振荡器产生的脉冲雷达信号被送往检测系统,检测器同时向液面发出脉冲雷达信号,并接收由液面反射回来的脉冲雷达信号,由此应产生一个时间差 Δt,有

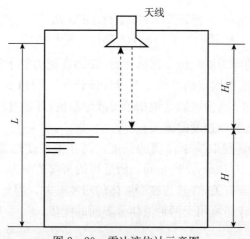

图 2-29　雷达液位计示意图

$$H_0 = \frac{1}{2}(C \cdot \Delta t) \qquad (2-31)$$

式中　H_0——雷达天线至液面之间的距离;

　　　C——雷达在介质中的传播速度, C 为光速 $(3 \times 10^8 \mathrm{m/s})$;

　　　Δt——发射雷达和接收反射回雷达的时间差。

液位高度 H 的计算式为

$$H = L - H_0 \qquad (2-32)$$

式中　L——雷达天线至容器底部之间的距离。

由于雷达液位计的测量原理和微波的传播特性有关,所以介质的相对介电常数、液体的湍动和气泡等被测物料的特性会对微波信号造成衰减,严重的甚至可使液位计不能工作。

雷达式液位计具有耐高温、耐高压的特点,属于非接触的测量方式,安装使用简易方便,当采用反射波测量液位时,其测量精度几乎不受被测介质温度、压力、相对介电常数及易燃易爆恶劣工况的限制。雷达液位计可用于易燃、易爆、强腐蚀等介质的液位测量,特别适用于大型立罐和球罐等,一般分为工业测量级和计量级。

第五节　温度检测及仪表

一、概述

温度是表征物体冷热程度的物理量。温度是工业生产和科学实验中最普遍、最重要的变量之一。物体的许多物理现象和化学性质都与温度有关,许多生产过程都是在一定温度范围内进行的。例如精馏塔利用混合物中各组分沸点不同实现组分分离,对塔釜、塔顶等温度,都必须按工艺要求分别控制在一定数值上,否则产品质量将不合格。因此,温度的检测和控制是保证生产正常进行、确保产品质量和安全生产的关键。

温度变量是不能直接测量的,一般只能根据物质的某些特性值与温度之间的函数关系,通过对这些特性变量的测量间接地获得。

测量 600 ℃ 以下的测温仪表叫温度计。测量 600 ℃ 以上的测温仪表叫高温计。

1. 测温仪表的分类

1) 接触式

接触法可以直接测得被测物体的温度,因而简单、可靠、测量精度高。任意两个冷热程度不同的物体相接触,必然要发生热交换现象。热量将由较热的物体传到较冷的物体,直到两物体的冷热程度完全一致,即达到热平衡状态为止。

接触式仪表测温就是利用这一原理,选择某一物体与被测物体相接触,并进行热交换。当两者达到热平衡状态时,选择物体与被测物体温度相等。于是,可以通过测量选择物体的某一物理量(例如液体的体积、导体的电阻等),得出被测物体的温度数值。

接触式温度计的适用范围见表 2-3。

表 2 - 3　各种接触式温度计的使用范围

型式	温度计种类	使用范围,℃
接触式温度计	玻璃液体温度计	−100～100(150)有机液体 0～350(30～650)水银
	双金属温度计	0～300(−50～600)双金属片
	压力式温度计	0～500(50～600)液体型 0～100(50～200)蒸汽型
	电阻温度计	−150～500(200～600)铂电阻 0～100(−50～150)铜电阻 −100～200(300)热敏电阻
	热电偶温度计	−20～1300(1600)铂铑$_{10}$—铂 −50～1000(1200)镍铬—镍硅 −40～800(900)镍铬—铜镍

2)非接触式

非接触式仪表测温时,测温元件不与被测物体直接接触。它是利用物体的热辐射(或其他特性),通过对辐射能量(或亮度)的检测来实现测温的。

2.温度检测的基本原理

1)应用热膨胀原理测温

利用液体或固体受热时产生热膨胀的原理,可以制成膨胀式温度计。

常见类型:液体膨胀式温度计——玻璃温度计;固体膨胀式温度计——双金属片温度计。

双金属片温度计中的敏感元件是用两片线膨胀系数不同的金属片叠焊在一起制成的。当温度变化时,由于两金属片的线膨胀系数不同而发生弯曲,弯曲的方向是朝着线膨胀系数小的一方,如图 2 - 30 所示。温度越高产生的线膨胀长度差越大,因而弯曲的角度越大。双金属片温度计就是根据这一原理而制成的。

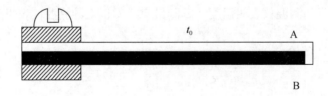

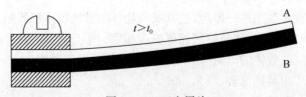

图 2 - 30　双金属片

工业上广泛采用的指示式双金属片温度计如图 2-31 所示。其中螺旋形感温元件是用双金属片制成的,它的一端固定,另一端(自由端)连接在芯轴上,外部加一金属套管。当温度变化时,螺旋形的自由端旋转,并带动固定在芯轴上的指针转动,进而指示出温度的数值。由于将双金属片制成了螺旋管状,则大大提高了仪表的灵敏度。由于它结构简单、价格便宜、示值明显、使用方便、维护容易、耐冲击、耐震动的性能,可用于震动较大场所的温度检测,所以得到了广泛的应用。这种温度计的缺点是精度不高、量程不能做得很小、使用范围有限等。

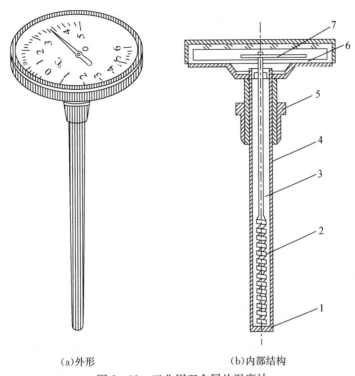

(a)外形 　　　　　　　　(b)内部结构

图 2-31 工业用双金属片温度计

1—固定端;2—双金属螺旋;3—芯轴;4—外套管;5—固定螺帽;6—度盘;7—指针

2)应用压力随温度变化的原理测温

利用封闭在固定体积中的气体、液体或某种饱和蒸气受热时,其压力随温度变化的性质测温。压力计式温度计又称温包式温度计,便是利用了这一原理。

3)应用热阻效应测温

利用导体或半导体的电阻值随温度变化的性质,可制成热电阻式温度计,其对应的材料类型有铂热电阻、铜热电阻、半导体热敏电阻。

4)应用热电效应测温

利用金属的热电性质可以制成热电偶温度计,类型有铂铑$_{30}$—铂铑$_6$热电偶;铂铑$_{10}$—铂热电偶;镍铬—镍硅热电偶;镍铬—铜镍热电偶;铁—铜镍热电偶;铜—铜镍热电偶。

5)应用热辐射原理测温

利用物体辐射能随温度而变化的性质可以制成辐射高温计。由于这时测温元件不再与被测介质相接触,故属于非接触式温度计。

二、热电偶温度计

1. 热电偶

热电偶由两种不同材料的导体 A 和 B 焊接而成。焊接的一端插入被测介质中,感受到被测温度,称为热电偶的工作端(习惯上称为热端),另一端与导线连接,称为自由端(习惯上称为冷端)。导体 A、B 称为热电极,合称热电偶,如图 2-32 所示。图 2-33 所示为热电偶温度计测温系统示意图。

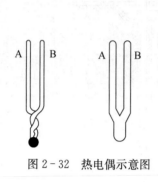

图 2-32 热电偶示意图

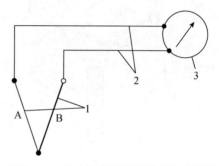

图 2-33 热电偶温度计测温系统示意图

1—热电偶;2—导线;3—测量仪表

1)热电现象及测温原理

两种不同材料的导体组成闭合回路,如果两端接点温度不同,则回路中就会产生一定大小的电势,这个电势的大小与导体材料性质以及温度有关,所以称作热电势,这就是物质的热电现象。假设金属 A 中的自由电子密度大于金属 B 中的自由电子密度,金属 A 的压强也大于金属 B。当两种金属相接触时,两种金属的交界处,电子从 A 扩散到 B 多于从 B 扩散到 A。金属 A 就因失去电子而带正电,金属 B 则因得到电子而带负电,如图 2-34 所示。结果当扩散进行到一定程度时,压强差的作用与静电场的作用相互抵消,建立暂时的平衡,形成接触电势 e_{AB}。接触电势的大小,仅和两金属的材料及接触点的温度有关。温度越高,接触电动势也越高,在热电偶材料确定后只和温度有关,故称为热电势,记作 $e_{AB}(t)$。

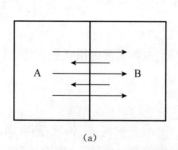

(a)

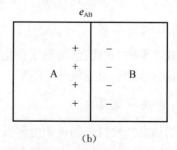

(b)

图 2-34 接触电势的形成过程示意图

热电偶的热电势包括接触电势和温差电势。温差电势是同一导体因两端的温度不同而产生的电势。在热电偶回路中接触电势远远大于温差电势,温差电势将忽略不计。所以热电偶的输出电势是热端和冷端温差$(t-t_0)$的函数。

热电偶一般都是在自由端温度为 0℃ 时进行分度的,因此若自由端温度不为 0℃ 而为 t_0 时,则热电势与温度之间的关系可用式(2-33)进行计算:

$$E_{AB}(t,t_0)=E_{AB}(t,0)-E_{AB}(t_0,0) \qquad (2-33)$$

式中,$E_{AB}(t,0)$ 和 $E_{AB}(t_0,0)$ 相当于该种热电偶的工作端温度分别为 t 和 t_0,而自由端温度为 0℃ 时产生的热电势,其值可从热电偶的分度表(附录二)中查得。

2)插入第三种导线的问题

利用热电偶测量温度时,必须要用某些仪表来测量热电势的数值,而测量仪表往往要远离测温点,这就要接入连接导线 C,这样就在 AB 所组成的热电偶回路中加入了第三种导线,只要各接点温度相同,原热电偶所产生的热电势数值并无影响。必须保证引入线两端的温度相同。同理,如果回路中串入更多种导线,只要引入线两端温度相同,也不影响热电偶所产生的热电势数值。

3)热电偶的结构

常用热电偶的结构形式主要有普通热电偶和铠装热电偶。

普通热电偶主要由热电极、绝缘子、保护套管及接线盒等四部分组成,如图 2-35 所示。热电极是组成热电偶的两种材料不同的导体,用于感测温度,产生热电势。绝缘子用于保证热电偶两极之间及热电极与保护套管之间的电气绝缘,其材料通常是耐高温陶瓷。保护套管在热电极绝缘子外边,作用是保护热电极不受化学腐蚀和机械损伤。接线盒的主要作用是将热电偶的自由端引出,供热电偶和导线连接之用,兼有密封和保护端子等作用。

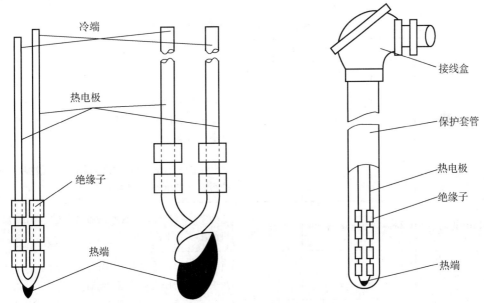

图 2-35　热电偶的外形和基本结构

铠装热电偶是将热电偶丝与绝缘材料及金属套管经整体复合拉伸工艺加工而成的可弯曲的坚实组合体,如图 2-36 所示。由于铠装热电偶结构小型化、挠性好、能弯曲,易于制成特殊用途的形式,具有动态特性好、热响应时间快和坚固耐用等突出优点,特别适用于温度变化频繁、热容量较小及结构复杂设备的测温场合。

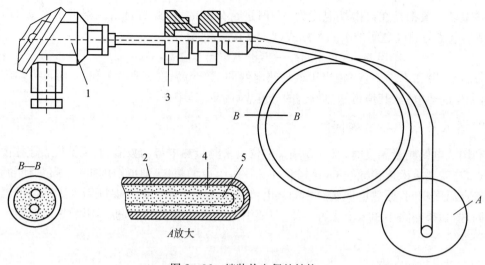

图 2-36 铠装热电偶的结构

1—接线盒;2—金属套管;3—固定装置;4—绝缘材料;5—热电极

4)常用热电偶

目前,国际标准化热电偶,被称为"字母标志热电偶",即其名称用专用字母表示,这个字母即热电偶型号标志,称为分度号,是各种类型热电偶的一种很方便的缩写形式。热电偶的名称由热电极的材料命名,写在前面的为正极,写在后面的为负极。几种常用热电偶的主要性能见表2-4。

表 2-4　常用热电偶的性能

名称	分度号	测温范围,℃		主要性能
		长期使用	短期使用	
铂铑₃₀—铂铑₆	B	0～1600	1800	稳定性好、测量温度高,自由端在 0～100℃ 范围内可以用铜导线代替补偿导线,适用于氧化性气氛中的测温,热电势小,价格高
铂铑₁₀—铂	S	0～1300	1600	热电性能稳定、抗氧化性能好,适用于氧化性和中性气氛中测量,但热电势小、成本高
镍铬—镍硅	K	−50～1200	1300	热电势大、线性好,适于在氧化性和中性气氛中测温,且价格便宜,工业上使用最多
镍铬—康铜	E	−40～800	900	热电势大、灵敏度高、价格便宜,测量中低温稳定性好,适用于氧化或弱还原性气氛中测温
铁—康铜	J	−40～700	750	测量精度高、稳定性好,低温时灵敏度高,价格最低,适用于氧化和还原性气氛中测温
铜—康铜	T	−40～300	350	低温时灵敏度高,稳定性好,价格便宜,适用于氧化和还原性气氛中测温

2. 补偿导线与冷端温度补偿

由热电偶的作用原理可知,热电偶热电势的大小,不仅与测量端的温度有关,而且与冷端的温度有关。为了保证输出电势是被测温度的单值函数,就必须使冷端温度保持不变。然而在实际应用中,冷端(接线盒处)又暴露于空间,受到周围环境温度波动的影响,冷端温度很难保持恒定,测量存在误差,因此必须采取措施,通常采用以下温度补救办法。

1)补偿导线

为了减小周围环境温度波动的影响,将热电偶延伸到温度恒定的场所;为了集中显示和控制,温度测量的热电势信号需要从现场传送到集中控制室里。如用很长的热电偶使冷端延长到温度比较稳定的地方,这种办法由于热电极线不便于敷设且采用贵金属而很不经济,因此是不可行的。所以,一般用一种导线(称为补偿导线)将热电偶的冷端延伸出来,补偿导线随使用的热电偶及其构成材料的不同而不同,它要与各自对应的热电偶组合使用。这种导线采用的廉价金属在一定温度范围内(0~100℃)具有和所连接的热电偶相同的热电性能。

补偿导线将热电偶从冷端延伸到温度比较恒定的控制室处,节约贵金属。不同的热电偶必须配用不同的补偿导线,正负极不得接反。补偿导线和热电偶连接处的两个接点温度应保持相同。延长后"新的"冷端温度应恒定,这样用补偿导线才有意义。

2)冷端温度的变化对测量的影响及消除方法

配用补偿导线,将冷端延伸至温度基本恒定的地方,但新冷端若不恒为0℃,配用按分度表刻度的温度显示仪表,必定会引起测量误差,必须予以校正。

(1)冷端温度修正方法。

当热电偶冷端温度不是0℃,而是 t_0 时,热电势的计算校正公式为

$$E(t,0)=E(t,t_0)+E(t_0,0)$$

式中　$E(t,0)$——冷端为0℃而热端为 t 时的热电势;

　　　$E(t,t_0)$——冷端为 t_0 而热端为 t 时的热电势,热电偶(加补偿导线)产生热电势;

　　　$E(t_0,0)$——冷端为0℃而热端为 t_0 时的热电势,即为冷端温度不为0时热电势校正值。

因此只要知道了热电偶冷端的温度 t_0,就可以从分度表查出对应于 t_0 的热电势 $E(t_0,0)$,然后将这个热电势值与显示仪表所测的读数值 $E(t,t_0)$ 相加,得出的结果就是热电偶的冷端温度为0℃时,对应于测量端的温度为 t 时的热电势 $E(t,0)$,最后就可以从分度表查得对应于 $E(t,0)$ 的温度,这个温度的数值就是热电偶测量端的实际温度。

(2)校正仪表零点法。

将仪表的指针事先(未接入热电偶前)调到仪表所处(即冷端温度)的温度值。这种方法不够准确,但由于方法简单,常用要求不高的场合。

(3)补偿电桥法。

它是利用不平衡电桥产生的不平衡电压来补偿热电偶因自由端的温度变化而引起的热电势值的变化,如图2-37所示。调节电桥,在20℃时,处于平衡状态,即 $U_{ab}=0V$,对仪表读值无影响。环境温度高于20℃时,R_{CU} 增大,R_{CU} 上的电压增大。电桥不平衡,$U_{ab}>0V$,补偿热电偶因自由端的温度上升而引起的热电势值减小。若适当选取桥臂电阻和电流值,可达到很好的补偿效果。

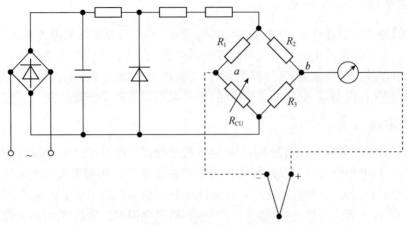

图 2-37 补偿电桥法

三、热电阻温度计

工业用热电阻主要有金属热电阻和半导体热敏电阻。

1. 金属热电阻

金属热电阻是基于金属导体的电阻值随温度的变化而变化的特性来进行温度测量的。只要测出热电阻阻值的变化量,就可以测得温度。工业上常用的金属热电阻有铂电阻和铜电阻。

铂是一种贵金属,它的特点是精度高、稳定性好、性能可靠,尤其是耐氧化性能很强。铂很容易提纯,复现性好,有良好的工艺性,可制成很细的铂丝(直径 0.02mm 或更细)。与其他材料相比,铂有较高的电阻率,因此普遍认为是一种较好的热电阻材料。其缺点是铂电阻的电阻温度系数比较小且价格贵。

在 0~850℃范围内,铂电阻与温度的关系为

$$R_t = R_0(1 + At + Bt^2) \tag{2-34}$$

式中 R_0——温度为 0℃时电阻值;

       R_t——温度为 t℃时的电阻值;

       A、B——常数,A=3.90802×10^{-3}/℃,B=−5.082 ×10^{-7}/℃。

目前我国常用的铂电阻有两种,分度号分别为 Pt_{100} 和 Pt_{10}。最常用的是 Pt_{100},0℃时电阻值为 100.00Ω。

铜电阻也是工业上普遍使用的热电阻。铜容易加工提取,其电阻温度系数很大,而且电阻与温度之间关系呈线性,价格便宜,在−50~+150℃内具有很好的稳定性。所以在一些测量准确度要求不很高、且温度较低的场合较多使用铜电阻温度计。目前我国工业上用的两种铜电阻的分度号为 Cu_{50} 和 Cu_{100}。

在−50~+150℃测温范围内,铜电阻值与温度的线性关系为

$$R_t = R_0(1 + \alpha t) \tag{2-35}$$

式中 R_0——温度为 0℃时电阻值;

       R_t——温度为 t ℃时的电阻值;

α——铜电阻温度系数，$\alpha \approx 4.25 \times 10^{-3}/℃$。

热电阻测温系统一般由热电阻、显示仪表和连接导线等部分组成，如图 2-38 所示。

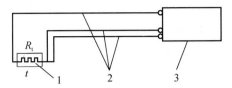

图 2-38　热电阻测温系统示意图

1—热电阻；2—连接导线；3—显示仪表

实际工作中，热电阻与显示仪表之间的连接导线较长，若仅使用两根导线连接在热电阻两端，导线本身的电阻会与热电阻串联在一起，造成检测误差。如果每根导线的电阻为 r，则加到热电阻上的绝对误差为 $2r$，而且这个误差是随着导线所处的环境温度的变化而变化的。所以在工业应用时，为避免或减少导线电阻对检测的影响，常常采用三线制连接方式。

热电阻的结构型式有普通型、铠装型和专用型等。

普通型热电阻一般包括电阻体、绝缘子、保护套管和接线盒等部分，如图 2-39 所示。

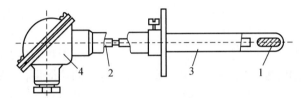

图 2-39　普通型热电阻的结构

1—电阻体；2—绝缘子；3—保护套管；4—接线盒

铠装型热电阻将电阻体预先拉制成型并与绝缘材料和保护套管连成一体，其直径小，易弯曲，抗震性能好。除电阻体外，其余部分的结构、形状以及热电阻的外形均与铠装热电偶的相应部分相似。

专用型热电阻用于一些特殊的测温场合。例如轴承热电阻带有防震结构，能紧密地贴在被测轴承表面，用于测量轴承温度。

2.半导体热敏电阻

半导体热敏电阻是利用某些半导体材料的电阻值随温度的升高而减小（或升高）的特性制成的。半导体热敏电阻发展迅速，目前已深入到各个领域，尤其是在家用电器和汽车的温度检测、控制中大量应用。

具有负温度系数的热敏电阻称为 NTC 型热敏电阻，大多数热敏电阻属于此类。NTC 型热敏电阻主要由锰、铁、镍、钴、钛、钼、镁等金属的复合氧化物高温烧结而成，通过不同的材料组合得到不同的温度特性。NTC 型热敏电阻在低温段比在高温段更灵敏。

具有正温度系数的热敏电阻称为 PTC 型热敏电阻，它是在由 $BaTiO_3$ 和 $SrTiO_3$ 为主的成分中加入少量 Y_2O_3 和 Mn_2O_3 烧结而成。PTC 型热敏电阻在某个温度段内电阻值急剧上升，可用做位式（开关型）温度检测元件。

半导体热敏电阻结构简单、电阻值大、灵敏度高、体积小、热惯性小。但是非线性严重、互换性差、测温范围较窄。

四、温度变送器

温度(温差)变送器是将温度或温差信号转换成 4~20mA、1~5V DC 的统一标准信号输出。根据输入信号的不同,温度变送器主要类型有热电偶温度变送器、热电阻温度变送器、直流毫伏变送器,现介绍几种常见类型。

1. 温度变送器

热电偶温度变送器和热电阻温度变送器的结构大体上可以分为输入电路、放大电路、反馈电路和温度检测元件,其原理框图如图 2-40 所示。

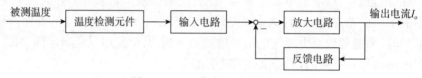

图 2-40　温度变送器原理框图

热电偶温度变送器的输入电路主要是一个冷端温度补偿电桥,它的作用是实现热电偶冷端温度补偿和零点调整。热电阻温度变送器输入电路的作用是将热电阻电阻值的变化转换为毫伏信号送至放大电路,同时它还包含线性化的功能,用以补偿热电阻温度变送器的测温元件热电阻阻值变化与被测温度之间的非线性关系。放大电路的功能是将由输入电路来的毫伏信号进行多级放大,并将放大后的输出电压信号转换成具有一定负载能力的 4~20mA DC 的标准电流输出信号。反馈电路的作用是使变送器的输出信号 I_o 能与被测温度 t 成一定的对应关系。简单地说,放大电路与反馈电路构成一个负反馈电路,起着电压—电流转换器的作用。

2. 一体化温度变送器

DDZ—Ⅲ型温度变送器的测温元件是安装在现场的,而变送器可以安装在离现场较远的控制室,中间用导线或补偿导线就可以连接起来。

所谓一体化温度变送器,就是将变送器模块直接安装在测温元件接线盒或专用接线盒内的一种温度变送器,其原理框图如图 2-41 所示。

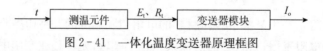

图 2-41　一体化温度变送器原理框图

一体化温度变送器的测温元件和变送器模块安装在一起,形成一个整体。可以直接安装在被测工艺设备上,输出为统一的 4~20mA DC 标准电流信号。这种变送器的优点是体积小、质量轻、现场安装方便,因此在工业生产过程中得到广泛应用。

3. 智能式温度变送器

智能式温度变送器可以与各种热电偶或热电阻配合使用测量温度,具有测量范围宽、精度高、环境温度和振动影响小、抗干扰能力强、质量小以及安装维护方便等优点。智能式温度变送器的数字通信格式有符合 HART 协议的,也有采用现场总线通信方式的。符合 HART 协议的产品种类较多,也比较成熟。用户可以通过上位管理计算机或挂接在现场总线通信电缆上的手持式组态器,对变送器进行远程组态,调用或删除功能模块,也可以使用编程工具对变送器进行本地调整。

五、测温元件的选用及安装

1. 测温元件的选用

1)分析被测对象

这一步骤包括以下几方面的内容:分析被测对象的温度变化范围及变化的快慢;观察被测对象是静止的还是运动的(移动或转动);分析被测对象的状态;分析被测区域的温度分布是否相对稳定,测量局部温度或区域温度;分析周围环境;分析测量场所的环境状态。

2)合理选用仪表

选用仪表应考虑以下内容:仪表的可能测温范围及常用测温范围;仪表的精度、稳定性、变差及灵敏度等;仪表的防腐、防爆性及连续使用的期限;输出信号是否远传;测温元件的体积大小及互换性;仪表的响应时间;仪表防震、防冲击、抗干扰能力;电源电压、频率变化及环境温度变化对仪表示值的影响;仪表的使用是否方便、安装维护是否容易。

2. 测温元件的安装要求

(1)在测量管道温度时,要求安装时测温元件应迎着被测介质流向插入,至少须与被测介质正交,如图2-42所示。

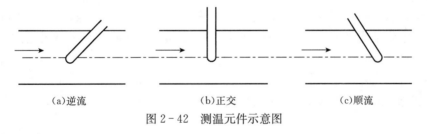

(a)逆流　　　　　　(b)正交　　　　　　(c)顺流

图2-42　测温元件示意图

(2)测温元件的感温点应处于管道中流速最大处,如图2-43所示。

(3)测温元件应有足够的插入深度,以减小测量误差。测温元件应斜插安装或在弯头处安装,如图2-44所示。

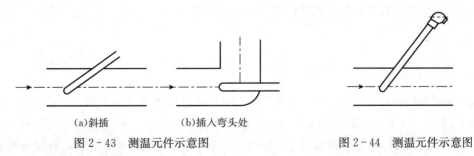

(a)斜插　　　　(b)插入弯头处

图2-43　测温元件示意图　　　　　　图2-44　测温元件示意图

(4)如工艺管道过小(直径小于80mm),安装测温元件处应接装扩大管,如图2-45所示。

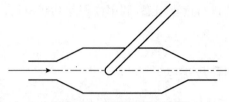

图 2-45　测温元件示意图

（5）热电偶、热电阻的接线盒盖应向上，避免雨水、雪水或其他液体进入，造成接线端子的短路。

（6）测温元件安装在负压管道中时，必须保证其密封性。

（7）为了防止热量散失，测温元件应插在有保温层的管道或设备处。

第六节　在线成分分析仪表

在线分析仪表又称过程分析仪表，是指直接安装在工业生产流程或其他流体现场，用于生产流程中（即在线）连续或周期性检测物质化学成分或某些物性的自动分析仪表。

在线分析仪表广泛应用于工业生产的实时分析，环境质量及污染排放的连续监测。分析仪表是对物质的成分及性质进行分析和测量的仪表。在现代工业生产过程中，必须对生产过程的原料、成品、半成品的化学成分（比如水分含量、氧分含量）、密度、pH 值、电导率等进行自动检测并参与自动控制，以达到优质高产、降低能源消耗和产品成本、确保安全生产和保护环境的目的。

在线分析仪表种类繁多，按其工作原理可分为：热学式分析仪表，如热导式和热化学式气体分析器等；电化学式分析仪表，如 pH 计，电导仪，盐量计，电磁浓度计，原电池式、极谱式和氧化锆氧分析器等；磁式分析仪表，如热磁式和磁力机械式氧分析器等；光学式分析仪表，如红外线气体分析器、紫外线分析器和流程光电比色计等；色谱分析仪，如流程气相色谱仪和流程液相色谱仪两类；此外还有密度计、湿度计、水分仪和黏度计等。

一、pH 计与电导率测量仪

pH 值是表示水溶液的酸碱性强弱程度。pH 计常用于石油化工、石油炼制工业、制药工业和食品工业等部门，尤其在污水处理工程中应用更多。

1. pH 计

1）pH 计的结构和工作原理

pH 值通常用电位法测量，用一个恒定电位的参比电极和测量电极组成一个原电池，原电池电动势的大小取决于氢离子的浓度，也取决于溶液的酸碱度。测量电极上有特殊的对 pH 值反应灵敏的玻璃探头，它是由能导电、能渗透氢离子的特殊玻璃制成。当玻璃探头和氢离子接触时，就产生电势 U，电势的大小与氢离子活度等有关，其计算公式为

$$U = U_0 + \frac{RT}{nF} \ln(H^+) \qquad (2-36)$$

式中　U——探头电势值；

　　　U_0——pH 值为 7 时电势值；

　　　R——常数；

　　　T——绝对温度；

　　　n——$H^+=1$ 时的离子负载；

　　　H^+——氢离子活度；

　　　F——法拉第常数。

电势是通过悬吊在氯化钾溶液中的银丝对照参比电极测到的，pH 值不同，产生的对应电势也不同，其电势大小经过 pH 变送器转换成标准信号 4～20mA 输出，在线 pH 计测量系统见图 2-46。

常用的参比电极有甘汞电极、银—氯化银电极等。

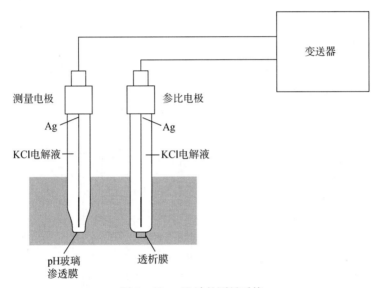

图 2-46　pH 计的测量系统

2)工业 pH 计测量注意事项

在工业生产中，一般 pH 计分为两部分。一部分是检测部分，主要与介质接触；另一部分是变送单元，将检测部分测量的数据进行转换，转换成 DCS 可以接受的 4～20mA 信号，供相关人员观察。所以，在 pH 计的实际使用过程中必须注意如下几点：

(1)首先要注意对电极玻璃膜的保护。由于测量电极与介质直接接触，容易附着脏物，应定期进行冲洗，可根据实际情况每 1 个月或半个月冲洗 1 次，以保证正常使用。在管道中若使用流通式玻璃电极。由于流通式要求流速不宜太高，若流速不易控制，建议为 pH 探头增加 1 个保护套管。

(2)关于 pH 计探头的清洗。由于探头长期接触介质溶液，即使定期清洗亦有结垢现象，此时建议用 10% 的稀盐酸或氯化钾溶液浸泡，使其活性恢复。

(3)要注意 pH 计探头的插入深度，必须保证介质液位在任何时候不低于 pH 电极，否则，对于玻璃管电极极易脱水而无法工作。如因停车或其他原因不使用 pH 计时，应将一次表的探头部分脱离现场，放入水溶液中保养起来，以备后续使用。

(4)安装接线时要注意 pH 计的接地。由于 pH 计探头检测的是弱电压信号，容易受到外界的干扰,因此除了安装时要注意远离强磁场以外,接线时亦要注意介质溶液的接地。同时要求接线线头不能受潮,要保持高度清洁和干燥,防止输出短路,造成测量误差太大或测量错误。一次仪表、二次仪表连接时若需增加屏蔽电缆的长度,则电缆补接处也要求干燥,并且不能用胶布进行绝缘,可用四氟乙烯带进行绝缘处理。

2.电导率测量仪

电导率的物理意义是表示物质导电的性能。电导率越大则导电性能越强,反之越小。在国际单位制中,电导率的单位是西门子/米(S/m),其他单位有 S/cm,μS/cm(1S/m=0.01S/cm=10000 μS/cm)。

工业电导率测量仪(电导仪)在生产过程中主要用于监测锅炉给水和其他工业用水的质量指标;监视设备在运行过程中是否有渗漏现象;还可以用来监视热交换器、蒸汽冷凝器等设备的渗漏情况。

1)电导率的测量原理

电导率的测量原理是将相互平行且距离是固定值 L 的两块极板(或圆柱电极),放到被测溶液中,在极板的两端加上一定的电势(为了避免溶液电解,通常为正弦波电压,频率 1~3kHz),如图 2-47 所示。然后通过电导仪测量极板间电导。

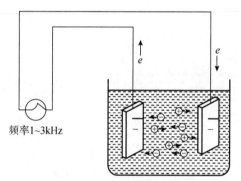

频率1~3kHz

图 2-47　电导率测量原理简图

电导率 S 与电极常数 K 和溶液的电导 G 有关,它们之间的关系为 $S=K\times G$。电导可以通过电流、电压的测量得到。这一测量原理在直接显示测量仪表中得到广泛应用。

电极常数 K 与测量电极的有效极板和两极板的距离有关,它们之间的关系可用式(2-37)表示为

$$K=L/A \tag{2-37}$$

式中　A——测量电极的有效极板的面积;

　　　L——两极板的距离。

在电极间存在均匀电场的情况下,电极常数可以通过几何尺寸算出。当两个面积为 1cm 的方形极板,之间相隔 1cm 组成电极时,此电极的常数 $K=1cm^{-1}$。如果用此对电极测得电导值 $G=1000\mu S$,则被测溶液的电导率 $K=1000\mu S/cm$。根据上述公式 $K=S/G$,电极常数 K 也可以通过测量电导电极在一定浓度的 KCl 溶液中的电导 G 来求得,此时 KCl 溶液的电导率 S 是已知的。

2)工业电导率测量仪的构成

工业电导率测量仪由电导池、转换器两部分组成。

电导池又称检测器或发送器,其结构如图 2-48 所示。它与被测介质直接接触,将溶液的浓度变化转化为电导或电阻的变化。转换器的作用是将电导或电阻的变化转换成标准的直流电压或电流信号。

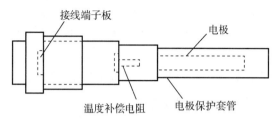

图 2-48 电导池的结构图

常见的电导池的结构如图 2-49 所示,常见的电导池有:浸入式,直接与被测介质接触,一般用于要求不高的常压场合;插入式,可垂直和水平安装,用于有一定压力的场所;流通式,安装在工艺管道中,响应时间快;阀式,可随时清理,适于高压场所。

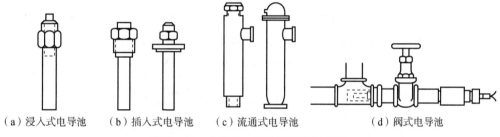

(a)浸入式电导池 (b)插入式电导池 (c)流通式电导池 (d)阀式电导池

图 2-49 常见的电导池的结构示意图

电导池的电极是电导率测量仪的核心部件,制作电极的材料应满足一定的要求,如物理化学性质稳定,具耐腐蚀性,能承受一定的压力和温度,便于加工制作等。目前普遍采用的电极材料有铂、镍、铜镀铂、铜镀铬和不锈钢等。

3)工业电导率测量仪的维护和一般故障处理

(1)当电导池安装在新的管道系统时,建议运行几天后就进行第一次检查。观察电极和池室,如果有无油污、铁锈、沉淀等物,应及时清洗。

(2)若被测溶液的电导率大大超过仪表测量范围的上限,应立即切断电源,并查看电导池是否损坏。

(3)若仪表出现不明原因的不正常现象,如灵敏度下降、死区增大、仪表指示不稳和平衡困难等,这可能表明电极表面有损坏,应卸下电导池进行检查、清洗或更换。

二、红外线气体分析仪

红外线是一种看不见的光,其波长范围为 0.78~1000 μm。它在红光界限以外,所以得名红外线。红外线可分为三部分,即近红外线,波长为 0.75~1.50 μm;中红外线,波长为 1.50~6.0 μm;远红外线,波长为 6.0~1000 μm。

红外线气体分析仪是一种光学式分析仪器,应用光学方法制成的各种成分分析器是分析器中比较重要的一类。光学分析器的种类很多,如红外线分析器、分光光度计、光电比色计、紫外线分析器等,它们是基于光波在不同波长区域内辐射和吸收特性的不同而制成的。

1. 红外线气体分析仪的基本原理

红外线气体分析仪是利用混合气体中某些气体,有选择性地吸收红外辐射能这一特性,来连续分析和测定被测气体中某一待测组分的百分含量的,如 CO、CO_2、NH_3、CH_4、NO_2、SO_2、C_2H_2 等气体的百分含量。红外线气体分析仪常用的红外线波长为 $2\sim12\mu m$。简单说就是使待测气体连续不断地通过一定长度和容积的容器,从容器可以透光的两个端面中的一个端面一侧入射一束红外光,然后在另一个端面测定红外线的辐射强度,然后依据红外线的吸收与吸光物质的浓度成正比,就可知道被测气体的浓度。

2. 红外气体分析仪基本结构、主要部件及类型

红外线气体分析仪一般由发送器和测量电路两大部分构成,发送器是红外分析仪的"心脏"部分,它将被测组分浓度的变化转为某种电参数的变化,并通过测量电路转换成电压或电流输出。发送器由光学系统和检测器两部分组成,光学系统的构成部件主要有:红外辐射光源组件,包括红外辐射光源、反射体和切光(频率调制)装置;气室和滤光元件,包括测量气室、参比气室、滤波气室和干涉滤光片。红外线气体分析仪的原理结构如图 2-50 所示。

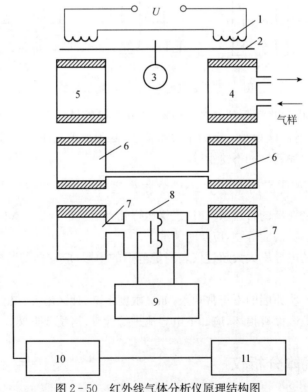

图 2-50 红外线气体分析仪原理结构图

1—光源;2—切光片;3—同步电动机;4—测量气室;5—参比气室;6—滤波气室;
7—检测气室;8—检测器;9—前置放大器;10—主放大器;11—记录器

光源可分为单光源和双光源两种。发光体主要有以下几种:合金发光源、陶瓷光源、激光光源。

切光装置(也称切光片)的作用是将辐射光源的红外光变成断续的光,即对红外光进行调制。调制的目的是使检测器产生的信号成为交流信号,便于放大器放大,同时改善检测器的响应时间特性。

红外气体分析仪中的气室包括测量气室、参比气室和滤波气室,它们的结构基本相同,都是圆筒形,两端都是用晶片密封。气室要求内壁光洁度高,不吸收红外线,不吸附气体,化学性能稳定。气室的材料采用黄铜镀金、玻璃镀金或铝合金,内壁表面都要求抛光。金的化学性能极为稳定,气室的内壁永远也不氧化,所以能保持很高的反射系数。气室常用的窗口材料有:氟化锂(透射限为 $6.5\,\mu m$)、氟化钙(透射限为 $13\,\mu m$)、蓝宝石(透射限为 $5.5\,\mu m$)、熔凝石英(透射限为$4.5\,\mu m$)、氯化钠(透射限为 $25\,\mu m$)。参比气室和滤波气室是密封不可拆的。测量气室有可能受到污染,采用橡胶密封,注意维护和定期更换,晶片上沾染灰尘、沾染污物、起毛都会引起灵敏度下降,测量误差和零点漂移增大,因此必须保持晶片的清洁,可用擦镜纸或绸布擦拭,注意不要用手接触晶片表面。

滤光片是一种光学滤波元件。它是基于各种不同的光学现象(吸收、干涉、选择性反射、偏振等)而工作的。采用滤光片可以改变测量气室的辐射能量和光谱成分,可消除或减少散射和干扰组分吸收辐射的影响,可以使具有特征吸收波长的红外辐射通过。干涉滤光片是一种带通滤光片,根据光线通过薄膜时发生干涉现象的原理而制成。干涉滤光片可以得到较窄的通带,其透过波长可以通过镀层材料的折射率、厚度及层次等加以调整。

检测器的作用是将待分析组分的浓度转换成电信号,其类型有:薄膜电容检测器、半导体检测器、微流量检测器。

薄膜电容检测器由金属薄膜动极和定极组成电容器,当接收气室的气体压力受红外辐射能的影响而变化时,推动电容动片相对于定片移动,将被测组分浓度变化转变成电容量变化。其特点是温度变化影响小、选择性好、灵敏度高。其缺点是薄膜易受机械振动的影响,调制频率不能提高,放大器制作比较困难,体积较大等。

半导体检测器是利用半导体光电效应的原理制成的,当红外光照射到半导体上时,它吸收光子能量使电子状态发生变化,产生自由电子或自由孔穴,引起电导率的变化,即电阻值的变化,所以又称为光电导率检测器或光敏电阻。其特点是结构简单、制造容易、体积小、寿命长、响应迅速,可采用更高的调制频率,使放大器的制作更为容易。它与窄带干涉滤光片配合使用,可以制成通用性强快速响应的红外检测器,改变测量组分时,只需更换干涉滤光片的通过波长和仪表刻度即可。其缺点是锑化铟受温度变化影响大。

微流量检测器是一种测量微小气体流量的新型检测器件,其传感元件是两个微型热丝电阻,和另外两个辅助电阻构成惠斯通电桥。热丝电阻通电加热至一定温度,当气体流过时,带走部分热量使热丝冷却,电阻变化,通过电桥转变成电压信号。其特点是价格便宜、光学系统体积缩小、可靠性、耐振性等性能都能提高。

3. 红外线气体分析仪的工作原理

下面以检测器为薄膜电容红外线气体分析仪为例说明其工作原理:由光源发出一定波长范围的红外光,通过在同步电动机的带动下做周期性旋转切光片(即连续地周期性地遮断光源)后,使红外光变成脉冲式红外线辐射,通过测量气室和参比气室后到达检测器,在检测器内腔中位于两个接受室的一侧装有薄膜电容检测器,通过参比气室和测量气室的两路光束交替地射入检测器的前、后吸收室。在较短的前室充有被测气体,这里辐射的吸收主要发生在红外光谱带的中心处,在较长的后室也充有被测气体,它吸收谱带两侧的边缘辐射。

当测量气室通入不含待测组分的混合气体(零点 N_2)时,它不吸收待测组分的特征波长,参比气室也充有 N_2,红外辐射被前、后接受气室内的待测组分吸收后,室内气体被加热,压力上升,检测器内电容薄膜两边压力相等,电容量不变。

当测量气室通入含待测组分的混合气体时,因为待测组分在测量气室已预先吸收了一部分红外辐射,使射入检测器的辐射强度变小。

测量气室里的被测气体主要吸收谱带中心处的辐射强度,主要影响前室的吸收能量,使前室的吸收能量变小。被测量气室里的被测组分吸收后的红外辐射把前、后室的气体加热,使其压力上升,但能量平衡已被破坏,所以前、后室的压力就不相等,产生了压力差,此压力差使电容器膜片位置发生变化,从而改变了电容器的电容量,因为辐射光源已被调制,因此电容的变化量通过电气部件转换为交流的电信号,经放大处理后得到待测组分的浓度。

4. 红外线气体分析仪结构类型

红外线气体分析仪结构可以按采用的检测器类型来划分,也可按是否将红外光变成单色光来划分,可以分为分光型(色散型)和不分光型(非色散型)。

分光型红外线气体分析仪具有选择性好、灵敏度高等优点;缺点是分光后能量小,分光系统任一元件的微小位移都会影响分光的波长。

不分光型红外线气体分析仪具有灵敏度高、具有较高的信噪比和良好的稳定性等优点。缺点是待测样品各组分间有重叠的吸收峰时会给测量带来干扰。

从光学系统来划分,可将红外线气体分析仪分为双光路和单光路两种。双光路红外线气体分析仪是从两个相同的光源或者精确分配的一个光源,发出两路彼此平行的红外光束,分别通过几何光路相同的分析气室、参比气室后进入检测器。单光路红外线气体分析仪是从光源发出的单束红外光,只通过一个几何光路。但是对于检测器而言,还是接受两个不同波长的红外光束,只是在不同的时间内到达检测器而已,它是利用调制盘的旋转,将光源发出的光调制成不同波长的红外光束,轮流通过分析气室送往检测器,实现时间上的双光路。

三、在线气相色谱分析仪

气相色谱仪是一种多组分分析仪表,能对混合物进行多组分分析测定,具有选择性好、分析灵敏度高、分析速度快和应用范围广等特点。近年来气相色谱法得到了迅速的发展,广泛应用于石油、化工、医药卫生、食品工业等有机化学原料及生产过程的分析。

色谱法是一种物理分离技术,它可以定性、定量地一次性分析多种物质但并不发现新物质。其物理过程是:

被分离的混合组分分布在两个互不相溶的相中。其中一相是固定不动的,称为固定相;另一相则是通过或沿着固定相做相对移动的,称流动相。流动相在流动过程中,被分离的混合组分在两相中利用分配系数或溶解度的不同进行多次反复分配,从而使混合组分得到分离。

在色谱法中,固定相有两种状态,即在使用温度下呈液态的固定液和在使用温度下呈固态的固体吸附剂。流动相也分两种,液体物质和气体物质,气体流动相也称载气。装有固定相的管子(玻璃管或不锈钢管)称为色谱柱。用气体作为流动相载运样品的称为气相色谱仪;用液体作为流动相的称为液相色谱仪。

在线气相色谱仪主要由样气预处理系统、载气预处理系统、取样装置、色谱柱、检测器、信号处理系统、记录显示仪表、程序控制器等组成,如图2-51所示。

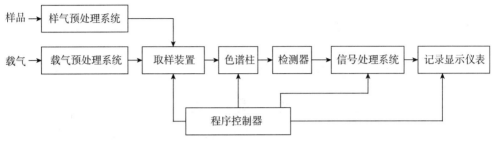

图2-51　工业气相色谱仪的基本构成

在程序控制器的控制下,载气经预处理系统减压、干燥、净化、稳压、稳流后,再经取样装置到色谱柱、检测器后放空。被测气体经预处理系统后,通过取样装置进入仪表,被载气携带进入色谱柱,混合物通过色谱柱后被分离成单一组分,然后依次进入检测器,检测器就根据各组分进入的时间及其含量输出相应的电信号,经过数据处理由显示仪表直接显示出被测各组分的含量。

1. 在线气相色谱的分离原理

气—液色谱中的固定相是涂在惰性固体颗粒(称为担体)表面的一层高沸点的有机化合物的液膜,这种高沸点的有机化合物称为"固定液"。担体仅起支承固定液的作用,对分离不起作用。起分离作用的是固定液。分离的根本原因是混合气体中的各个待测组分在固定液中有不同的溶解能力,也就是各待测组分在气、液两相中的分配系数不同。

当被分析样品在载气的带动下流经色谱柱时,各组分不断被固定液溶解、挥发、再溶解、再挥发……,由于各组分在固定液中溶解度有差异,溶解度大的组分较难挥发,向前移动速度慢些,停留在柱中的时间就长些,而溶解度小的组分易挥发,向前移动速度快些,停留在柱中的时间短些,不溶解的组分随载气首先流出色谱柱。这样,经过一段时间样品中各组分就被分离,图2-52为样品在色谱柱中分离过程的示意图。设样品中仅有 A 和 B 两种组分并设 B 组分的溶解度大于 A 组分的溶解度。t_1 时刻样品被载气带入色谱柱,这时它们混合一起,由于 B 组分较 A 组分溶解度大,B 组分向前移动的速度比 A 组分小,在 t_2 时已看出 A 组分超前、B 组分滞后,随时间增长,两者的距离逐渐拉大,最后得以分离。两组分在不同时间先后流出色谱柱,而进入检测器,随后记录仪记录下相应两组分的色谱峰。

设某组分在气相中浓度为 C_G,在液相中的浓度为 C_L,则它的分配系数 K 的计算式为

$$K = C_L/C_G \qquad\qquad (2-38)$$

各个气体组分的 K 值是不一样的,是某种气体区别于其他气体特有的物理性质。

显然分配系数越大的组分溶解于液体的性能越强,因此在色谱柱中流动的速度就越小,越晚流出色谱柱。反之,分配系数越小的组分,在色谱柱中流动的速度越大,越早流出色谱柱。这样,只要样品中各组分的分配系数有差异,通过色谱柱就可以被分离。

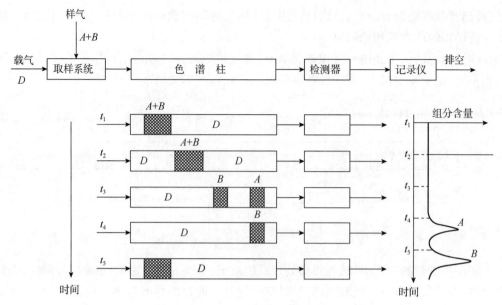

图 2-52　组分 A、B 在色谱柱中分离过程示意图

2.气相色谱检测器

气相色谱检测器的作用是检测从色谱柱中随载气流出来的各组分的含量,并把它们转换成相应的电信号,以便测量和记录。在工业气相色谱仪中主要用热导式检测器和氢火焰离子化检测器。

1)热导式检测器

热导式检测器的结构如图 2-53 所示。电阻丝具有电阻随温度变化的特性。当有一恒定直流电通过热导池时,电阻丝被加热。由于载气的热传导作用使电阻丝的一部分热量被载气带走,一部分传给池体。当电阻丝产生的热量与散失热量达到平衡时,热丝温度就稳定在一定数值。此时,电阻丝阻值也稳定在一定数值。由于参比池和测量池通入的都是纯载气,同一种载气有相同的热导率,因此两臂的电阻值相同,电桥平衡,无信号输出,记录系统记录的是一条直线。当有样品进入检测器时,纯载气流经参比池,载气携带着组分气流经测量池,由于载气和待测量组分二元混合气体的热导率和纯载气的热导率不同,测量池中散热情况因而发生变化,使参比池和测量池孔中电阻丝电阻值之间产生了差异,电桥失去平衡,检测器有电压信号输出,记录仪画出相应组分的色谱峰。载气中待测组分的浓度越大,测量池中气体热导率改变就越显著,温度和电阻值改变也越显著,电压信号就越强。此时输出的电压信号与样品的浓度成正比。

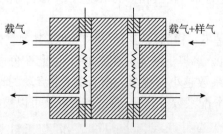

图 2-53　热导式检测器的结构示意图

热导式检测器由于灵敏度适宜、通用性强（对无机物、有机物都有响应）、稳定性好、线性范围宽、对样品无破坏作用、结构简单、维护方便，得到了广泛应用。

2）氢火焰离子化检测器

氢火焰离子化检测器简称氢焰检测器。这种检测器对大多数有机化合物具有很高的灵敏度，一般比热导式检测器的灵敏度约高 3～4 个数量级。但它仅对在火焰上被电离的含碳有机化合物有响应，对无机化合物或在火焰中不电离或很少电离的组分没有响应，因此它只应用在对含碳有机物的检测。

氢焰检测器一般用不锈钢制成，其结构如图 2-54 所示。主要由火焰喷嘴、收集极、发射极（极化极）、点火装置及气体引入孔道组成。点火装置可以是独立的，如用点火线圈，也可以利用发射极作点火极，实际应用时，只需将点火极或发射极加热至发红而将氢气引燃。在收集极和发射极之间加有 150～300V 的极化电压。氢气燃烧产生灼热的火焰。

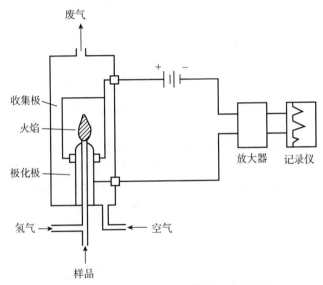

图 2-54　氢火焰离子化检测器结构示意图

由载气携带的样品气体，进入检测器后，在氢火焰中燃烧分解，并与火焰外层中的氧气进行化学反应，产生正负电性的离子和电子，离子和电子在收集极和发射极之间的电场作用下定向运动而形成电流，电流的大小与组分中的碳原子数成正比，电流的大小就反映了被测组分浓度的高低。

氢焰检测器对待分析的样品来说，它的电离效率很低，约为十万分之一，所得到的离子流的强度同样很小，因此形成的电流很微弱，并且输出阻抗很高，需用一个具有高输入阻抗的转换器放大后，才能在记录仪上得到色谱峰。

3）色谱图及常用术语

色谱图又称为色谱流出线，它是样气在检测器上产生的信号大小随时间变化的曲线图形，是定性和定量分析的依据。图 2-55 为典型的色谱图，曲线所示为一个峰形面积，它表示样品中某一组分的含量。

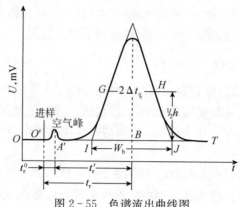

图 2-55 色谱流出曲线图

色谱分析有以下常用术语。

(1)基线:无样品进入检测器时,记录仪所划出的一条反映检测器随时间变化的曲线,称为基线。稳定的基线为一条直线,如图 2-55 中 OT 线。

(2)死时间 t_{τ}^0:不被固定相吸附或溶解的气体(如空气),从进入色谱柱开始到出现浓度最大值所经历的时间称为死时间 t_{τ}^0(如图 2-55 中 $O'A'$ 段)。

(3)保留时间 t_{τ}:保留时间为色谱法的定性分析的基础,指从样品进入色谱柱起到某组分流出色谱柱达到最大值的时间(如图 2-55 中 $O'B$ 段)。保留时间(t_{τ})扣除死时间(t_{τ}^0)的保留时间,称为校正保留时间(t'_{τ}),即 $t'_{\tau} = t_{\tau} - t_{\tau}^0$。

(4)保留体积 V_R:指在保留时间内所流出的载气体积。设载气的流量为 F_C,则保留体积为 $V_R = F_C \times t_{\tau}$。同理,在校正保留时间内流出的载气体积为校正保留体积,即 $V'_R = F_C(t_{\tau} - t_{\tau}^0)$。

(5)峰宽 W_b:它是指某组分的色谱峰在其转折点所做切线在基线上的截距,如图 2-55 中 IJ 一段。在峰高一半的地方测得的峰宽称为半峰宽 $2\Delta t_{1/2}$,如图 2-55 中 GH 一段。

(6)分辨率 R:样品通过色谱柱分离后所流出的曲线,我们希望每个组分都有一个对称的峰形,并且相互分离。但当某些组分的保留时间相差不大或色谱柱比较短时,流出曲线中某些组分的峰形常会发生重叠,如图 2-55 所示。这种重叠的峰形会给测量带来误差。为了衡量色谱柱分离效率的好坏,可用分辨率 R 大小表示:

$$R = 2(t_{\tau b} - t_{\tau a})/(W_b + W_a) \tag{2-39}$$

式中　$t_{\tau a}$,$t_{\tau b}$——组分 a,b 的保留时间;

　　　W_a,W_b——组分 a,b 的峰宽。

式(2-39)说明了保留时间相差越大、峰宽越窄,则分辨率就越高。当 $R=1$ 时,分离效率为 98%;$R=1.5$ 时,其分离效率为 99.7%。一般认为 $R=1.5$ 时完全分离。工业气相色谱仪要求有较高的分辨率,以便于程序的安排和维持较长的柱寿命。分辨率与柱长 L 的平方根成正比,与理论塔板高度的平方根成反比,即

$$R = \sqrt{\frac{L}{H}} \tag{2-40}$$

由式(2-40)可知,L 越大,H 越小,分辨率越大。

四、氧化锆分析仪

在许多生产过程中,特别是燃烧过程和氧化反应过程中,测量和控制混合气体中的氧含量

是非常重要的。氧化锆氧量计是电化学分析器的一种,可以连续分析各种工业锅炉和炉窑内的燃烧情况,通过控制送风来调整过剩空气系数值,以保证最佳的空气燃料比,达到节能和环保的双重效果。下面介绍氧化锆分析仪的检测原理。

1. 氧化锆的导电机理

电解质溶液靠离子导电,具有离子导电性质的固体物质称为固体电解质。固体电解质是离子晶体结构,靠空穴使离子运动导电,与 P 型半导体空穴导电的机理相似。纯氧化锆(ZrO_2)不导电,掺杂一定比例的低价金属物作为稳定剂,如氧化钙(CaO_2)、氧化镁(MgO)、氧化钇(Y_2O_3),就具有高温导电性,成为氧化锆固体电解质。

为什么加入稳定剂后,氧化锆就会具有很高的离子导电性呢? 因为掺有少量 CaO_2 的 ZrO_2 混合物,在结晶过程中,钙离子进入立方晶体中,置换了锆离子。由于锆离子是 +4 价,而钙离子是 +2 价,一个钙离子进入晶体,只带入了一个氧离子,而被置换出来的锆离子带出了两个氧离子,结果,在晶体中便留下了一个氧离子空穴,如图 2-56 所示。

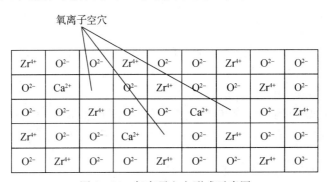

图 2-56 氧离子空穴形成示意图

2. 氧化锆分析仪的测量原理

在一个高致密的氧化锆固体电解质的两侧,用烧结的方法制成几微米到几十微米厚的多孔铂层作为电极,再在电极上焊上铂丝作为引线,就构成了氧浓差电池,如果电池左侧通入参比气体(空气),其氧分压为 p_0;电池右侧通入被测气体,其氧分压为 p_1(未知),如图 2-57 所示。

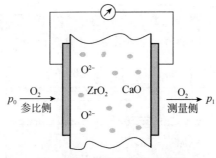

图 2-57 氧浓差电池原理图

假设 $p_0 > p_1$,在高温下(650~850℃),氧就会从分压大的 p_0 一侧向分压小的 p_1 侧扩散,这种扩散,不是氧分子透过氧化锆从 p_0 侧到 p_1 侧,而是氧分子离解成氧离子后,通过氧化锆的过程。在750℃左右的高温中,在铂电极的催化作用下,在电池的 p_0 侧发生还原反应,一个氧分子从铂电极取得4个电子,变成两个氧离子(O^{2-})进入电解质,即:

$$O_2(p_0) + 4e \longrightarrow 2O^{2-}$$

p_0 侧铂电极由于大量给出电子而带正电,成为氧浓差电池的正极或阳极。这些氧离子进入电解质后,通过晶体中的空穴向前运动到达右侧的铂电极,在电池的 p_1 侧发生氧化反应,氧离子在铂电极上释放电子并结合成氧分子析出,即:

$$2O^{2-} - 4e \longrightarrow O_2(p_1)$$

p_1 侧铂电极由于大量得到电子而带负电,成为氧浓差电池的负极或阴极。这样在两个电极上,由于正负电荷的堆积而形成一个电势,称为氧浓差电动势。当用导线将两个电极连成电路时,负极上的电子就会通过外电路流到正极,再供给氧分子形成离子,电路中就有电流通过。氧浓差电动势的大小,与氧化锆固体电解质两侧气体中的氧浓度有关。据此就可以知道被测气体中的氧含量。在特定的温度下氧的体积分数(%)与氧浓差电势(mV)存在特定的对应关系。与热电偶的分度值相类似。

3.氧化锆检测器的种类

根据氧化锆探头的结构形式和安装方式的不同,可将氧化锆分析仪分为直插式、抽吸式、自然渗透式及色谱用检测器四类,目前大量使用的是直插式氧化锆分析仪。但现在空气领域和色谱领域也开始大量采用渗透式检测器。

直插式氧化锆分析仪的突出特点是:结构简单、维护方便、反应速度快和测量范围广,它省去了取样和样品处理的环节,从而省去了许多麻烦,因而广泛应用于各种锅炉和工业炉窑中。

4.直插式氧化锆分析仪

1)直插式氧化锆分析仪结构组成

直插式氧化锆分析仪由氧化锆探头(又称检测器,其外形如图2-58所示,结构示意如图2-59所示)和转换器(二次仪表)两部分组成,两者连接在一起的称为一体式结构;两者分开安装的称为分离式结构。

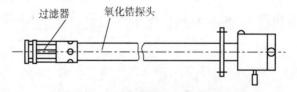

图2-58 直插式氧化锆探头外形图

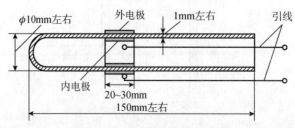

图2-59 氧化锆管结构示意图

氧化锆管是氧化锆探头的核心,它由氧化锆固体电解质管、铂电极和引线构成。管内侧通被测气、管外侧通参比气(空气)。锆管很小,管径为 10mm,壁厚 1mm,长度 150mm 左右。内外电极为多孔形铂(Pt),用涂敷和烧结方法制成,长约为 20~30mm,厚度几微米至几十微米。铂电极引线一般多采用涂层引线,即在涂敷铂电极时,将电极延伸一点,然后用 ϕ0.3~0.4mm 的金属丝与涂层连接起来。

直插定温式氧化锆分析仪由氧化锆探头(图 2-60)、温度控制器等组成。热电偶检测氧化锆探头的工作温度多采用 K 型热电偶。加热电炉用于对探头加热和进行温控。参比气管路通参比气体(例如空气),校验气管路在仪器校验时能通气校验。

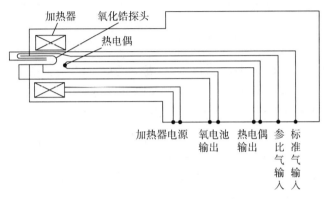

图 2-60 氧化锆探头组成示意图

转换器除了要完成对检测器输出信号的放大和转换外,还要解决三个问题:氧浓差电池是一个高内阻信号源,要想真实地检测出氧浓差电池输出的电动势信号,首先要注意解决信号源的阻抗问题;氧浓差电动势与被测样品中的氧含量之间呈对数关系,所以,要注意解决输出信号的非线性问题;根据氧浓差电池的能斯特方程,氧浓差电池电动势的大小,取决于温度和固体电解质两侧的氧含量;温度的变化会给测量带来较大的误差,所以,还要解决检测器的恒温控制问题。

2)直插式氧化锆分析仪类型及适用场合

直插式氧化锆探头式检测器,主要用于烟道气分析,它主要分为以下几种类型。

中、低温直插式氧化锆探头:这种探头适用于烟气温度 0~650℃(最佳烟气温度 350~550℃)的场合,探头中自带加热炉。主要用于火电厂锅炉、6~20t/h 工业炉等,这是目前使用量最大的一种探头。

带导流管的直插式氧化锆探头:这是一种中低温直插式氧化锆探头,但探头较短(400~600mm),带有一根长的导流管,先用导流管将烟气引导到炉壁附近,再用探头进行测量。这主要用于大型的、炉壁比较厚的加热炉。燃煤炉宜选带过滤器的直插式探头,不宜选导流式探头,其原因是容易形成灰堵,而燃油炉这两种探头都可以用。

高温直插式氧化锆探头本身不带加热炉,靠高温烟气加热,适用于 700~900℃ 的烟气测量,主要用于电厂、石化厂等高温烟气分析环境。

习题与思考题

1. 什么是测量与测量误差?

2. 某温度仪表的测温范围为 0~800℃,准确度等级为 1.0 级,试问此温度仪表的允许最大绝对误差为多少？在校验点为 400℃时,温度表的指示值 404℃,试问该温度仪表在这一点上精度是否符合 1.0 级,为什么?

3.在测量系统中,常见的信号传递形式有哪几种?

4.温度仪表测量范围为 0～1000℃,测量 700℃介质温度,工艺允许仪表最大绝对误差是 ±8℃,如何选择合适的仪表精度?

5.已知一台 DDZ—Ⅲ温度变送器,对其校验数据如下,试确定仪表的精度和变差。

输入信号(温度),℃		0	50	100	150	200
输出,mA	正行程	4	8	12.01	16.01	20
	反行程	4.02	8.10	12.10	16.09	20.01

6.什么叫压力?表压力、绝对压力、负压力(真空度)之间有何关系?

7.如果有一台压力表,其测量范围为 0～10MPa,经校验得出下列数据:

标准表读数,MPa	0	2	4	6	8	10
被校表正行程读数,MPa	0	1.97	3.95	5.84	7.98	10
被校表反行程读数,MPa	0	2.02	4.03	6.05	8.03	10.01

(1)求该压力表的变差。

(2)该压力表是否符合 1.0 级精度?

8.为什么一般工业上的压力计都做成测量表压或真空度的形式,而不做成测绝对压力的型式?

9.测压仪表有哪几类?各基于什么原理?

10.作为感测压力的弹性元件有哪几种?各有什么特点?

11.简述单圈簧管压力计的测压原理。试述单圈弹簧管压力计的主要组成及测压过程。

12.电容式压力传感器的工作原理是什么?有什么特点?

13.为什么测量仪表的测量范围要根据测量值的大小来选取?选一台量程很大的仪表来测量很小数值会产生什么问题?

14.某台空压机的缓冲器,其工作压力范围为 1.3～1.6MPa,工艺要求就地观察罐内压力,并要求测量结果的误差不得大于罐内压力的 ±5%,试选择一台合适的压力计(类型、测量范围、准确度等级)并说明理由。

15.压力计安装要注意什么问题?

16.什么叫节流现象?流体流经节流装置时为什么会产生静压差?

17.试述差压式流量计测量流量的原理。

18.原来测量水的差压式流量计,现在用来测量相同测量范围的油的流量,读数是否正确?为什么?

19.什么叫标准节流装置?

20.当孔板的入口边缘尖锐度由于使用日久而变钝时,会使仪表指示值偏高还是偏低?为什么?

21.椭圆齿轮流量计的工作原理是什么?为什么齿轮旋转一周能排出 4 个半月形容积的液体?

22.涡轮流量计的工作原理及特点是什么?

23.雷达液位计的测量原理是什么？

24.超声波液位计的工作原理是什么？

25.差压式液位计的工作原理是什么？当测量有压容器的液位时,差压计的负压室为什么一定要与容器的气相连接？

26.温度测量仪表有哪些种类？各使用在什么场合？

27.热电偶温度计为什么可以用来测量温度？它由哪几部分组成？各部分有何作用？

28.热电偶测温时,为什么要采用补偿导线？

29.什么是冷端温度补偿？用什么方法可以进行冷端温度补偿？

30.如果用镍铬—镍硅热电偶测量温度,其仪表指示值为500℃,而冷端温度为35℃,在没有冷端补偿的情况下,则实际被测温度为535℃,对不对？为什么？正确值应为多少？

31.用镍铬—镍硅热电偶测量炉温。热电偶在工作时,其冷端温度 t_0 为15℃,测得的热电势为22.3mV,求被测炉子的实际温度。

32.热电阻温度计的工作原理是什么？

33.如图2-61所示液位测量系统,问用差压变送器来测量液位时,要不要迁移？如要迁移,迁移量为多少？

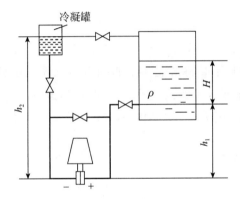

图2-61 高温液体的液位测量

34.试述pH计的工作原理。

35.工业pH计由哪些部分组成？各部分的作用是什么？

36.什么叫气相色谱分析法？

37.过程气相色谱仪使用的检测器有哪几种类型？

第三章　显示仪表

在工业生产中,不仅需要测量出生产过程中的各个变量的大小,而且还要求对这些测量值进行指示、记录,或用字符、数字、图像等显示出来。凡能将生产过程中各种变量在控制室进行指示、记录或累积的仪表统称为显示仪表或称为二次仪表。

显示仪表直接接收检测元件、变送器或传感器的输出信号,然后经测量线路的显示装置,显示被测变量,以便提供生产所必需的数据,让操作者了解生产过程进行情况,更好地进行控制和生产管理。

显示仪表按显示方式可分为模拟显示仪表、数字显示仪表和新型显示仪表三大类。

第一节　模拟式显示仪表

模拟式显示仪表是用标尺、指针、曲线等方式连续显示、记录被测变量数值的一种仪表。例如电子自动电位差计、电子自动平衡电桥等都属于模拟式显示仪表。

模拟式显示仪表可靠性高、价格低廉,能反映和记录被测量的数值及变化趋势,具有一定的精确度。但是,模拟式显示仪表的读数不够直观,易造成读数误差。对于自动平衡式的显示仪表来说,虽能获得较高的精度,但是结构一般较为复杂,而且显示速度不够迅速。

一、动圈式显示仪表

动圈式显示仪表是我国自行设计制造的系列仪表产品,命名为 XC 系列。XC 系列按其功能可分为指示型(XCZ)和指示调节型(XCT)两个系列。

动圈式显示仪表结构简单、使用方便、价格便宜,因此在工业生产中尤其是在中小型企业生产中得到广泛应用。

1. 与热电偶配套的 XCZ—101 动圈式温度指示仪

1)动圈式仪表测量机构的作用原理

图 3-1 所示为与热电偶配套的 XCZ—101 动圈式温度指示仪。其测量机构的核心部件是一个磁电式毫伏计。动圈是具有绝缘层的细铜线制成的矩形框,用张丝支承(张丝还兼作导流丝),置于永久磁钢的空间磁场中,当热电偶产生热电势,毫伏信号加在动圈上时便有电流流过动圈,根据载流线圈在磁场中受力的原理,动圈在电磁力矩的作用下产生转动。动圈的偏转使张丝扭转,从而产生反抗动圈转动的力矩。当两力矩平衡时,线圈就停在某一位置上。由于动圈的位置与输入毫伏信号相对应,当面板直接刻成温度标尺时,装在动圈上的指针就指示出被测介质的温度值。

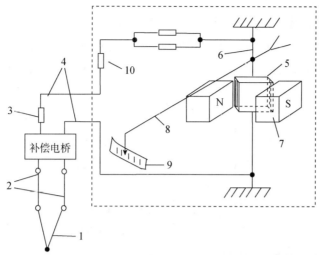

图 3-1 与热电偶配套的 XCZ—101 动圈式温度指示仪

1—热电偶；2—补偿电线；3—调整电阻；4—连接导线；5—动圈；

6—张丝；7—永久磁铁；8—指针；9—刻度盘；10—外接电阻

2）外接电阻及外接调整电阻

为了使流过动圈的电流只与热电势或所测温度成正比，在动圈仪表进行刻度时，采用规定外线路电阻数值为定值的办法来解决这一问题。配热电偶的动圈表统一规定 $R_{外}$ 为 15Ω，此值标注在仪表表面上。

所以，无论在刻度或使用时，外线电阻都应该保持这个数值，不是 15Ω 的，应借助调整电阻（仪表附件，由猛铜丝绕成）来凑足 15Ω。利用调整电阻补足它的差值，然后按接线图将调整电阻接入测量回路中。

2. 与热电阻配套的 XCZ—102 动圈式温度指示仪

1）测量原理

XCZ—102 动圈式温度指示仪的表头和 XCZ—101 动圈式温度指示仪的表头是相似的。由于热电阻测温是将温度的变化转换成电阻的变化，故其测量电路采用不平衡电桥将电阻的变化转换成电压给动圈测量机构。

测量桥路的不平衡电桥，实际仪表中采用两级硅稳压管的稳压电源代替电池供电。当热电阻 R_t 随温度变化时，电桥失去平衡，输出不等于零，此时电流流过动圈，在磁场的作用下，动圈转动，与此同时，张丝产生反抗力矩，当两力矩平衡时，指针指示相应的温度。

2）XCZ—102 动圈式温度指示仪与热电阻的三线制连接法

XCZ—102 动圈式温度指示仪与热电阻采用三线制连接法，与 XCZ—101 动圈式指示仪相同，统一规定了外接电阻值。对三线制连接法规定外接导线电阻为 5Ω。使用时，若每根连接导线电阻不足 5Ω，用调整电阻补足。

二、电子自动电位差计简介

电子自动电位差计是利用测量电路所产生的输出电压来平衡未知的、待测的电势。

1.电子自动电位差计的工作原理

电子自动电位差计是依据电压平衡原理而自动地进行测量的。它主要由测量桥路、放大器、可逆电动机、指示机构、记录机构以及滤波单元、稳压电源、调节机构等组成。其原理方框图如图3-2所示。

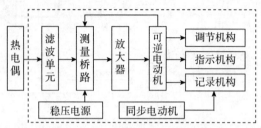

图3-2 电子自动电位差计原理方框图

由热电偶输入的热电势经滤波后与测量桥路产生的已知直流电压相比较,所得差值电压(即不平衡电压)经过放大器放大,输出足够驱动可逆电动机转动的功率(可逆电动机正转或反转,决定于该差值的相位),可逆电动机通过传动系统带动指示记录机构,同时也带动测量桥路中滑线电阻上的滑动触点,改变滑动触点与滑线电阻的接触位置,直至测量桥路产生的电压与热电偶输入的热电势平衡为止。如果热电偶输入的热电势发生变化,则又产生新的不平衡电压,再经放大器而驱动可逆电动机转动,再次改变滑动触点的位置,直至达到新的平衡点位置为止。而与滑动触点相连接的指示机构也沿着有分度的标尺移动,滑动触点的每一平衡位置在标尺上有相应的数值。因此,当桥路处于平衡状态时,指示机构的指针就在标尺上指出相应的温度读数,这就是电子自动电位差计的基本工作原理。

2.电子自动电位差计的测量桥路

在图3-3所示的电路中,如果被测电势 E_x 的最小值不是从零开始,例如要求测量的 $E_x=$ 10～50mV。当滑线电阻上的滑动触点 A 在左端位置时($U_{AB}=0$),是不能与被测电势 E_x 的最小值(=10mV)相平衡的。为了解决这一矛盾,可在电路中增加一个附加电阻 R_G,图3-4所示。

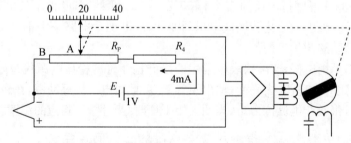

图3-3 输出为0～40mA的原理线路

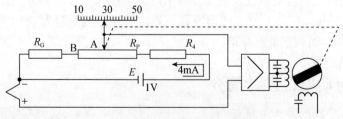

图3-4 输出为10～50mV的原理线路

如果被测电势是从负值开始，例如要求测量的 $E_x = -10 \sim +40\text{mV}$，要想依靠上述的简单回路是没有办法进行测量的。为此又增加一条支路，如图 3-5 所示。

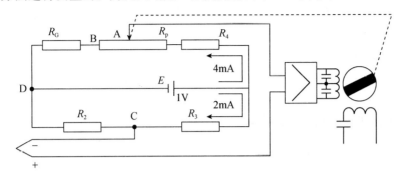

图 3-5　电子自动电位差计测量桥路的基本线路

为什么增加了下支路回路以后，就可实现 $-10 \sim +40\text{mV}$ 的测量呢？根据图 3-6 所示的线路，运用克希霍夫第二定律可得 $U_{AB} = U_{AC} - U_{BC}$。

当 $U_{BD} > U_{CD}$ 时，U_{AB} 下限值为正值；

当 $U_{BD} < U_{CD}$ 时，U_{AB} 下限值为负值。

我国统一设计的 XW 系列电子自动电位差计的桥路原理线路如图 3-6 所示。测量桥路由定电压单元供给 1V 的工作电压。现在进一步分析桥路中各电阻的作用。

桥臂电阻 R_2，当与热电偶配合测量温度时，它是热电偶自由端温度的补偿电阻。当环境温度改变所引起 R_2 上的电压降变化正好等于相应热电偶自由端温度发生同一变化而引起的热电势变化值，这样就可达到自由端温度自动补偿的目的。

电阻 R_3 是一个线绕固定电阻，它起限流作用。它与 R_2 配合，保证了下支路回路的工作电流为 2mA。由于铜电阻 R_2 的阻值随温度而变化，所以，下支路回路的工作电流实际上并不恒为 2mA，只是 $R_2 \ll R_3$，由 R_2 所引起的下支路电流变化甚微，可以忽略不计。

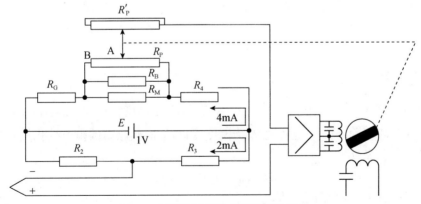

图 3-6　XW 系列仪表测量桥路原理

滑线电阻 R_P 是测量系统中一个很重要的元件，它对仪表的精度、灵敏度、刻度特性和运行的平滑性等方面都有很高的要求，尤其是对滑线电阻的线性度，在 0.5 级的仪表中，希望能把非线性误差控制在 0.2% 以内。

R_P' 为附加滑线电阻，它与滑线电阻 R_P 平行布置。由图 3-6 可知，这电阻实际上是短接的，它只是起着引出导线的作用。

量程电阻 R_M，它是决定仪表量程大小的电阻，其大小由仪表测量范围与所采用热电偶的分度号来决定。

起始电阻 R_G 是决定仪表起始刻度值的电阻。在不同规格的仪表中，可选取不同的阻值来确定仪表指针在起始端位置的示值。

上支路限流电阻 R_4，它与 R_{np}（即 R_P、R_B 和 R_M 三个电阻并联后的等效电阻）、R_G 相串联，以使上支路回路的电流为 4mA。所以，当 R_{np} 和 R_G 的数值确定，R_4 的数值就被确定了。

三、电子自动平衡电桥简介

1. 电子自动平衡电桥的工作原理

电子自动平衡电桥可与热电阻配套来测量温度。它与电子自动电位差计一样，也是用来显示和记录温度的仪表。它若与变送器相配，也可用来测量和记录其他参数。电子自动平衡电桥是由测量桥路、放大器、可逆电动机、同步电动机等主要部分所组成，其原理方框图如图 3-7 所示。

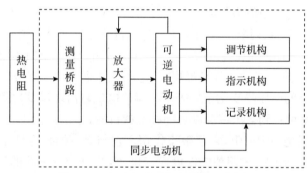

图 3-7　电子自动平衡电桥原理方框图

电子自动平衡电桥与电子自动电位差计相比较，除测温元件及测量桥路外，其他组成部分几乎是完全相同，甚至整个仪表外壳、内部结构以及大部分零部件都是通用的。因此，在工业上通常把电子自动电位差计和电子自动平衡电桥统称为自动平衡显示仪表。

2. 平衡电桥

现在来看看这样一个平衡电桥，如图 3-8 所示，R_t 是温度为 t℃时热电阻的阻值，R_{t_0} 是温度为 0℃时热电阻值，$R_t = R_{t_0} + \Delta R_t$，$\Delta R_t$ 为温度变化 t℃时热电阻的阻值变化量。当温度 $t = 0$℃时，电桥的平衡条件是

$$R_3(R_{t_0} + R_P) = R_2 R_4 \tag{3-1}$$

当温度升高到 t℃的平衡条件是

$$R_3(R_{t_0} + \Delta R_t + R_P - r_1) = R_2(R_4 + r_1) \tag{3-2}$$

滑动触点 A 位移量与热电阻的变化量成线性关系。

$$r_1 = \frac{R_3}{R_2 + R_3} \Delta R_t \tag{3-3}$$

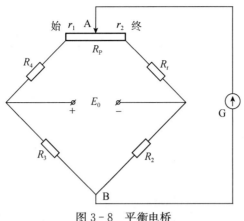

图 3-8 平衡电桥

3. 电子自动平衡电桥的测量桥路

电子自动平衡电桥和电子自动电位差计相似,其桥路的滑线电阻 R_{np} 实际上也是由四个元件所组成(R_P、R_B、R_5、r_5),如图 3-9 所示。R_P 与 R_B 并联后的电阻也规定为 90Ω,R_5 和 r_5 是调整仪表量程的电阻,R_6 为调整仪表起始点刻度的电阻,r_6 作刻度微调用。R_1 为外线路调整电阻,以保证连接热电阻的每根铜导线的电阻为规定值($20℃$时为 2.5Ω)。

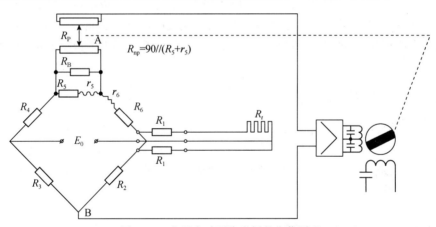

图 3-9 电子自动平衡电桥的工作原理

由图 3-9 可知,当被测温度升高时,R_t 阻值增大,桥路失去平衡,这一不平衡电压由电桥的对角线引至电子放大器进行放大,推动可逆电机,使它带着滑线电阻上的滑动触点 A 移动,以改变上支路两个桥臂电阻的阻值比例,最后使桥路达到新的平衡状态。与此同时,固定在滑动触点 A 上的指针和记录笔也就分别在温度标尺和由同步电机带动的记录纸上指示和记录出相应的温度值。当被测温度为仪表起始刻度的数值时,热电阻有最小的电阻值,指针应指在仪表刻度的起始位置上;当温度升至仪表刻度的最大值时,热电阻的阻值也增大,滑动触点应移向 R_{np} 的终点。

桥路上下支路的电流一般分别为 $3mA$,共 $6mA$。桥路电源电压一般为 $1V$ 稳压电源(XQ系列仪表)或 $6.3V$ 交流电压(XD 系列仪表)。当用交流电做桥路电源的时,在电源回路中串入 R_7 用以限流,以保证流过热电阻的电流不超过允许值。

第二节　数字式显示仪表

一、概述

所谓数字显示仪表,是直接以数字形式显示被测变量值大小的仪表。这类仪表由于避免了使用磁电偏转机构或机电式伺服机构,因而测量速度快、精度高、读数直观,便于对所测变量进行数值控制和数字打印记录,尤其是它能将模拟信号转换为数字信号,便于和数字计算机或其他数字装置联用。因此,这类仪表得到迅速的发展。数字式显示仪表与各种传感器、变送器配套后,可用来显示不同的变量(例如温度、压力、流量及物位等)。

二、数字式显示仪表的分类及特点

1. 数字显示仪表的分类

数字式显示仪表的分类方法较多,按输入信号的形式来分,有频率型和电压型两类。频率型的输入信号是频率、脉冲及开关信号;电压型的输入信号是电压或电流。按测量信号的点数来分,分为单点和多点两种。在单点和多点中,根据仪表所具有的功能,又分为数字显示仪、数字显示报警仪、数字显示输出仪、数字显示记录仪以及具有复合功能的数字显示、报警、数字输出记录仪等。

2. 数字式显示仪表的特点

数字式显示仪表具有以下特点:准确度、灵敏度高;读数方便,清晰直观,不会造成视差;测量速度快,从每秒几十次到每秒上百万次;仪表的量程和被测量的极性可自动转换,可自动检查故障、报警以及完成指定的逻辑程序;可以方便地实现多点测量;可以与电子计算机配合,给出一定形式的编码输出。

三、数字式显示仪表的基本组成

数字式显示仪表是直接用数字量显示被测量值。所以首先要把连续变化的模拟量变换成数字量,完成这一功能的装置称为模/数转换装置。如果输入信号是数字量,则直接进行计数显示。

在工业生产过程中,大量的工艺变量(如压力、流量、物位及温度等),经变送器变换后,多数是转换成相应的模拟信号。因此对数字显示仪表所要求的模/数转换装置,一般都以电压信号为其输入量,由此可见数字式显示仪表实际上是以数字式电压表为主体组成的仪表。

在实际测量中,大多数被测参数与显示值之间呈非线性关系,例如常用的热电偶。这种非线性关系对于模拟式仪表,可以将标尺刻度按对应的非线性划分,但是在数字式显示仪表中,由于经模/数转换后直接显示被测变量的数值,为了消除非线性误差,必须在仪表中加入线性化器进行非线性补偿。

数字式显示仪表还必须设置一个标度变换环节,才能将数字式显示仪表的显示值和被测变量统一起来。

由此可见，一台数字式显示仪表一般由模/数转换、电压/电流转换、非线性补偿、标度变换及数字显示设备等组成。数字式显示仪表的原理方框图如图 3-10 所示。

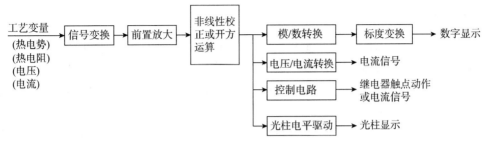

图 3-10　数字式显示仪表原理方框图

四、数字式显示仪表的主要技术指标

1. 显示位数

数字式显示仪表以十进制显示的位数称为显示位数。工业上常用三位、四位，高精度的数字仪表可达八位之多。显然，位数越多，表达同一数的有效位数越长，读数越准确。

2. 精确度

数字式显示仪表的精度表示法有三种：(1)满度的 $\pm a\% \pm n$ 字；(2)读数的 $\pm a\% \pm n$ 字；(3)读数的 $\pm a\% \pm$ 满度的 $b\%$。数字表的位数越多，这种量化所造成的相对误差就越小。其中 n 是指显示仪表最末一位数字变化，即改变 n 个字，一般 $n=1$。

3. 分辨力和分辨率

分辨力是指数字式显示仪表在最低量程上最末位数字改变一个字时所对应的物理量数值，它表示了仪表能够检测到的被测量中最小变化的能力。数字式显示仪表能稳定显示的位数越多，则分辨力越高。

4. 输入阻抗

输入阻抗一般指仪表工作状态下，在仪表两个输入端子间所呈现的等效阻抗。

5. 干扰抑制比

干扰抑制比是表示数字仪表的抗干扰能力。干扰分为串模干扰和共模干扰，对串模干扰的抑制能力用串模抑制比（SMR）表示，有

$$SMR = \frac{20 \lg e_n}{r} \tag{3-4}$$

式中　e_n——串模干扰电压的峰值；

　　　r——e_n 所造成的最大显示绝对误差。

对共模干扰的抑制能力用共模抑制比（CMR）表示，有

$$CMR = \frac{20 \lg e_c}{e'_c} \tag{3-5}$$

式中　e_c——共模干扰电压；

　　　e'_c——e_c引起的串模干扰电压。

6. 采样周期

数据采集系统将所有信号采一遍所需的时间称为采样周期。从测量失真度考虑，采样周期越短越好，但是仪表采样周期的缩短受到了抗干扰性、模/数转换器速度和器件成本的限制。由于工业测量参数的变化通常是缓慢的，所以一般几百毫秒的采样周期就能满足绝大多数工业场合的需要。

7. 示值波动性

仪表示值的波动会直接影响测量的精确度，严重时会无法读数。通常，数字仪表示值波动性指标为±1字。即允许仪表在测量值不变时，其最末位数按计数顺序（增或减）作1字波动。而任何间隔跳动都是不允许的，如从1不经过2直接到3。

五、数字式显示仪表基本工作原理

1. 模/数转换

模/数转换的任务是使连续变化的模拟量转换成与其成比例的、继续变化的数字量，便于进行数字显示。模/数转换的过程可用图3-11来说明，分图(a)是模拟式仪表的指针读数与输入电压的关系；分图(b)表示将这种关系进行了整量化，即可用折线代替了分图(a)中的直线。显然，分割的阶梯（即一个量化单位）越小，转换精度就越高。

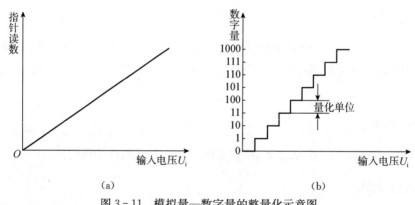

(a)　　　　　　　　　　　　(b)

图3-11　模拟量—数字量的整量化示意图

使模拟量整量化的方法很多，目前常用的有以下三大类：

(1)时间间隔—数字转换（T/D转换）；

(2)电压—数字转换（U/D转换）；

(3)机械量（直线位移和角度等）—数字转换。

U/D转换的方法主要两种：双积分型和逐次比较电压反馈编码型。

双积分型模/数转换器原理如图3-12所示，这是一种将被测电压信号转换成时间，再把时间转换成脉冲数字的电路。每次转换分三个阶段：第一阶段即采样阶段；第二阶段即比较阶段；第三阶段即休止阶段。

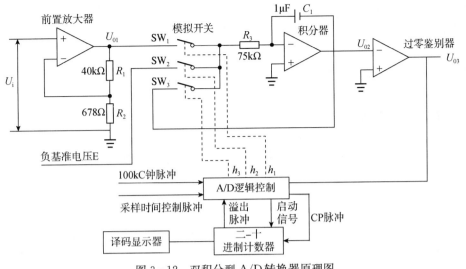

图 3-12 双积分型 A/D 转换器原理图

逐次比较电压反馈编码型模/数转换器的基本原理在于"比较",用一套标准电压与被测电压时行逐次比较,不断逼近,最后达到一致。标准电压的大小,就表示了模拟到数字的转换过程。

2. 非线性补偿

数字式显示仪表非线性补偿的目的是使数字显示值与被测量之间呈线性关系。目前常用的方法有模拟式非线性补偿法、非线性模/数转换补偿法、数字式非线性补偿法。

3. 标度变换

标度变换的实质含义就是比例尺的变更。测量值与工程值之间往往存在一定的比例关系,测量值必须乘上某一常数,才能转换成数字式仪表所能直接显示的工程值。

标度变换器与非线性补偿器可以采用对模拟量先进行标度变换后,再送至模/数转换器变成数字量,也可以先将模拟量转换成数字量后,再进行数字式标度变换。由此可知,标度变换有变换模拟量与变换数字量之分。

第三节 新型显示仪表

一、概述

随着现代化工业控制领域和新技术领域的飞速发展,以 CPU 为核心的新型显示记录仪表已被越来越广泛地应用到化工、炼油、冶金、制药等各行各业中。进入 20 世纪 90 年代以后,各自动化仪表生产厂家纷纷开始研制新型显示记录仪——无纸记录仪。

由于记录信号是由工业专用微型处理器 CPU 来进行转化保存显示的,因此记录信号可以随意放大、缩小地显示在显示屏上,为观察记录信号状态带来极大的方便。必要时可把记录曲线或数据送往打印机进行打印或送往个人计算机加以保存和进一步处理。

无笔、无纸记录仪输入信号多样化,可与热电偶、热电阻、辐射感温器或其他产生直流电压、直流电流的变送器配合使用。对温度、压力、流量、液位等工艺变量进行数字显示、数字记录;对输入信号可以组态或编程,直观地显示当前测量值,并有报警功能。

二、无纸记录仪

无纸记录仪采用工业专用微处理器,可实现全数字采样、存储和显示等。其结构如图3-13所示。

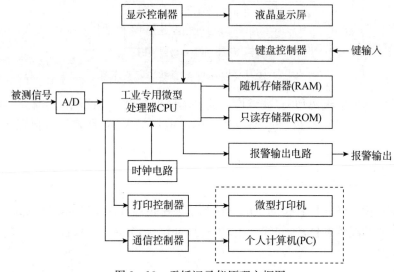

图 3-13　无纸记录仪原理方框图

1. 工业专用微处理器(CPU)

工业专用微处理器用于进行对各种数据采集处理,并对其进行放大与缩小,还可送至液晶显示屏上显示,也可送至随机存储器(RAM)存储,并可与设定的上、下限信号比较,如越限即发出报警信号。总之,CPU为该记录仪的核心,一切有关数据计算与逻辑处理的功能均由它来承担。

2. A/D 转换器

将需记录信号的模拟量转换为数字量,方便CPU进行运算处理。该记录仪可接多个模拟量。

3. 只读存储器(ROM)

只读存储器用来存储固化程序。该程序是用来指挥CPU完成各种功能操作的软件,只要该记录仪接通电源,ROM的程序就使CPU开始工作。

4. 随机存储器(RAM)

随机存储器用来存储CPU处理后的历史数据。根据采样时间的不同,可保存几天~上百天时间的数据。记录仪掉电时由备用电池供电，保证所有记录数据和组态信号不会因掉电而丢失。

5. 显示控制器

显示控制器用来将 CPU 内的数据显示在点阵液晶显示屏上。

6. 液晶显示屏

液晶显示屏可显示 160×128 点阵。

7. 键盘控制器

操作人员操作按键的信号，通过键盘控制器输入至 CPU，使 CPU 按照按键的要求工作。

8. 报警输出电路

当记录的数据超过上限或低于下限时，CPU 就及时发出信号给报警电路，产生报警输出。

9. 时钟电路

该记录仪的记录时间间隔、时标或日期均由时钟电路产生，送给 CPU。该记录仪内另配有打印控制器和通信控制器，CPU 内的数据可通过它们来与外接的微型打印机、个人计算机（PC）连接，实现数据的打印和通信。

无纸记录仪有组态界面，可以实现多种组态功能，包括日期、时钟、采样周期、记录点数；页面设置、记录间隔；各个输入通道量程上下限、报警上下限，开方运算，流量、温度、压力补偿；如果带 PID 控制模块，可以实现多个 PID 控制回路；通信方式设置；显示画面选择；报警信息设置。

10. 无笔无纸记录仪的特点

(1)液晶全动态显示，既清晰又明了，有背光功能，即使在黑暗中也清晰可见。

(2)输入信号多样化，并以工业专用微处理器 CPU 为核心，从而实现了高性能、多回路的监测，并随意放大、缩小地显示在显示屏上。

(3)无纸、无笔、无墨水，无一切机械转动结构。

(4)精度高，实时显示，±0.2%；曲线及棒图显示，±0.5%。

(5)具有与上位机通信的标准，可靠性高。

三、虚拟显示仪表

虚拟显示仪表是指通过应用程序将通用计算机与必要的功能化硬件模块结合起来的一种仪表，用户可以通过友好的图形界面来操作这台计算机，就像操作自己定义、自己专门设计的一台常规仪表一样，从而完成对被测变量的采集、运算与处理、显示、数据存储、输出等任务。虚拟仪表通常由计算机、仪器模块和软件三部分组成。

虚拟显示仪表利用计算机强大的功能来完成显示仪表所有的工作。虚拟显示仪表硬件结构简单，仅由原有意义上的采样、模数转换电路通过输入通道插卡插入计算机即可。虚拟显示仪表的显著特点是在计算机屏幕上完全模仿实际使用中的各种仪表,如仪表面盘、操作盘、接线端子等,用户可通过计算机键盘、鼠标或触摸屏进行各种操作。

由于显示仪表完全被计算机所取代,除受输入通道插卡性能的限制外,其他各种性能如运算速度、计算的复杂性、精确度、稳定性、可靠性等都大大增强。此外,一台计算机中可同时实现多台虚拟仪表,可以集中运行和显示。

习题与思考题

1. 试述电子自动电位差计与电子自动平衡电桥的相同点和不同点。
2. 试述数字式显示仪表的特点。
3. 试述无纸记录仪的特点。
4. 电子自动电位差计是如何进行冷端温度补偿的?
5. 与模拟显示仪表相比,数字式仪表在哪些方面具有优点?
6. 数字式仪表的核心是什么?
7. A/D转换器的作用是什么?

第四章　对象特性

第一节　概述

　　自动控制系统是由对象、测量变送装置、控制器和执行器(或控制阀)组成。自动控制系统的控制质量与组成系统的各个环节的特性都有关系,特别是对象的特性对控制质量的影响很大。

　　在化工生产过程中,最常见的对象是各类热交换器、精馏塔、流体输送设备和化学反应器等。每个对象都各有其自身固有特性,而对象特性的差异对整个系统的运行控制有着重大影响。在自动控制系统中,若想采用过程控制装置来模拟操作人员的劳动,就必须充分了解对象的特性,掌握其内在规律,确定合适的被控变量和操纵变量。在此基础上才能选用合适的检测和控制仪表,选择合理的控制器参数,设计合乎工艺要求的控制系统。特别在设计新型的控制方案时,例如前馈控制、解耦控制、时滞补偿控制、预测控制、软测量技术及推断控制、自适应控制、计算机最优控制等,多数都要涉及对象的数学模型,更需要研究对象特性。

一、对象特性的概念

　　所谓对象特性,是指当被控过程的输入变量(操纵变量或干扰变量)发生变化时,其输出变量(被控变量)随时间的变化规律。对象各个输入变量对输出变量有着各自作用途径,将操纵变量 $q(t)$ 对被控变量 $y(t)$ 的作用途径称为控制通道,而将干扰 $f(t)$ 对被控变量 $y(t)$ 的作用途径称为干扰通道。在研究对象特性时对控制通道和干扰通道都要加以考虑。

　　多数工业过程的被控对象特性分属以下四种类型。

1. 自衡的非振荡被控对象

　　在工业生产过程控制中,这类被控对象是最常遇到的。在阶跃作用下,被控变量 $y(t)$ 不振荡,逐步地向新的稳态值 $y(\infty)$ 靠近,像这样无须外加任何控制作用,过程能够自发地趋于新的平衡状态的性质称为自衡性。图4-1是典型自衡的非振荡被控对象响应曲线。

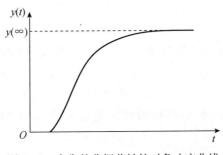

图4-1　自衡的非振荡被控对象响应曲线

2. 无自衡的非振荡被控对象

如果不依靠外加的控制作用,被控对象不能重新达到新的平衡状态,这种特性称为无自衡。

无自衡被控对象在阶跃作用下,输出 $y(t)$ 会一直上升或下降。其响应曲线一般如图 4-2 所示。

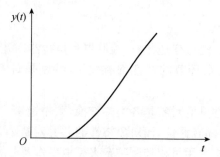

图 4-2　无自衡的非振荡被控对象响应曲线

3. 有自衡的振荡被控对象

在阶跃作用下,$y(t)$ 会上下振荡。多数是衰减振荡,最后趋于新的稳态值,称为有自衡的振荡过程。其响应曲线如图 4-3 所示。

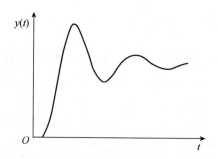

图 4-3　有自衡的振荡被控对象响应曲线

在过程控制中,有自衡的振荡被控对象很少见,它们的控制比有自衡特性的困难一些。

4. 具有反向特性的被控对象

在阶跃作用下,$y(t)$ 先降后升,或先升后降,过程响应曲线在开始的一段时间内变化方向与以后的变化方向相反。

锅炉汽包液位是经常遇到的具有反向特性的被控对象。如果供给的冷水呈阶跃增加,汽包内水的沸腾突然减弱,水中气泡迅速减少,汽包内沸腾水的总体积乃至液位会呈如图 4-4 所示变化。冷水的增加引起汽包内水的沸腾突然减弱,水中气泡迅速减少,导致水位下降。设由此导致的液位响应为图 4-4 中曲线 1,在燃料供热恒定的情况下,假定蒸汽量也基本恒定,由液位随进水量的增加而增加,导致的液位响应为图 4-4 中曲线 2,两种相反作用的结果,总特性为反向特性。

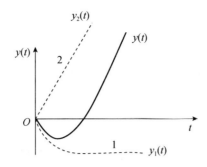

图 4-4 具有反向响应的被控对象响应曲线

被控对象除按上述类型分类外,还有些被控对象具有严重的非线性特性,如中和反应器和生化反应器;在化学反应器中还可能有不稳定过程,它们的存在给控制带来了严重的问题,要控制好这些过程,必须掌握对象动态特性。

二、对象特性的获取方法

被控对象的数学模型分为动态数学模型和静态(稳态)数学模型。动态数学模型是表示输出变量与输入变量之间随时间而变化的动态关系的数学描述。从控制的角度看,输入变量就是操纵变量和干扰变量,输出变量是被控变量。静态数学模型是输入变量和输出变量之间不随时间变化情况下的数学关系。

被控对象的静态数学模型用于工艺设计和最优化等,同时也是考虑控制方案的基础。

1.被控对象建模目的

被控对象的动态数学模型用于各类自动控制系统的设计和分析,用于工艺设计和操作条件的分析和确定。动态数学模型的表达方式很多,对它们的要求也各不相同,主要取决于建立数学模型的目的。在工业过程控制中,建立被控对象的数学模型的目的主要有以下几种。

(1)进行工业过程优化操作。

(2)控制系统方案的设计和仿真研究。

(3)控制系统的调试和控制器参数的整定。

(4)作为模型预测控制等先进控制方法的数学模型。

(5)工业过程的故障检测与诊断。

(6)设备启动与停车的操作方案。

(7)操作人员的培训系统。

对工业过程数学模型的要求,随其用途不同而不同,总的说是简单且准确可靠。但这并不意味着越准确越好,应根据实际应用情况提出适当的要求。在线运用的数学模型还有实时性的要求,它与准确性要求往往是矛盾的。

一般说,由于控制回路具有一定的稳定性,所以不要求用于控制的数学模型非常准确。因为模型的误差可以视为干扰,而闭环控制在某种程度上具有自动消除干扰影响的能力。

2.被控对象建模的方法

根据数学模型建立的途径不同,可将建模分为机理建模方法、实测建模方法和机理建模与实测建模相结合的方法,下面分别加以简要说明。

1)用机理建模方法求取对象的数学模型

用机理建模法建立对象的数学模型是根据对象内在的物理和化学规律,运用已知的静态和动态物料平衡、能量平衡等关系,用数学推理的方法求取对象的数学模型。

通常的静态物料或能量的平衡关系是单位时间内进入对象的物料或能量等于单位时间内从对象流出的物料或能量。

机理建模可以在设备投产之前,充分利用已知的生产过程知识,从本质上了解对象的特性。但是由于化工对象较为复杂,某些物理、化学变化的机理还不完全了解,而且线性的对象并不多,因此复杂对象的机理建模尚存在一定的困难。而且建得的模型,如不经过输入输出数据的验证,很难判断其精确性。

机理法建模的一般步骤如下:

(1)根据建模对象和模型使用目的做出合理假设,任何一个数学模型都是有假设条件的,不可能完全精确地用数学公式把客观实际描述出来。即使可能的话,结果也往往无法实际应用。在满足模型应用要求的前提下,结合对建模对象的了解,把次要因素忽略掉。对同一个建模对象,由于模型的使用场合不同,对模型的要求不同,假设条件可以不同,最终所得的模型也不相同。

(2)根据过程内在机理建立数学模型建模的主要依据是物料、能量和动量平衡关系式及化学反应动力学,一般形式是:系统内物料(或能量)蓄存量的变化率=单位时间内进入系统的物料量(或能量)-单位时间内系统流出的物料量(或能量)+单位时间内系统产生的物料量(或能量)。蓄存量的变化率是变量对时间的导数,当系统处于稳态时,变化率为零。

(3)简化。从应用上讲,动态模型在满足控制工程要求、充分反映被控对象动态特性的情况下,尽可能简单,是十分必要的。

在建立过程动态数学模型时,输出变量、状态变量和输入变量可用三种不同形式表达,即用绝对值、增量和量纲的形式。在控制理论中,增量形式得到广泛的应用,它不仅便于将原来非线性的系统线性化,而且通过坐标的移动,将稳态工作点定为原点,使输出/输入关系更加简单清晰,便于运算。在控制理论中广泛应用的传递函数,就是在初始条件为零的情况下定义的。

对于线性系统,增量方程式的列写很方便。只要将原始方程中的变量用它的增量代替即可。对于原来非线性的系统,则需进行线性化,在系统输入/输出的工作范围内,将非线性关系近似为线性关系。最常用的线性化方法是切线法,它是在静态特性上用经过工作点的切线代替原来的曲线。

2)用实测建模方法求取对象的数学模型

对已经投产的生产过程,我们可以通过实验测试或根据积累的操作数据,对系统的输入、输出数据,通过数学回归方法进行处理而得到数学模型。

实测建模尽管可以不去分析系统的内在机理,但必须在设备投产后进行,而且在现场测试、实施中也有一定的难度。

过程的动态特性只有当它处于动态即不平衡状态时才会表现出来。下面介绍在工业生产上广泛应用的阶跃响应法。

通过手动操作(控制器处于手动状态)条件下(工作点的确定),稳定运行一段时间后,快速改变过程的输入量(控制阀的开度),并用记录仪或数据采集系统同时记录过程输入/输出的变化曲线。经过一段时间后,过程进入新的稳态,本次实验结束,得到的记录曲线就是过程的阶跃响应。

利用阶跃响应的原理测取对象模型的过程很简单,但在实际工业过程中进行这种测试会遇到许多实际问题,例如不能因测试使正常生产受到严重干扰,还要尽量设法减少其他随机干扰的影响以及系统中非线性因素的考虑等。为了得到可靠的测试结果,应注意以下事项。

(1)合理选择阶跃干扰信号的幅度。过小的阶跃干扰幅度不能保证测试结果的可靠性,而过大的阶跃干扰幅度则会严重影响生产的正常运行甚至关系到安全问题,一般取正常输入值的 $5\%\sim15\%$ 。

(2)试验开始前确保被控对象处于某一选定的稳定工况。试验期间应设法避免发生偶然性的其他干扰。

(3)考虑到实际被控对象的非线性,应进行多次测试,要在正向和反向干扰下重复测试,以求全面掌握对象的动态特性。

(4)实验结束,获得测试数据后,应进行数据处理,剔除明显不合理部分。

3)用机理建模与实测建模相结合的方法求取对象的数学模型

这种方法是上述两种方法的结合。通常有两种方式:一是部分采用机理建模方法推导出相应数学模型,该部分往往是人们已经非常熟知且经过实践检验为比较成熟,对于那些尚不十分熟知或不很肯定的部分则采用实测建模的方法得出其相应数学描述,这样可以大大减少全部采用机理建模或实测建模的工作难度。另一方式是先通过机理分析确定模型的结构形式,再通过实验数据来确定模型中各个参数的大小。因此这种方式实际上是机理建模与参数估计两者的结合。

第二节　典型环节的数学模型

在研究对象特性时通常必须将具体过程的输入、输出关系用数学方程式表达出来,这种数学模型又称为参量模型。数学方程式有微分方程式、偏微分方程式、状态方程等形式。

一、一阶对象数学模型

图 4-5 是一个储槽,介质经过阀门 1 不断流入储槽,储槽内的介质通过阀门 2 不断流出,储槽的截面积为 A 。工艺上要求储槽内的液位 L 保持一定数值。如果阀门 2 的开度不变,阀门 1 的开度变化就会引起液位的波动。这时,研究的对象特性就是:当阀门 1 的开度变化,流入对象的介质流量 F_1 变化以后,液位 L 是如何变化的。对象的输入变量是 F_1 ,输出变量是液位 L 。

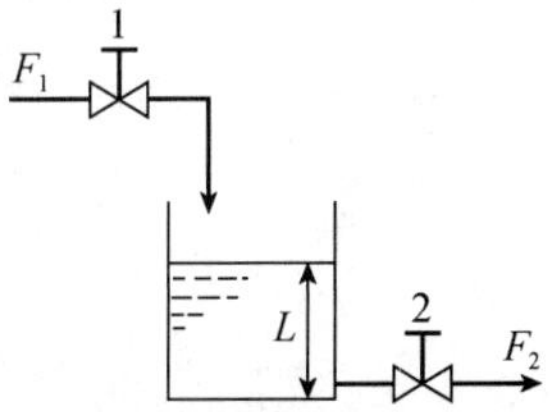

在生产过程中,被控对象最基本的内在机理是遵守物料平衡和能量平衡,储槽是物料传递的一个中间环节,它遵守物料平衡。因此,列出动态微分方程式的依据可表示为:

图 4-5　单容储槽

对象物料储存量的变化率＝单位时间流入对象的物料变化量－单位时间流出对象的物料变化量

$$\frac{\mathrm{d}\Delta LA}{\mathrm{d}t}=\Delta F_1-\Delta F_2 \tag{4-1}$$

因为储槽出口阀门 2 的开度不变，对象的流出物料变化量 ΔF_2 随液位变化量 ΔL 而变化。由于 ΔF_2 与 ΔL 的关系是非线性，为了简便起见，必须作线性化处理。考虑到 ΔF_2 和 ΔL 变化量都很微小（在自动控制系统中，各个变量都是在它们的额定值附近做微小的波动，因此这样处理是允许的），可以近似认为 ΔF_2 与 ΔL 成正比，与出口阀的阻力系数 R 成反比（在出口阀的开度不变时，R 可视为常数），用式子表示为

$$\Delta F_2=\frac{\Delta L}{R} \tag{4-2}$$

将式(4-2)代入式(4-1)，得到

$$\frac{\mathrm{d}\Delta LA}{\mathrm{d}t}=\Delta F_1-\frac{\Delta L}{R} \tag{4-3}$$

移项整理可得

$$AR\frac{\mathrm{d}\Delta L}{\mathrm{d}t}+\Delta L=\Delta F_1 \tag{4-4}$$

令 $T=AR$，$K=R$，代入式(4-4)，得到

$$T\frac{\mathrm{d}\Delta L}{\mathrm{d}t}+\Delta L=K\Delta F_1 \tag{4-5}$$

这就是用来描述储槽对象特性的微分方程式。它是一阶常系数微分方程式，因此对象可称为一阶储槽对象，式中 T 为时间常数，K 为放大倍数。

当对象的动态特性可以用一阶微分方程来描述时，一般称为一阶对象。

二、二阶对象数学模型

两个串联的储槽如图 4-6 所示。为了分析方便，设储槽 1 和储槽 2 近似为线性对象。输出变量为 L_2，输入变量为 F_i 的对象数学模型推导过程如下：

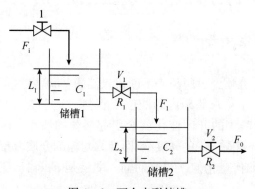

图 4-6　两个串联储槽

F_i，F_1—储槽 1 流入量、流出量；F_0—储槽 2 流出量；L_1，L_2—储槽 1 液位、储槽 2 液位；
C_1、C_2—储槽 1、储槽 2 的截面积；R_1、R_2—V_1 阀、V_2 阀的阻力系数

列写原始动态增量方程，有：

$$\begin{cases} C_1 \dfrac{\mathrm{d}L_1}{\mathrm{d}t} = F_i - F_1 \\[2mm] F_1 = \dfrac{1}{R_1} L_1 \end{cases} \quad \text{（储槽 1）}$$

$$\begin{cases} C_2 \dfrac{\mathrm{d}L_2}{\mathrm{d}t} = F_1 - F_0 \\[2mm] F_0 = \dfrac{1}{R_2} L_2 \end{cases} \quad \text{（储槽 2）}$$

消去中间变量,得

$$R_1 C_1 R_2 C_2 \frac{\mathrm{d}^2 L_2}{\mathrm{d}t^2} + (R_1 C_1 + R_2 C_2) \frac{\mathrm{d}L_2}{\mathrm{d}t} + L_2 = R_2 F_i$$

或

$$T_1 T_2 \frac{\mathrm{d}^2 L_2}{\mathrm{d}t^2} + (T_1 + T_2) \frac{\mathrm{d}L_2}{\mathrm{d}t} + L_2 = R_2 F_i \tag{4-6}$$

式中, $T_1 = R_1 C_1$, $T_2 = R_2 C_2$,分别是储槽 1 和储槽 2 的时间常数。

式(4-6)就是两个储槽串联后输出变量为 L_2 ,输入变量为 F_i 的对象数学模型。可以看出储槽串联对象是二阶环节。

第三节　描述对象特性的参数

对象的特性可以通过数学模型来描述,为了研究问题方便,在实际工作中常用下面三个物理量来表示对象的特性。这些物理量,称为对象特性参数,它们是放大系数 K 、时间常数 T 和时滞 τ 。下面结合一些实例分别介绍 K,T,τ 的意义。

一、放大系数 K

以直接蒸汽加热器为例,冷物料从加热器底部流入,经蒸汽直接加热至一定温度后,由加热器上部流出送到下一道工序。这里,热物料出口温度即为被控变量 $y(t)$ [或被控变量的测量值 $Z(t)$],加热蒸汽流量即为操纵变量 $q(t)$,而冷物料入口温度或冷物料流量的变化量即为干扰 $f(t)$,见图 4-7[考虑控制作用时,图中 $x(t)$ 即为 $q(t)$,而考虑干扰作用时,图中 $x(t)$ 为 $f(t)$]。

由于被控变量 $y(t)$ 受到控制作用(控制通道)和干扰作用(干扰通道)的影响,因而对象的放大系数乃至其他特性参数也将从这两个方面来分析介绍。

1. 控制通道放大系数 K_O

假设对象处于原有稳定状态时,被控变量为 $y(0)$,操纵变量为 $q(0)$ 。当操纵变量(本例中的蒸汽流量)作幅度为 Δq 的阶跃变化时,必将导致被控变量的变化,如图 4-7(b)所示,且有 $y(t) = y(0) + \Delta y(t)$ [其中 $\Delta y(t)$ 为被控变量的变化量],则对象控制通道的放大系数 K_O 即为被控变量的变化量 $\Delta y(t)$ 与操纵变量的变化量 $\Delta q(t)$ 在时间趋于无穷大时之比,即

$$K_O = \frac{\Delta y(\infty)}{\Delta q(t)} = \frac{y(\infty) - y(0)}{\Delta q(t)} \tag{4-7}$$

式中，$\Delta y(\infty)$为对象达到新的稳定状态时被控变量的变化量。

式(4-7)表明，对象控制通道的放大系数K_0反映了对象以初始工作点为基准的被控变量与操纵变量在对象达到新的稳定状态时变化量之间的关系，是一个稳态特性参数。所谓初始工作点，即对象原有的稳定状态。若把对象的生产能力或处理量称为负荷，则初始工作点将取决于对象的负荷以及操纵变量的大小。例如对蒸汽加热器而言，在某一处理量下，蒸汽量不同，达到平衡的出口温度也不同。反之，在蒸汽量相同，处理量不同的情况下，出口温度也不一样，其间的关系见图4-8。实际生产中线性过程并不多见，如不同的负荷或工作点下，对象的放大系数K_0并不相同，由图4-8可见，在相同的负荷下，K_0将随工作点的增大而减少，例如A，B，C三点(对随动控制系统而言)；在相同的工作点下，K_0也将随负荷的增大而增加，例如D，A，E三点(对定值控制系统而言)。

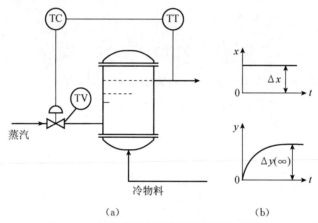

图4-7　直接蒸汽加热器及其阶跃响应曲线

从自动控制系统的角度看，必须着重了解K_0的数值和变化情况。操纵变量$q(t)$对应的放大系数K_0的数值大，说明控制作用显著，因而，假定工艺上允许有几种控制手段可供选择，应该选择K_0适当大一些的，并以有效的介质流量作为操纵变量。当然，比较不同的放大系数时应该有一个相同的基准，就是在相同的工作点下操纵变量都改变相同的百分数。

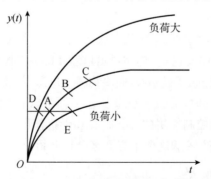

图4-8　蒸汽加热器的稳态特性

由于控制系统总的放大系数K是广义对象放大系数和控制器放大系数K_c的乘积，在系统运行过程中要求K恒定才能获得满意的控制过程。一般来说K_0较大时，取K_c小一些；而K_0较小时，取K_c大一些。

2. 干扰通道放大系数 K_f

在操纵变量$q(t)$不变的情况下，对象受到幅度为Δf的阶跃干扰作用，对象从原有稳定状态达到新的稳定状态时被控变量的变化量 $\Delta y(\infty)$ 与干扰幅度 Δf 之比称为干扰通道的放大倍数 K_f，即

$$K_f = \frac{\Delta y(\infty)}{\Delta f} = \frac{y(\infty) - y(0)}{\Delta f} \qquad (4-8)$$

K_f 的大小对控制过程所产生的影响比较容易理解。设想如果没有控制作用，对象在受到干扰 Δf 作用后，被控变量的最大偏差值就是 $K_f\Delta f$。因此在相同的 Δf 作用下，K_f 越大，被控变量偏离设定值的程度也越大；在组成控制系统后，情况仍然如此，$K_f\Delta f$ 大时，定值控制系统的最大偏差亦大。

前面曾经提到一个控制系统存在着多种干扰。从静态角度看，应该着重注意的是出现次数频繁而 $K_f\Delta f$ 又较大的干扰，这是分析主要干扰的重要依据。如果 K_f 较小，即使干扰量很大，对被控变量仍然不会产生很大的影响；反之，倘若 K_f 很大，干扰很小，效应也不强烈。在工艺生产对系统控制指标的要求比较苛刻时，如果有可能排除一些 $K_f\Delta f$ 较大的严重干扰，可很大程度地提高系统的控制质量。例如，对图4-7所示的直接蒸汽加热器而言，加热蒸汽压力的波动对被控变量的影响极为严重，这时若在蒸汽管道上设置蒸汽压力定值控制系统，就将使这一干扰对被控变量的影响下降到很不明显的程度。

二、时间常数 T

控制过程是一个动态过程，用放大系数只能分析稳态特性，即分析变化的最终结果。然而，只有在同时了解动态特性参数之后，才能知道具体的变化过程。

有的对象在受到输入作用后，被控变量要经过很长时间才能达到新的稳态值，这说明不同对象惯性是不相同的。图4-9中a、b两个水槽除截面积不同之外其他相同，截面积大的a水槽与截面积小的b水槽相比，当进口流量 F_i 改变同样一个数值时，截面积小的水槽液位变化很快，即时间常数小，并迅速趋向新的稳态值；而截面积大的水槽惯性大，即时间常数大，液位变化慢，需经过很长时间才能稳定。

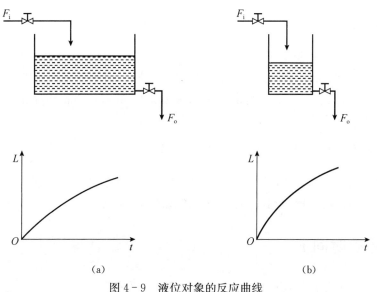

图4-9　液位对象的反应曲线

时间常数 T 是表征被控变量变化快慢的动态参数。在电工学中阻容环节的充电过程快慢取决于电阻 R、电容 C 的大小，R 与 C 的乘积就是时间常数 T，其定义为：在阶跃输入作用下，一个阻容环节的输出变化量完成全部变化量的 63.2% 所需要的时间，就是这个环节的时间常数 T（如图 4-10 所示），或者另外定义为：在阶跃输入作用下，一个阻容环节的输出变化量保持初始变化速度，达到新的稳态值所需要的时间就是这个环节的时间常数 T（如图 4-10 所示）。这两种定义是一致的。

现将电工学中的时间常数概念应用到过程控制中。由于任何过程都具有储存物料或能量的能力，所以可以像用电容 C 来描述电容器储存电量的能力一样，用容量系数 C 来描述储存物料或能量的能力。

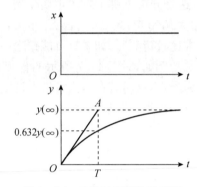

图 4-10　对象时间常数示意图

对象的容量有热容、液容、气容等。

任何对象在物料或能量的传递过程中，总是存在着一定的阻力，如热阻、液阻、气阻等。因而可以用对象的容量系数 C 与阻力系数 R 之积来表征过程的时间常数 T。如液位对象中，若以进液量控制液位高度时，将液位储槽截面积与出口阀阻力的乘积看成时间常数 T。显然，R 或 C 越大，则 T 越大。

时间常数对控制系统的影响可分两种情况进行叙述。

1. 控制通道时间常数 T 对控制系统的影响

由时间常数 T 的物理意义可知，在相同的控制作用下，对象的时间常数 T 大，则被控变量的变化比较和缓，一般而言，这种过程比较稳定，容易控制，但控制过程过于缓慢；对象的时间常数 T 小，则情况相反。过程的时间常数 T 太大或太小，在控制上都将存在一定的困难，因此需根据实际情况适当考虑。

2. 干扰通道时间常数 T 对控制系统的影响

就干扰通道而言，时间常数 T 大些有一定的好处，相当于将干扰信号进行滤波，这时阶跃干扰对系统的作用显得比较缓和，因而这种对象比较容易控制。

三、纯滞后时间 τ

不少对象在输入变化后，输出不是随之立即变化，而是需要间隔一段时间才发生变化，这种现象称为纯滞后（时滞）现象。

输送物料的皮带运输机可作为典型的纯滞后对象实例，如图 4-11 所示。当加料斗出料量变化时，需要经过纯滞后时间 $\tau = L/u$ 才进入容器，其中 L 表示皮带长度，u 表示皮带移动的线速度。L 越长，u 越小，则纯滞后时间 τ 越大。

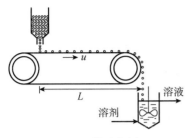

图 4-11 纯滞后实例

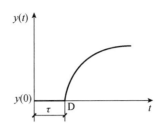

图 4-12 具有纯滞后时间的阶跃响应曲线

可见，纯滞后时间 τ 是由于传输需要时间引起的。它可能起因于被控变量 $y(t)$ 至测量值 $z(t)$ 的检测通道，也可能起因于控制信号 $u(t)$ 至操纵变量 $q(t)$ 的一侧。图 4-12 中坐标原点至点 D 所相应的时间即为纯滞后时间 τ。

对象的另一种滞后现象是容量滞后，它是多容量过程的固有属性，一般是因为物料或能量的传递需要通过一定的阻力而引起的。

多数过程都具有容量滞后。例如在列管式换热器中，管外、管内及管子本身就是三个容量；在精馏塔中，每一块塔板就是一个容量。容量数目越多，容量滞后越显著。

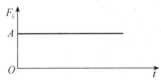

对于这种对象，可作近似处理。方法如下：在高阶对象阶跃反应曲线上，过反应曲线的拐点 O_1 作切线，与时间轴相交，交点与被控变量开始变化的起点之间的时间间隔 τ_h 就为容量滞后时间。由切线与时间轴的交点到切线与稳定值 KA 线的交点之间的时间间隔为 T。如图 4-13 所示，这样，高阶对象就被近似为是有滞后时间（容量滞后）$\tau = \tau_h$，时间常数为 T 的一阶对象。

实际工业过程中纯滞后时间往往是纯滞后与容量滞后时间之和。

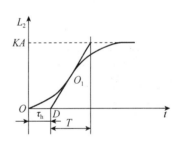

图 4-13 高阶对象阶跃
响应曲线的处理

1. 纯滞后对控制通道的影响

纯滞后 τ 对系统控制过程的影响，需按其与对象的时间常数 T 的相对值 τ/T 来考虑。不论纯滞后存在于操纵变量方面或是被控变量方面，都将使控制作用落后于被控变量的变化。例如直接蒸汽加热器的温度检测点离物料出口有一段距离，因此容易使最大偏差或超调量增大，振荡加剧，对过渡过程是不利的。在 τ/T 较大时，为了确保系统的稳定性，需要一定程度上降低控制系统的控制指标。一般认为 $\tau/T \leqslant 0.3$ 的对象较易控制，而 $\tau/T > (0.5 \sim 0.6)$ 的对象往往需用特殊控制规律。

2. 纯滞后对干扰通道的影响

对于干扰通道来说，如果存在纯滞后，相当于将干扰作用推延一段纯滞后时间 τ 后才进入系统，而干扰在什么时间出现本来就是不能预知的，因此并不影响控制系统的品质，即对过渡过程曲线的形状没有影响。例如输送物料的皮带运输机，当加料量发生变化时，并不立刻影响被控变量,要间隔一段时间后才会影响被控变量。如果干扰通道存在容量滞后,则将使阶跃干扰的影响趋于缓和,被控变量的变化也缓和些,因而对系统是有利的。

目前常见的化工对象的纯滞后 τ 和时间常数 T 大致情况如下:

(1)被控变量为压力的对象——τ 不大,T 也属中等;

(2)被控变量为液位的对象——τ 很小,T 也稍大;

(3)被控变量为流量的对象——τ 和 T 都较小,数量级往往在几秒至几十秒;

(4)被控变量为温度的对象——τ 和 T 都较大,约几分至几十分钟。

习题与思考题

1.什么是对象特性?

2.简述描述对象特性的参数 K、T、τ 的含义。

3.已知两只水箱串联工作,如图 4-14 所示,其输入量为 F_1,流出量为 F_2,L_1、L_2 分别为两只水箱的水位,L_2 为被控变量,C_1,C_2 为其容量系数,假设 R_1,R_2,R_{12} 为线性液阻。要求:列出被控对象的微分方程(输入变量为 F_1,输出变量为 L_2)。

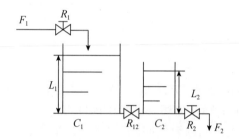

图 4-14　两只水箱串联工作图

4.什么是线性化?为什么在过程控制中经常采用近似线性化模型?

5.有一水槽,其截面积为 $0.5m^2$。流出侧阀门阻力实验结果为:当水位变化 15cm 时,流出量变化为 $800m^3/s$。试求流出侧阀门阻力,并计算该水槽的时间常数。

第五章 控制规律和控制器

控制器又称控制仪表,它接受变送器送来的信号并与给定值(设定值)相比较,得出偏差,按一定规律运算偏差,运算结果以一定信号形式送往执行器,实现对被控变量的自动控制。

控制器的控制规律是指控制器接受输入的偏差信号后,其输出随输入的变化规律,即输入与输出之间的关系,用数学式来表示,即为

$$u = f(e) \tag{5-1}$$

式中　e——变送器输出信号 $z(t)$ 与给定值(设定值)$x(t)$ 之差,即偏差;

　　　u——控制器的输出。

不同的控制规律适应不同的生产要求,必须根据生产要求选用合适的控制规律。如选用不当,不但不能起到控制作用,反而会造成控制过程稳定性下降,甚至造成事故。要选用合适的控制规律,首先必须了解几种常用的控制规律的特点、适用条件,然后根据工艺对控制系统过渡过程的品质指标要求,结合具体对象的特性,才能做出正确的选择。

在工业自动控制系统中最基本的控制规律有:位式控制、比例控制、积分控制和微分控制四种,下面几节将分别介绍这几种基本控制规律及其对系统过渡过程的影响。

第一节　位式控制

一、双位控制

双位控制是位式控制的最简单形式。双位控制的动作规律是当测量值大于给定值(设定值)时,控制器的输出为最大(或最小),而当测量值小于给定值(设定值)时,则输出为最小(或最大),是指控制器只有两个输出值——最大和最小,对应的执行机构只有两个工作位置——全开和全关。理想的双位控制特性如图 5-1 所示,其输出 u 与输入偏差 e 之间的关系为

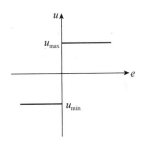

图 5-1　理想的双位控制特性

$$u = \begin{cases} u_{max}, & e>0(或 e<0)时 \\ u_{min}, & e<0(或 e>0)时 \end{cases}$$

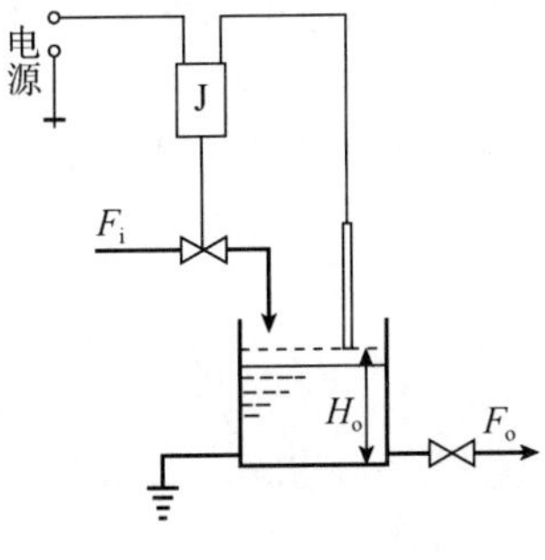

图 5-2 所示为一个典型的双位控制系统,此系统中液体和容器必须导电。其工作过程为:当液位低于给定值 H_o 时,液体未接触电极,故继电器断路,此时电磁阀全开,流体通过电磁阀流入贮槽,使液位上升。当液位略大于给定值 H_o 时,液体与电极接触,继电器接通,使电磁阀全关,$F_i=0$。但此时储槽排出量 $F_o \neq 0$,所以液位下降,待液位略小于给定值时,液体脱离电极,继电器断路,此时电磁阀又全开,如此反复循环,使液位在给定值上下很小的范围内波动。

图 5-2　双位控制系统

二、具有中间区的双位控制

从上面理想的双位控制过程可以看出,控制器的输出变化频繁,这样会使系统中的运动部件因动作频率太快而损坏,很难保证双位控制系统安全、可靠地工作。况且实际生产中被控变量允许有一定的偏差,有的允许范围大些,有的允许范围小些。所以理想的双位控制既难实现,又没必要。在实际中应用的双位控制器都有一个中间区,带中间区的双位控制就是当被控变量上升到高于给定值某一数值后,阀门才开(或关),当被控变量下降到低于给定值某一数值后,阀门才关(或开),在中间区内,阀门不动作。这样,就可以大大降低执行机构(或运动部件)的动作频率,带中间区的双位控制规律如图5-3所示。

只要将上例中的测量装置及继电器线路稍加改动,则可成为一个带中间区的双位控制系统,它的控制过程为:当液位低于下限值 h_L 时,电磁阀全开,流体通过电磁阀流入贮槽,因 F_i > F_o 使液位上升。当液位升至上限值 h_H 时,阀门关闭,液位下降,直到下降到下限值 h_L 时,电磁阀又全开,液位又开始上升,如图5-4所示,上面的曲线是控制机构(或阀位)的输出与时间的关系,下面曲线是被控变量与时间的关系;被控变量在上限值与下限值之间等幅振荡。

衡量双位控制过程的质量,不能采用衡量衰减振荡过程的品质指标,一般采用振幅与周期(或频率)。如图5-4中 $h_H - h_L$ 为振幅,T 为周期。对于双位控制系统,过渡过程的振幅与周期是矛盾的,若要振幅小,则周期必然短;若要振幅大,则周期必然长。必须通过合理选择中间区,使两者兼顾。所以在设计双位控制系统时,应使振幅在允许的范围内,尽可能地延长周期。

双位控制器的结构简单、成本较低、易于实现,因此应用很普遍。

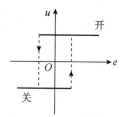

图5-3 实际的双位控制规律

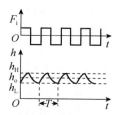

图5-4 具有中间区的双位控制过程

三、多位控制

在双位控制系统中,执行机构只有开和关两个极限位置,对象中物料量或能量总是处于严重不平衡状态,被控变量振荡剧烈。为了改善系统的控制质量,控制器的输出值可以增加一个中间值,即当被控变量在某一个范围内时,执行机构可以处于某一中间位置,使系统物料量或能量的不平衡状态得到改善,这样就构成三位式控制规律。图5-5为三位式控制规律特性示意图。位数越多,系统控制质量越好;控制装置越复杂。

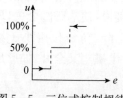

图5-5 三位式控制规律

第二节 比例控制

一、比例控制规律及其特点

在位式控制系统中,执行机构在几个位置之间切换,被控变量不可避免地产生持续的等幅振荡过程。如果能够使执行机构的开度随偏差大小变化,被控变量的变化就比较平稳,控制系统的品质指标就可以提高。控制器输出的变化量(即执行机构的开度变化量)与被控变量的偏差成比例的控制规律,称为比例控制规律,一般用字母 P 表示;其输入与输出关系可表示为:

$$\Delta u(t) = K_c e(t) \tag{5-2}$$

式中　　$\Delta u(t)$——控制器的输出变化量;

　　　　$e(t)$——控制器的输入,即偏差;

　　　　K_c——控制器的比例放大倍数。

放大倍数 K_c 是可调的,所以比例控制器实际上相当于放大倍数可调的放大器。从式(5-2)可以看出,在偏差 $e(t)$ 一定时,比例放大倍数 K_c 越大,控制器输出值的变化量 $\Delta u(t)$ 就越大,说明比例作用就越强。即 K_c 是衡量比例控制作用强弱的参数。

图 5-6 是一个简单的比例控制系统。被控变量是水槽的液位,浮球是液位检测装置,杠杆是控制器。如果原来稳定在图 5-6 实线位置(可认为给定值)上,即 $F_i = F_o$。当某一时刻由于干扰的作用使输出量突然减小($F_o - \Delta F_o$)一个数值后,液位上升,浮球也随之上升,通过杠杆将进水阀门关小,使进水量减小,当 $F_o - \Delta F_o = F_i - \Delta F_i$ 时,系统达到新的平衡。在新的平衡状态时,浮球回不到原来的位置,这说明比例控制存在余差。比例控制比较及时,一旦偏差出现,马上就有控制作用。

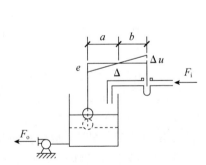

图 5-6　简单的比例控制系统

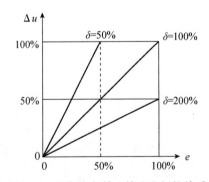

图 5-7　比例度与输入输出之间的关系

二、比例度及其对控制过程的影响

1. 比例度

在工业上使用的控制器,习惯用比例度 δ(也称比例带)来描述比例控制作用的强弱。比例度为控制器输入的相对变化量与相应的输出的相对变化量之比的百分数。比例度用式子可表示为:

$$\delta=\frac{\dfrac{e}{X_{\max}-X_{\min}}}{\dfrac{\Delta u}{u_{\max}-u_{\min}}}\times100\%\tag{5-3}$$

式中　e——控制器输入变化量（即偏差）；

　　　Δu——相对偏差为 e 时的控制器输出变化量；

　　　$X_{\max}-X_{\min}$——仪表的量程；

　　　$u_{\max}-u_{\min}$——控制器的输出范围。

比例度可以理解为：要使输出信号做全范围的变化，输入信号必须改变全量程的百分之几。图 5-7 更为直观地显示了比例度与输入、输出的关系。

那么比例度 δ 和放大倍数 K_c 是什么关系呢？在单元组合仪表中，控制器的输入是变送器的输出，控制器和变送器的输出信号都是统一的标准信号，因此控制器输入与输出的范围相同，即 $X_{\max}-X_{\min}=u_{\max}-u_{\min}$，所以比例度 δ 和放大倍数 K_c 互为倒数关系，即

$$\delta=\frac{1}{K_c}\times100\%\tag{5-4}$$

2. 比例度 δ 对系统过渡过程的影响

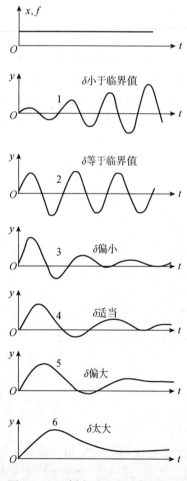

图 5-8　比例度对过渡过程的影响

一个比例控制系统的过渡过程形式一般与对象特性和比例控制器比例度有关，对象特性因受工艺设备的限制，不可能任意改变，只有通过改变比例度获得希望的过渡过程形式。下面分析比例度 δ 的大小对系统过渡过程的影响。

比例度对系统过渡过程的影响如图 5-8 所示。比例度越大，过渡过程曲线越平稳，在系统稳定的前提下，余差越大，比例度越小，过渡过程曲线越振荡；比例度过小时，可能出现发散振荡；在系统稳定的前提下，余差越小；从 3、4、5 曲线上看，在系统为衰减振荡时，比例度越大，最大偏差越大，周期越长，比例度越小，最大偏差越小，周期越短。

当比例度大时即控制器放大倍数 K_c 小，控制作用弱，在干扰产生后，控制器的输出变化较小，控制阀开度改变较小，被控变量的变化就很缓慢（曲线 6）。当比例度减小时，K_c 增大，在同样的偏差下，控制器输出较大，控制阀开度改变较大，被控变量变化也比较迅速，开始有些振荡，余差不大（曲线 5、4）。比例度再减小，控制阀开度改变更大，大到有点过量时，被控变量也就跟着大幅度变化，结果会出现激烈的振荡（曲线 3）。当比例度继续减小到某一数值时系统出现等幅振荡，这时的比例度称为临界比例度 δ_K（曲线 2）。具体在什么比例度数值时，会出现等幅振荡，则根据系统的不同特性而异。一般除反应很快的流量及管道压力等系统外，这种情况大多出现在 $\delta<20\%$ 时，当比例度小于 δ_K 时，在干扰产生后将出现发散振荡（曲线 1），这是很危险的。只有充分了解比例度对系统过渡过程的影响，才能正确地

选用它,最大限度地发挥控制器的作用。工艺生产通常要求比较平稳而余差又不太大的控制过程,例如曲线4,一般地说,若对象的滞后较小、时间常数较大以及放大倍数较小时,控制器的比例度可以选得小些,以提高系统的灵敏度,使反应快些,从而过渡过程曲线的形状较好。反之,比例度就要选大些以保证稳定。

总之,比例控制规律比较简单,控制作用比较及时,是最基本的控制规律。适合于干扰较小、对象的纯滞后较小、容量滞后并不太小、控制精度要求不高的场合。

第三节　比例积分控制

比例控制存在余差,这是比例控制的缺点。当工艺对控制质量有更高要求时,就需要在比例控制的基础上,再加上积分控制作用。

一、积分控制规律

积分控制规律的输出变化量 $\Delta u(t)$ 与输入偏差 $e(t)$ 的积分成正比,即

$$\Delta u(t) = K_I \int e(t) \mathrm{d}t \qquad (5-5)$$

式中　K_I——积分比例系数,称为积分速度。

积分控制规律一般用字母"I"表示。由式(5-5)可以看出,积分控制规律的输出信号的大小不仅与偏差信号的大小有关,而且与偏差信号存在的时间长短有关。当输入偏差是常数 A 时,式(5-5)成为

$$\Delta u(t) = K_I \int A \mathrm{d}t = K_I A t \qquad (5-6)$$

由图5-9可见,输出是一直线,只要偏差存在,输出信号将随时间增长(或减小)。只有当偏差为零时,输出才停止变化而稳定在某一值上,系统才能达到新的平衡,因而积分控制规律可以消除余差。

输出信号的变化速度与偏差 $e(t)$ 及 K_I 成正比,而其控制作用是随着时间积累才逐渐增强的,所以控制动作缓慢,会出现控制不及时。因此积分控制规律一般不单独应用。

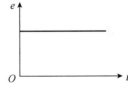

二、比例积分控制规律

比例控制作用比较及时,但存在余差。而积分控制规律可以消除余差,但作用较慢。因此常常把比例与积分组合起来,构成比例积分控制规律,这样控制既及时,又能消除余差,比例积分控制规律可用式(5-7)表示:

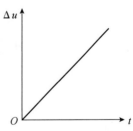

图5-9　积分控制规律

$$\Delta u(t) = K_c \left[e(t) + K_I \int e(t) \mathrm{d}t \right] \qquad (5-7)$$

在比例积分控制器中,经常采用积分时间 T_I 来表示积分速度 K_I 的大小, $T_I = 1/K_I$,所以式(5-7)可改写为:

$$\Delta u(t) = K_c\left[e(t) + \frac{1}{T_I}\int e(t)\,\mathrm{d}t\right] \tag{5-8}$$

若偏差是幅值为 A 的阶跃干扰,代入式(5-8)可得

$$\Delta u(t) = K_c A + \frac{K_c}{T_I}At \tag{5-9}$$

式(5-9)中控制器输出与偏差关系可用图5-10表示,输出中垂直上升部分 $K_c A$ 是比例作用造成的,慢慢上升部分 $\frac{K_c}{T_I}At$ 是积分作用造成的,当 $t = T_I$ 时,输出为 $2K_c A$。应用这个关系,可以实测 K_c 及 T_I。对控制器输入一个幅值为 A 的阶跃信号,立即记下输出的阶跃变化值并开动秒表计时,当输出缓慢变化量等于垂直上升部分所用时间就是积分时间 T_I,跃变值 $K_c A$ 除以阶跃输入幅值 A 就是 K_c。

积分时间 T_I 越小,表示积分速度 K_I 越大,积分特性曲线的斜率越大,即积分作用越强。反之,积分时间 T_I 越大,表示积分速度 K_I 越小,即积分作用越弱。若积分时间为无穷大,则表示没有积分作用,控制器就成为纯比例控制器了。

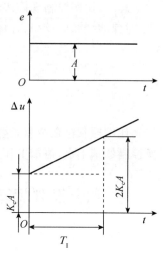

图5-10　比例积分控制规律

三、积分时间及其对控制过程的影响

比例积分控制器中,比例度和积分时间两个参数均可调整。比例度对控制过程的影响前面已经分析过,这里着重分析积分时间对控制过程的影响。

图5-11表示在同样比例度下积分时间 T_I 对过渡过程的影响。T_I 过大,积分作用不明显,余差消除很慢(曲线3);T_I 小,易于消除余差,但系统振荡加剧,曲线2适宜,曲线1就振荡太剧烈了。

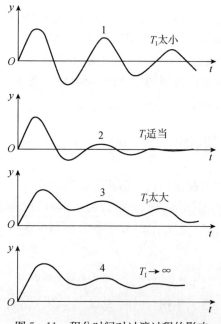

图5-11　积分时间对过渡过程的影响

积分时间对控制过程的影响：积分时间 T_I 越小，积分作用越强，克服余差的能力越强，控制过程振荡加剧，系统的稳定性降低，甚至会出现发散振荡。

因为积分作用会加剧振荡，这种振荡对于滞后大的对象更为明显。所以，控制器的积分时间应根据被控对象的特性来选择，对于管道压力、流量等滞后不大的对象，积分时间可选得大一些；温度对象一般滞后较大，积分时间可选得小一些。

第四节　比例积分微分控制

比例控制规律和积分控制规律，都是根据被控变量与给定值的偏差大小而进行控制。对于容量滞后较大的对象，可能控制时间较长，最大偏差较大；当对象负荷变化特别剧烈时，由于积分作用的不及时，系统的稳定性较差。常常希望再增加微分控制规律，以提高系统控制质量。

一、微分控制规律

在人工控制时，有经验的操作人员不仅根据偏差的大小来改变控制阀的开度，而且同时考虑偏差的变化速度来进行控制，这种根据被控变量变化的快慢来确定控制作用大小，就是微分控制规律。一般用字母"D"表示。在自动控制时，控制器具有微分控制规律，就是控制器的输出信号与偏差信号的变化速度成正比，即

$$\Delta u(t) = T_D \frac{\mathrm{d}e(t)}{\mathrm{d}t} \tag{5-10}$$

式中　T_D——微分时间；

　　　$\dfrac{\mathrm{d}e(t)}{\mathrm{d}t}$——偏差信号变化速度。

由式(5-10)可知，偏差的变化速度越大，则控制器的输出变化越大，控制作用越强。若在 $t=t_0$ 时输入一个阶跃信号，如图 5-12 曲线 1 所示，则在 $t=t_0$ 时刻控制器输出由零跳至无穷大，然后由无穷大跳至零；其余时间输出为零，如图 5-11 曲线 2 所示。在实际工作中，实现式(5-10)的控制规律是很难或不可能的，也没有实际意义。这种控制规律称为理想的微分控制规律。图 5-11 曲线 3 表示实际微分控制规律，在阶跃输入发生时刻，输出突然上升到一个较大的有限数值，然后按指数规律衰减，其衰减的快慢与微分时间的长短有关，微分时间越长，衰减越慢，控制作用越强，微分时间越短，衰减越快，控制作用越弱，控制器的作用强弱可通过改变微分时间来调整。

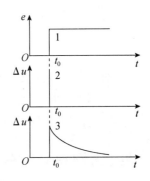

图 5-12　微分控制规律的特性

实际微分控制规律由两部分组成——比例作用与近似微分作用。其比例作用是固定不变的，$\delta=100\%$。在系统中，即使偏差很小，只要出现变化趋势，这种控制器马上就进行控制，故有超前控制之称，这是它的优点。但它对于固定不变的偏差没有克服能力，所以不能单独使用微分控制器，它常与比例或比例积分组合构成比例微分或三作用控制器。

二、比例微分控制规律

理想比例微分控制规律表达式为

$$\Delta u(t) = K_c \left(e(t) + T_D \frac{\mathrm{d}e(t)}{\mathrm{d}t} \right) \tag{5-11}$$

实际比例微分控制规律的特性曲线如图5-13所示,微分作用按偏差的变化速度进行控制,其作用比比例作用快,因而对惯性大的对象用比例微分可以改善控制质量,减小最大偏差,节省控制时间。

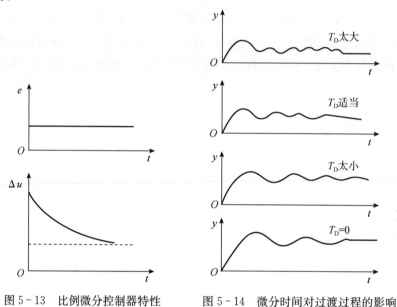

图5-13　比例微分控制器特性　　　图5-14　微分时间对过渡过程的影响

三、微分时间及其对控制过程的影响

微分作用力图阻止被控变量的变化,有抑制振荡的效果,但如果加得过大,由于控制作用过强,反而会引起被控变量大幅度的振荡,微分时间对过渡过程的影响如图5-14所示。微分作用的强弱用微分时间来衡量。T_D 太大,微分作用太强,效果是动态偏差减小,余差减小,但使系统的稳定性变差。T_D 太小,则微分作用弱,动态偏差大,波动周期长,余差大,但稳定性好。

四、比例积分微分控制规律

理想比例积分微分控制规律表达式为

$$\Delta u(t) = K_c \left[e(t) + \frac{1}{T_I} \int e(t)\mathrm{d}t + T_D \frac{\mathrm{d}e(t)}{\mathrm{d}t} \right] \tag{5-12}$$

当输入为阶跃信号时,实际比例积分微分控制输出为比例、积分和微分三部分输出之和,如图5-15所示。这种控制器既能快速进行控制,又能消除余差,具有较好的控制性能。在PID控制中,适当选择 δ、T_I、T_D 这三个参数,可以获得良好的控制质量。

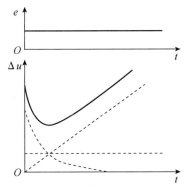

图 5-15　三作用控制器特性

由于三作用控制规律综合了三种控制规律的优点,因此具有较好的控制性能。但这并不意味着在任何条件下采用这种控制规律都是最合适的。一般来说,当对象滞后较大、负荷变化较快、不允许有余差的情况下,可以采用三作用控制规律。如果采用比较简单的控制规律已能满足生产要求,那就不必采用三作用控制规律了。

对于一台具有比例、积分、微分功能的规律控制器,如果把微分时间调到零,就成为比例积分规律控制器;如果把积分时间放到最大,就成为比例微分规律控制器;如果把微分时间调到零,同时把积分时间放到最大,就成为纯比例控制器了。

最后,我们对比例、积分、微分三种控制规律作简单小结。

(1)比例控制:它依据"偏差的大小"来进行控制。它的输出变化与输入偏差的大小成比例。控制及时,但是有余差。用比例度 δ 来表示其作用的强弱。δ 越小,控制作用越强。比例作用太强时,会引起振荡甚至不稳定。

(2)积分控制:它依据"偏差是否存在"来进行控制。它的输出变化与偏差对时间的积分成比例,只有当余差完全消失,积分作用才停止。所以积分控制能消除余差,但积分控制缓慢,动态偏差大,控制时间长。用积分时间 T_I 表示其作用的强弱,T_I 越小,积分作用越强。积分作用太强时,也易引起振荡。

(3)微分控制:它依据"偏差变化速度"来进行控制。它的输出变化与输入偏差变化的速度成比例,其实质和效果是阻止被控变量的一切变化,有超前控制的作用,对滞后大的对象有很好的效果。使控制过程动态偏差减小、时间缩短、余差减小(但不能消除)。用微分时间 T_D 表示其作用的强弱。T_D 大,作用强。T_D 太大,会引起振荡。

第五节　控制器简介

一、概述

控制器的种类繁多,分类方法也各不相同,下面主要根据控制器所用的能源形式、结构形式、信号形式的不同进行分类。

1. 按控制仪表的能源形式分类

控制仪表根据其使用的能源不同,分为电动控制仪表、气动控制仪表。在目前化工生产过程中,主要应用的是电动控制仪表。气动控制仪表和电动控制仪表各有特点,气动控制仪表结构较简单、价格较便宜,但输出信号传递慢。电动控制仪表的输出信号传送距离较远、速度较快,与计算机连接方便,所以发展迅速和应用广泛。

2. 按控制仪表的结构形式分类

控制仪表根据结构形式不同,主要分为基地式控制仪表与单元组合式控制仪表等。

基地式控制仪表是将测量、变送、指示及控制等功能集于一身的仪表。它的结构比较简单,常用于单机控制系统。

单元组合式控制仪表是将整套仪表按照功能划分成若干个独立的单元,各单元之间用统一的标准信号连接。在使用时针对不同的要求,将各单元以不同的形式组合,就可以组成各种各样的自动检测和自动控制系统。

根据使用能源不同,单元组合仪表主要分为气动单元组合仪表和电动单元组合仪表两大类。气动单元组合仪表以"气"、"单"及"组"三个字的汉语拼音第一个大写字母为代号,简称为QDZ仪表。同样,电动单元组合仪表以"电"、"单"及"组"三个字的汉语拼音第一个大写字母为代号,简称为DDZ仪表。

3. 按控制仪表的信号形式分类

控制仪表根据其信号形式可以分为模拟式控制仪表和数字式控制仪表两大类。

模拟式控制仪表的输出信号一般是连续变化的模拟量,例如电动单元组合仪表。数字式控制仪表的输出信号一般是断续变化的数字量,与模拟式控制仪表相比,其工作原理和构成有很大差别,它以微处理器为核心,具有丰富的运算功能和通信功能,操作方便,数字或图形显示,高度的安全可靠性。

二、电动控制器简介

在模拟式控制器中,所传送的信号形式为连续的模拟信号。目前应用的模拟式控制器主要是电动控制器。

1. 基本构成原理及部件

尽管电动控制器的构成元件与工作方式有很大的差别,但基本上都是由三大部分组成,如图 5-16 所示。

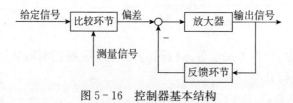

图 5-16　控制器基本结构

1)比较环节

比较环节的作用是将测量信号与给定信号进行比较,产生一个与它们的偏差成比例的偏差信号。

2)放大器

放大器实质上是一个比例环节。电动控制器中采用高增益的运算放大器。

3)反馈环节

反馈环节的作用是通过正、负反馈来实现比例、积分、微分等控制规律的。在电动控制器中,输出的电信号通过由电阻和电容构成的无源网络反馈到输入端。

2. DDZ—Ⅲ型电动控制器

目前较常见的电动控制器是 DDZ—Ⅲ型电动控制器,下面以它为例,简单介绍其特点及基本工作原理。

1)DDZ—Ⅲ型电动控制器的特点

DDZ—Ⅲ型电动控制器采用了集成电路和安全火花型防爆结构,提高了防爆等级、稳定性和可靠性,适应了大型化工厂、炼油厂的要求,它具有以下许多特点。

(1)采用国际电工委员会(IEC)推荐的统一标准信号,控制室与现场传输信号为 $4\sim20\text{mA DC}$,控制室内联络信号为 $1\sim5\text{V DC}$,信号电流与电压的转换电阻为 250Ω,这种信号制和传输方式的优点如下。

①电气零点不是从零开始,且不与机械零点重合,这样有利于识别仪表断电、断线等故障。

②控制室与现场传输信号为 $4\sim20\text{mA DC}$ 的电流,信号大小不受线路和负载电阻变化的影响,远距离信号的传输精度比较高。因此改变转换电阻阻值,控制室仪表便可接收其他 $1:5$ 的电流信号,例如将 $4\sim20\text{mA}$ 或 $10\sim50\text{mA}$ 等直流电流信号转换为 $1\sim5\text{V DC}$ 电压信号。

③因为最小信号电流不为零,为现场变送器实现两线制创造了条件。现场变送器与控制室仪表仅用两根导线联系,既节省了电缆线和安装费用,还有利于安全防爆。

(2)广泛采用线性集成电路,可靠性提高,维修工作量减少,为仪表带来了如下优点。

①由于线性集成运算放大器均为差动输入多级放大器,且输入对称性好,漂移小,仪表的稳定性得到提高。

②由于线性集成运算放大器有高增益,因而开环放大倍数很高,这使仪表的精度得到提高。

③由于采用了线性集成电路,强度高,焊点少,提高了仪表的可靠性。

(3)结构合理,主要表现在以下方面。

①基型控制器有全刻度指示控制器和偏差指示控制器两个品种,指示表头为 100mm 刻度纵形大表头,指示醒目,便于监视操作。

②自动、手动的切换以无平衡、无扰动的方式进行,并有硬手动和软手动两种方式。面板上设有手动操作插孔,可和便携式手动操作器配合使用。

③结构形式有单独安装和高密度安装两种。

④给定方式有内给定和外给定两种,并设有外给定指示灯,能与计算机配套使用,可组成 SPC 系统实现计算机监督控制,也可组成 DDC 控制的备用系统。

(4)整套仪表可构成安全火花型防爆系统。DDZ—Ⅲ型仪表在设计上是按国家防爆规程进行的,而且增加了安全单元——安全栅,实现了控制室与危险场所之间的能量限制与隔离,使仪表不会引爆,使电动仪表在石油化工企业中应用的安全可靠性有了显著提高。

2)DDZ—Ⅲ型电动控制器的操作

DDZ—Ⅲ型控制器有全刻度指示和偏差指示两个基型品种。为满足各种复杂控制系统的要求,还有各种特殊控制器。下面以全刻度指示的基型控制器为例,来说明 DDZ—Ⅲ型控制器操作。

控制器的给定值可由"内给定"或"外给定"两种方式取得,用切换开关进行选择。当控制器工作于"内给定"方式时,给定电压由控制器内部的高精度稳压电源取得。当控制器需要由计算机或另外的控制器供给给定信号时,开关切换到"外给定"位置上,由外来的 4~20mA 电流流过 250Ω 精密电阻产生 1~5V 的给定电压。

图 5-17 所示为一种全刻度指示控制器(DTL—3110 型)的面板图。它的正面表盘上装有两个指示表头。其中一个双针垂直指示器 2 有两个指针。红针为测量信号指针,黑针为给定信号指针,它们可以分别指示测量信号和给定信号。偏差的大小可以根据两个指示值之差读出。由于双针垂直指示器的有效刻度(纵向)为 100mm,精度为 1%,当仪表处于"内给定"状态时,给定信号是由拨动内给定设定轮 3 给出的,其值由黑针显示出来。

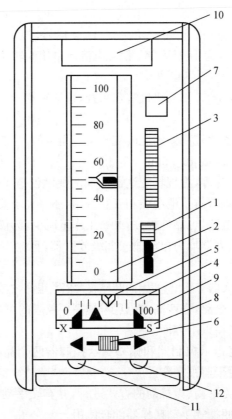

图 5-17 DTL—3110 型控制器的正面图

1—自动—软手动—硬手动切换开关;2—双针垂直指示器;3—内给定设定轮;4—输出指示器;

5—硬手动操作杆;6—软手动操作键;7—外给定指示灯;8—阀位指示器;

9—输出记录指示;10—位号牌;11—输入检测插孔;12—手动输出插孔

当使用外给定时,仪表右上方的外给定指示灯 7 会亮,提醒操作人员控制器在外给定方式下工作。

输出指示器 4 可以显示控制器输出信号的大小。输出指示表下面有表示阀门安全开度的输出记录指示 9,X 表示关闭,S 表示打开。11 为输入检测插孔,当控制器发生故障需要把控制器从壳体中卸下时,可把便携式操作器的输出插头插入控制器下部的手动输出插孔 12 内,可以代替控制器进行手动操作。

控制器面板右侧设有自动—软手动—硬手动切换开关 1,以实现无平衡无扰动切换。

在控制器中还设有正、反作用切换开关,位于控制器的右侧面,把控制器从壳体中拉出时即可看到。

三、数字式控制器简介

数字式控制器与模拟式控制器在构成原理和所用器件上有很大的差别。模拟式控制器采用模拟技术,以运算放大器等模拟电子器件为基本部件;而数字式控制器采用数字技术,以微处理机为核心部件。尽管两者具有根本的差别,但从仪表总的功能和输入输出关系来看,由于数字式控制器备有模数转换和数模转换,因此两者并无外在的明显差异。数字式控制器在外观、体积、信号制上都与 DDZ—Ⅲ 型控制器相似或一致,也可装在仪表盘上使用,且数字式控制器经常只用来控制一个回路(包括复杂控制回路),所以数字式控制器常被称为单回路数字控制器。

1. 数字式控制器的主要特点

由于数字式控制器在构成与工作方式上都不同于模拟式控制器,这使它具有以下特点。

1)具有与模拟仪表相同的外观和面板操作方式

将微处理机引入控制器,充分发挥了计算机的优越性,使控制器电路简化,功能增强等。同时考虑到人们长期以来习惯使用模拟式控制器的情况,数字式控制器的外形结构、面板布置保留了模拟式控制器的特征,操作方式也与模拟式控制器相似。

2)具有丰富的运算控制功能

数字式控制器有许多运算模块和控制模块。用户根据需要选用部分模块进行组态,可以实现各种运算处理和复杂控制。除了具有模拟式控制器 PID 运算等一切控制功能外,还可以实现复杂控制,例如串级控制、比值控制、前馈控制、选择性控制、自适应控制、非线性控制等。因此数字式控制器的运算控制功能大大高于常规的模拟控制器。

3)具有一定的自诊断功能

在软件方面,数字式控制器具有一定的自诊断功能,能及时发现故障,采取保护措施;另外复杂回路采用模块软件组态来实现,使硬件电路简化。

4)使用灵活方便,通用性强

数字式控制器模拟量输入输出均采用国际统一标准信号 4～20mA 直流电流,1～5V 直流电压,可以方便地与 DDZ—Ⅲ 型仪表相连。同时数字式控制器还有数字量输入输出,可以进行开关量控制。

5)具有通信功能

通过数字式控制器标准的通信接口,可以挂在数据通道上与其他计算机、操作站等进行通信,也可以作为集散控制系统的过程控制单元。

6)可靠性高,维护方便

在硬件方面,一台数字式控制器可以替代数台模拟仪表,减少了硬件连接;同时控制器所用元件高度集成化,可靠性高。

2. 数字式控制器的基本构成

数字式控制器由硬件电路和软件两大部分组成,其控制功能主要是由软件所决定。

1)数字式控制器的硬件电路

数字式控制器的硬件电路由主机电路、过程输入通道、过程输出通道、人/机联系部件以及通信接口电路等部分组成,其构成框图如图 5-18 所示。

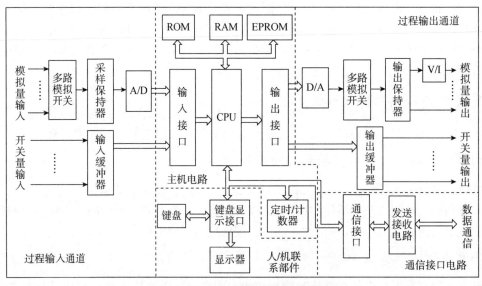

图 5-18　数字式控制器的硬件电路

(1)主机电路。

主机电路是数字式控制器的核心,用于实现仪表数据运算处理及各组成部分之间的管理。主机电路由微处理器(CPU)、只读存储器(ROM,EPROM)、随机存储器(RAM)、定时/计数器(CTC)以及输入接口和输出接口等组成。

(2)过程输入通道和过程输出通道。

过程输入通道包括模拟量输入通道和开关量输入通道,模拟量输入通道用于连接模拟量输入信号,开关量输入通道用于连接开关量输入信号。通常,数字式控制器都可以接收几个模拟量输入信号和几个开关量输入信号。

①模拟量输入通道将多个模拟量输入信号分别转换为 CPU 所接受的数字量。

②开关量输入通道是在控制系统中电接点的通与断,或者逻辑电平为“1”与“0”这类两种

状态的信号。例如各种按钮开关、液(料)位开关、继电器的接通与断开,以及逻辑部件输出的高电平与低电平等。开关量输入通道将多个开关输入信号转换成能被计算机识别的数字信号。

过程输出通道包括模拟量输出通道和开关量输出通道,模拟量输出通道用于输出模拟量信号,开关量输出通道用于输出开关量信号。通常,数字式控制器都可以具有几个模拟量输出信号和几个开关量输出信号。

(3)人/机联系部件。

该部件一般置于控制器的正面和侧面。正面板的布置类似于模拟式控制器,有测量值和给定值显示,输出电流显示,运行状态(自动—手动—串级)切换按钮,给定值增/减按钮和手动操作按钮等,还有一些状态显示灯。侧面板有设置和指示各种参数的键盘、显示器。在有些控制器中附带后备手操器。当控制器发生故障时,可用手操器来改变输出电流,进行遥控操作。

(4)通信接口电路。

控制器的通信部件包括通信接口芯片和发送、接收电路等。通信接口将欲发送的数据转换成标准通信格式的数字信号,经发送电路送至通信线路(数据通道);同时通过接收电路接收来自通信线路的数字信号,将其转换成能被计算机接收的数据。数字式控制器大多采用串行传送方式。

2)数字式控制器的软件

数字式控制器的软件包括系统程序和用户程序两大部分。

(1)系统程序。

系统程序是控制器软件的主体部分,通常由监控程序和功能模块两部分组成。

监控程序包括系统初始化、键盘和显示管理、中断管理、自诊断处理以及运行状态控制等,使控制器各硬件电路能正常工作并实现所规定的功能,同时完成各组成部分间的管理。

功能模块提供了各种功能,用户可以选择所需要的功能模块以构成用户程序,使控制器实现用户所规定的功能。

(2)用户程序

用户程序是用户根据控制系统的要求进行组态,即在系统程序中选择所需要的功能模块,并将它们按一定的规则连接起来的结果,其作用是使控制器完成预定的控制与运算功能。

用户程序的编程通常采用面向过程 POL 语言,这是一种为了定义和解决某些问题而设计的专用程序语言,程序设计简单,操作方便,容易掌握和调试。通常有组态式和空栏式语言两种,组态式又有表格式和助记符式之分。控制器的编程工作是通过专用的编程器进行的,有"在线"和"离线"两种编程方法。

在线编程是编程器与控制器通过总线连接共用一个 CPU,编程器插入一个 EPROM,供用户写入程序,调试完毕后,将程序写入 EPROM,然后将 EPROM 取出,插在控制器相应的 EPROM 插座上。

离线编程是编程器自带一个 CPU,独立完成编程。用户程序调试完毕后,将程序写入 EPROM,然后将 EPROM 取出,插在控制器相应的 EPROM 插座上。

3. KMM 型可编程序控制器

KMM 型可编程序控制器是一种单回路的数字控制器。它是 DK 系列中的一个重要种类,而 DK 系列仪表又是集散控制系统 TDC—3000 的一部分,是为了把集散系统中的控制回路彻底分散到每一个回路而研制的,它具有数字式控制器的一般特点。KMM 型可编程序控制器不仅用于简单控制系统,而且可用于串级控制系统;除具有常规控制器的功能外,还能进行加、减、乘、除、开方等运算,并能进行高、低值选择和逻辑运算等。它可以接收五个模拟输入信号,四个数字输入信号,输出三个模拟和三个数字信号。可编程序控制器的面板如图 5-19 所示。

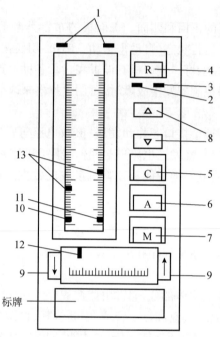

图 5-19　可编程序控制器的正面图

1~7—指示灯;8,9—按钮;10,11,12,13—指针

当输入外部的联锁信号后,指示灯 4 闪亮,此时控制器功能与手动方式相同。但每次切换到此方式后,联锁信号中断,如不按复位按钮 R,就不能切换到其他运行方式。一按复位按钮 R,就返回到"手动"方式。

按钮 M、A、C 分别代表手动、自动与串级运行方式。

当按下按钮 M 时,指示灯亮(红色)。这时控制器为"手动"运行方式,通过输出操作按钮 9 可进行输出的手动操作。按下右边的 ↑ 按钮时,输出增加;按下左边的 ↓ 按钮时,输出减小。输出值由输出指针 12 进行显示。

当按下按钮 A 时,指示灯亮(绿色)。这时控制器为"自动"运行方式,通过给定值(SP)设定按钮 8 可以进行内给定值的增减。△ 的按钮为增加给定值,▽ 的按钮为减小给定值。当进行 PID 定值控制时,PID 参数可以通过表内侧面的数据设定器来改变。数据设定器除可以进行 PID 参数设定外,还可以对给定值、测量值进行数字式显示。

当按下按钮 C 时,指示灯亮(橙色)。这时控制器为"串级"运行方式,控制器的给定值可以来自另一个运算单元或从控制器外部来的信号。

指示灯 1 左右两个,分别表示测量值上下限报警;指示灯 2 发亮,表示控制器内部检查异常。在此状态时,各指针的指示值均为无效。以后的操作可由装在仪表内部的"后备操作单元"进行。只要异常原因不解除,控制器就不会自行切换到其他运行方式。

可编程序控制器通过附加通信接口,就可和上位计算机通信。在通信进行过程中,通信指示灯 3 亮。

仪表上的测量值(PV)指针 10 和给定值(SP)指针 11 分别指示输入到 PID 运算单元的测量值与给定值信号。

仪表上还设有备忘指针 13,用来给正常运行时的测量值、给定值、输出值做记号用。

KMM 型可编程序控制器具有自动平衡功能,所以手动、自动、串级运行方式之间的切换都是无扰动的,不需要任何手动调整操作。

四、可编程控制器简介

可编程控制器(PLC)是一种专门为在工业环境下应用而设计的进行数字运算操作的电子装置。它采用可以编制程序的存储器,用来在其内部存储执行逻辑运算、顺序运算、定时、计数和算术运算等操作的指令,并能通过数字式或模拟式的输入和输出,控制各种类型的机械或生产过程。PLC 及其有关的外围设备都应按照易于与工业控制系统形成一个整体和易于扩展其功能的原则而设计。

上述的定义表明,PLC 是一种能直接应用于工业环境的数字电子装置,是以微处理器为基础,结合计算机技术、自动控制技术和通信技术,用面向控制过程、面向用户的"自然语言"编程的一种简单易懂、操作方便、可靠性高的新一代通用工业控制装置。

1. 可编程序控制器的分类

1)按硬件的结构类型分类

可编程序控制器发展很快,目前,全世界有几百家工厂正在生产几千种不同型号的 PLC。为了便于在工业现场安装,便于扩展,方便接线,其结构与普通计算机有很大区别。通常从组成结构形式上将这些 PLC 分为两类:一类是一体化整体式 PLC,另一类是结构化模块式 PLC。

(1)整体式结构:整体式结构如图 5-20 所示,从结构上看,早期的可编程序控制器是把 CPU、RAM、ROM、I/O 接口及与编程器或 EPROM 写入器相连的接口、输入/输出端子、电源、指示灯等都装配在一起的整体装置。一个箱体就是一个完整的 PLC。它的特点是结构紧凑,体积小,成本低,安装方便,缺点是输入/输出点数是固定的,不一定能适合具体的控制现场的需要。这类产品有 OMRON 公司的 C20P、C40P、C60P,三菱公司的 Fl 系列,东芝公司的 EX20/40 系列等。

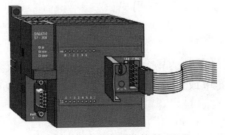

图 5-20　整体式结构的 PLC

(2)模块式结构:模块式结构又称积木式,这种结构形式的特点是把 PLC 的每个工作单元都制成独立的模块,如 CPU 模块、输入模块、输出模块、电源模块、通信模块等。另外,机器上有一块带有插槽的母板,实质上就是计算机总线。把这些模块按控制系统需要选取后,都插到母板上,就构成了一个完整的 PLC,如图 5-20 所示。这种结构的 PLC 的特点是系统构成非常灵活,安装、扩展、维修都很方便,缺点是体积比较大。常见产品有 OMRON 公司的 C200H、C1000H、C2000H,西门子公司的 S5-115U,S7-300,S7-400 系列等。

图 5-21　模块式结构的 PLC

2)按应用规模及功能分类

为了适应不同工业生产过程的应用要求,可编程序控制器能够处理的输入/输出信号数是不一样的。一般将一路信号称为一个点,将输入点数和输出点数的总和称为机器的点。按照点数的多少,可将 PLC 分为超小(微)、小、中、大、超大等五种类型。

可编程序控制器还可以按功能分为低档机、中档机和高档机。低档机以逻辑运算为主,具有定时、计数、移位等功能。中档机一般有整数及浮点运算、数制转换、PID 控制、中断控制及联网功能,可用于复杂的逻辑运算及闭环控制场合。高档机具有更强的数字处理能力,可进行矩阵运算、函数运算,完成数据管理工作,有更强的通信能力,可以和其他计算机构成分布式生产过程综合控制管理系统。

可编程序控制器的按功能划分及按点数规模划分是有一定联系的。一般来说,大型机、超大型机都是高档机。机型和机器的结构形式、内部存储器的容量一般也有一定的联系,大型机一般都是模块式机,都有很大的内存容量。

2.可编程序控制器的特点

PLC 能如此迅速发展,除因工业自动化的客观需要外,还因为它有许多独特的优点。它较好地解决了工业控制领域中普遍关心的可靠、安全、灵活、方便、经济等问题。其主要特点如下:编程方法简单易学;功能强,性能价格比高;硬件配套齐全,用户使用方便,适应性强;可靠性高,抗干扰能力强;系统的设计、安装、调试工作量少;维修工作量小,维修方便;体积小,能耗低。

3.可编程序控制器的功能和应用

1)开关逻辑和顺序控制

这是 PLC 应用最广泛、最基本的场合。它的主要功能是完成开关逻辑运算和进行顺序逻辑控制,从而可以实现各种简单或十分复杂的控制要求。

2)模拟控制

在工业生产过程中,许多连续变化的、需要进行控制的物理量,如温度、压力、流量、液位等,这些都属于模拟量。为了实现工业领域对模拟量控制的广泛要求,目前大部分PLC产品都具备处理这类模拟量的功能。特别是当系统中模拟量控制点数不多,同时混有较多的开关量时,PLC具有其他控制装置所无法比拟的优势。另外,某些PLC产品还提供了典型控制策略模块,如PID模块,从而可实现对系统的PID等反馈或其他模拟量的控制运算。

3)定时控制

PLC具有很强的定时、计数功能,它可以为用户提供数十甚至上百个定时器与计数器。对于定时器,其定时间隔可以由用户加以设定。对于计数器,如果需要对频率较高的信号进行计数,则可以选择高速计数器。

4)数据处理

新型PLC都具有数据处理的能力,它不仅能进行算术运算、数据传送,而且还能进行数据比较、数据转换、数据显示打印等,有些PLC还可以进行浮点运算和函数运算。

5)信号联锁系统

信号联锁是安全生产所必需的。在信号联锁系统中,采用高可靠性的PLC是安全生产的要求。对安全要求高的系统还可采用多重的检出元件和联锁系统,而对其中的逻辑运算等,可采用冗余的PLC实现。

6)通信联网

将PLC作为下位机,与上位机或同级的可编程序控制器进行通信,可完成数据的处理和信息的交换,实现对整个生产过程的信息控制和管理,因此PLC是实现工厂自动化的理想工业控制器。

4. 可编程序控制器的组成与基本结构

PLC是一种工业控制用的专用计算机,它的实际组成与一般微型计算机系统基本相同,也是由硬件系统和软件系统两大部分组成。PLC结构示意图如图5-22所示。PLC的硬件系统由主机系统、输入/输出扩展环节及外部设备组成。

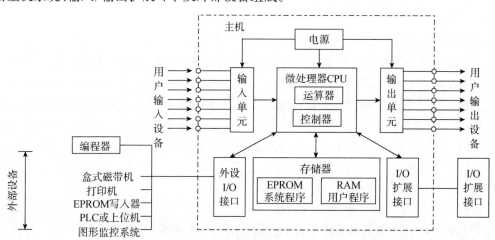

图5-22 PLC结构示意图

这里主要介绍主机系统,主机系统由中央处理单元(CPU)、存储器、输入、输出接口、电源单元部分等组成。各部分作用如下:

(1)中央处理单元(CPU)：从程序存储器读取程序指令，编译、执行指令；将各种输入信号取出；把运算结果送到输出端；响应各种外部设备的请求。

(2)存储器：RAM用于存储各种暂存数据、中间结果、用户正调试的程序；ROM用于存放监控程序和用户已调试好的程序。

(3)输入、输出接口：采用光电隔离，实现了PLC的内部电路与外部电路的电气隔离，减小了电磁干扰。输入接口的作用是将按钮、行程开关或传感器等产生的信号，转换成数字信号送入主机。输出接口的作用是将主机向外输出的信号转换成可以驱动外部执行电路的信号，以便控制接触器线圈等电器通断电；另外，输出电路也使计算机与外部强电隔离。

(4)电源单元：将外部供应的电源变换成系统内部各单元所需的电源。有的电源单元还向外提供24V隔离直流电源，可供开关量输入单元连接的现场无源开关等使用。可编程序控制器的电源一般采用开关式电源，其特点是输入电压范围宽、体积小、重量轻、效率高、抗干扰性能好。

(5)编程设备：编程设备可以是专用的手持式的编程器；也可以是安装了专门的编程通信软件的个人计算机。用户可以通过键盘输入和调试程序，在运行时还可以对整个控制过程进行监控。

五、智能 PID 控制器简介

智能 PID 控制器就是将智能控制与常规的 PID 控制相结合，具备高精度的自整定功能，使控制过程具有响应快、超调小、稳态精度高的优点，对常规 PID 难以控制的大纯滞后对象有明显的控制效果。

智能 PID 控制器的设计思想是利用专家系统或模糊控制或神经网络技术，将人工智能以非线性控制方式引入到控制器中，使系统在任何运行状态下均能得到比传统 PID 控制更好的控制性能。具有不依赖系统精确数学模型和控制器参数在线自动调整等特点，对系统参数变化具有较好的适应性。模糊 PID 控制是利用当前的控制偏差和偏差，结合被控过程动态特性的变化，以及针对具体过程的实际经验，根据一定的控制要求或目标函数，通过模糊规则推理，对 PID 控制器的三个参数进行在线调整。

智能 PID 控制器的主要特点如下。

(1)可实现多功能的 PID 控制：可实现多路 PID 控制，可控制开关量或模拟量输出，支持正、反作用控制及手 / 自动切换。可实现内给定、曲线设定、外部给定等目标值给定方式。带自整定功能。每个控制回路提供多段控制曲线设置，拟合曲线平滑设置的折线，能获得无超调及欠调的优良控制特性。每个控制回路带报警开关，可控制某些设备连锁动作，完成定时器及可编程控制器的部分功能。控制中可随意对曲线程序进行修改，执行暂停及运行操作。

(2)可接受多种输入信号：与各类传感器、变送器配合使用，实现压力、液位、温度、湿度、流量等物理量的测量、显示、报警控制和变送输出。

(3)控制输出：模拟量有电流输出信号，例如 $4\sim20mA$ 和 $0\sim10mA$，有电压输出信号，例如 $1\sim5V$ 和 $0\sim5V$；控制器还有继电器触点输出等多种控制输出。

(4)通信方便：带有 rs-232 或 rs-485 通信接口，方便与上位机联网通信。

智能 PID 控制器有着准确度高、稳定性好、抗干扰能力强、操作简单等特点，已广泛用于化工、石油、机械、陶瓷、轻工、冶金等行业的自动化控制系统。

习题与思考题

1. 控制器有哪些类型?
2. 什么是控制器的控制规律? 控制器有哪些基本控制规律?
3. 微分作用能否克服对象纯滞后,为什么?
4. 什么是比例控制规律? 具有什么特点?
5. 什么是积分控制规律? 具有什么特点?
6. 什么是微分控制规律? 具有什么特点?
7. PID 控制器中可以调整的参数有哪些?
8. 比例控制为什么存在余差?
9. 积分控制为什么能消除余差?
10. 控制器的工作方式有哪些?
11. 简述可编程序控制器 PLC 的作用。

第六章　执行器

执行器是自动控制系统中的一个重要组成部分,其作用是根据控制器输出的信号,直接控制能量或物料等操纵介质的输送量,达到控制温度、压力、流量、液位等工艺变量的目的。由于执行器安装在生产现场,长年与生产介质直接接触,且往往工作在高温、高压、深冷、强腐蚀、易堵塞等恶劣条件下,因此,如果对执行器选择不当或维护不善,就会使整个控制系统不能可靠工作,或严重影响系统的控制质量。

根据使用的能源种类,执行器可分为气动、电动和液动三种。其中气动执行器以压缩空气为能源,具有结构简单、工作可靠、价格便宜、防火防爆等优点,在自动控制中用得较多。

第一节　气动执行器

一、气动薄膜控制阀的结构

执行器由执行机构和调节机构两部分组成。执行机构将控制器(或转换器/阀门定位器)的输出信号(0.02～0.10MPa)转换成直线位移或角位移,两者之间为比例关系;调节机构则将执行机构输出的直线位移或角位移转换为流通截面积的变化,从而改变操纵变量的大小。

执行机构有薄膜式(有弹簧和无弹簧)、活塞式和长行程式三种类型。其中薄膜式和活塞式输出直线位移,长行程式输出转角位移(0°～90°)。活塞式输出推力大,常用于高静压、高压差和需较大推力的场合;长行程式输出的行程长、转矩大,适用于转角的蝶阀、风门等。薄膜式执行机构具有结构简单、动作可靠、维修方便、价格便宜等特点,所以使用最为广泛。

薄膜式执行器也称为气动薄膜控制阀,其结构示意图如图 6-1 所示(有弹簧)。当压力信号引入薄膜气室后,在波纹膜片 2 上产生推动力,使推杆 8 产生位移,直至弹簧 9 被压缩产生的反作用力与压力信号在膜片上产生的推力相平衡为止。推杆 8 带着阀杆 4 移动阀杆的位移就是气动薄膜执行机构的行程。

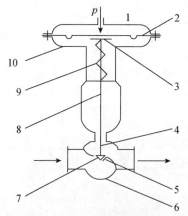

图 6-1　气动薄膜控制阀

1—上膜盖;2—波纹膜片;3—托板;4—阀杆;5—阀座;
6—阀体;7—阀芯;8—推杆;9—平衡弹簧;10—下膜盖

气动执行机构按作用方式分类可分为正作用式和反作用式。当压力信号增加时,阀杆向下移动称为正作用执行机构,正作用执行机构的压力信号通入波纹膜片上方气室(图6-1所示为正作用执行机构);当压力信号增加时,阀杆向上移动称为反作用执行机构,反作用执行机构的压力信号通入波纹膜片下方气室,即在下膜盖上输入信号。

二、控制阀的主要类型及选择

1. 执行器结构形式的选择

调节机构的类型包括直通阀(图6-2和图6-3)、角阀(图6-4)、三通阀(图6-5)、球形阀、阀体分离阀、隔膜阀(图6-6)、蝶阀(图6-7)、高压阀、偏心旋转阀和套筒阀等。直通阀和角阀供一般情况下使用,其中直通单座阀适用于要求泄漏量小的场合;直通双座阀适用于压差大、口径大的场合,但其泄漏量要比单座阀大;角阀适用于高压差、高黏度、含悬浮物或颗粒状物质的场合。三通阀适用于需要分流或合流控制的场合,其效果比两个直通阀要好;蝶阀适用于大流量、低压差的气体介质;隔膜阀则适用于有腐蚀性的介质。总之,调节机构的选择应根据不同的使用要求而定。

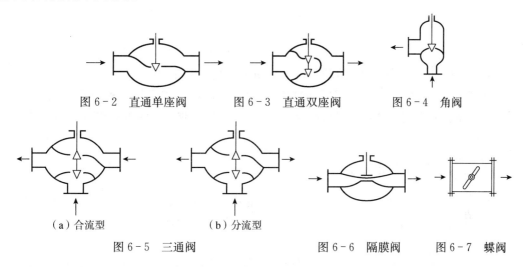

图6-2 直通单座阀　　图6-3 直通双座阀　　图6-4 角阀

(a)合流型　　　　　(b)分流型

图6-5 三通阀　　　　　图6-6 隔膜阀　　图6-7 蝶阀

2. 控制阀口径大小的选择

控制阀口径的大小直接决定着其流过介质的能力。从控制的角度来看,如果控制阀口径选得过大,控制阀将经常工作在小开度的情况下,使控制阀的可调比减小、控制性能变差。当然,如果把控制阀口径选得过小也是不合适的,不仅使控制阀的特性不好,而且也不适应生产发展的需要。因此,通常选择阀门口径应满足在最大流量时,阀门开度为85%左右;在最小流量时,阀门开度为15%左右。

三、控制阀的流量特性

控制阀的流量特性指的是介质流过阀门的相对流量与阀杆相对行程之间的关系,即

$$\frac{Q}{Q_{\max}} = f\left(\frac{l}{L}\right) \tag{6-1}$$

式中 $\dfrac{Q}{Q_{\max}}$——相对流量,即控制阀某一开度流量与阀门全开时的流量之比;

$\dfrac{l}{L}$——相对开度,即控制阀某一开度行程与阀门全开时的行程之比。

流过阀门的流量不仅与阀杆行程有关,也与阀门前后的压差有关。制造商提供的是具有理想流量特性的控制阀,即阀门前后压差固定条件下的流量特性。

常用的理想流量特性有直线型、对数型和快开型三种。

1. 直线型

直线流量特性是指控制阀的相对流量与阀杆的相对行程成线性关系,即单位行程变化引起的流量变化是常数。其数学表达式为

$$\frac{\mathrm{d}\left(\dfrac{Q}{Q_{\max}}\right)}{\mathrm{d}\left(\dfrac{l}{L}\right)}=K \tag{6-2}$$

式中 K——控制阀的放大倍数,常数。

将式(6-2)积分,并代入边界条件,可得到

$$\frac{Q}{Q_{\max}}=\frac{1}{R}+\left(1-\frac{1}{R}\right)\frac{l}{L} \tag{6-3}$$

式中,R 为控制阀的可调比(最大流量与最小流量之比),一般为30。

具有这种流量特性的控制阀,流量的相对变化量与阀门开度变化时的阀杆位置有关。在小开度时流量相对变化值大,灵敏度高,不易控制;在大开度时流量相对变化值较小,使控制不够及时。

2. 对数型(等百分比型)

对数流量特性是指单位相对行程变化引起的相对流量变化与此点的相对流量成正比关系,即控制阀的放大系数是变化的,随流量的增加而增大。其数学表达式为

$$\frac{\mathrm{d}\left(\dfrac{Q}{Q_{\max}}\right)}{\mathrm{d}\left(\dfrac{l}{L}\right)}=K\left(\frac{Q}{Q_{\max}}\right) \tag{6-4}$$

具有这种流量特性的控制阀,流量的相对变化量是相等的,即流量变化是等百分比的。因此,在小开度时,控制阀的放大系数较小,可以平稳缓和地进行调节。而在大开度时,控制阀的放大系数也较大,使调节灵敏有效。

3. 快开型

具有这种流量特性的控制阀,在阀门开度较小时就有较大的流量,随着阀门开度的增加,流量很快就接近最大值;此后再增加阀门开度,流量的变化很小,故称为快开型。快开特性控制阀适用于要求迅速开闭的切断阀或双位控制系统。

图6-8中,给出了以上三种流量特性的曲线。

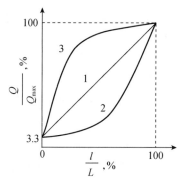

图 6 - 8　控制阀理想流量特性

1—直线型；2—对数型；3—快开型

当控制阀安装在管路中时，由于控制阀的开度变化引起管路阻力变化，从而控制阀上的压降也发生相应的变化，工作状态下的控制阀流量特性称为工作流量特性。

如图 6 - 9 所示，控制阀与管路串联，控制阀开度增加后，管路中的流量增加，从而引起管路压降 Δp_{F} 增加，控制阀上的压降 Δp_{V} 下降，使流量特性偏离理想的流量特性，畸变程度与压降比 S 有关。S 的定义为

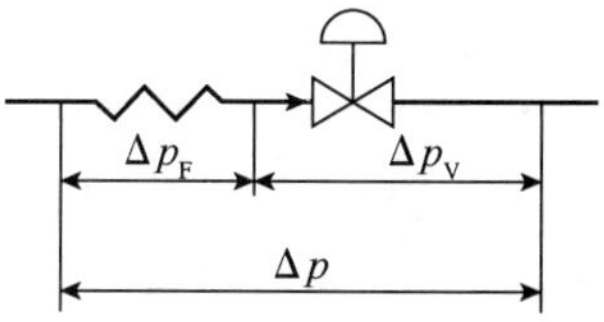

$$S = \frac{(\Delta p_{\mathrm{V}})_n}{\Delta p} = \frac{(\Delta p_{\mathrm{V}})_n}{(\Delta p_{\mathrm{V}})_n + (\Delta p_{\mathrm{F}})_m} \qquad (6 - 5)$$

图 6 - 9　控制阀与管路
串联连接示意图

式中　$(\Delta p_{\mathrm{V}})_n$——控制阀全开时阀上的压降；

　　　$(\Delta p_{\mathrm{F}})_m$——控制阀全开时管路上的总压力损失(控制阀除外)。

工作流量特性畸变趋势如图 6 - 10 所示，从图 6 - 10 可以看出，在 $S=1$ 时，管道阻力损失为零，系统的总压差全部落在控制阀上，实际工作特性与理想特性是一致的。随着 S 的减小，管道阻力损失增加，不仅控制阀全开时的流量减小，而且流量特性也发生很大畸变，S 越小时，流量特性畸变得越厉害。直线特性趋近于快开特性，对数特性趋近于直线特性。

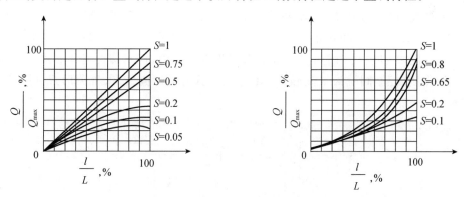

图 6 - 10　串联管道时控制阀的工作流量特性

目前应用最多的流量特性是直线流量特性和对数流量特性，因此控制阀流量特性的选择就是在这两种特性之间进行选择。主要从以下两个方面考虑：

(1)从静态角度考虑选择控制阀的理想流量特性。原则是希望控制系统的广义对象是线性的，即当工况发生变化，如负荷变动、阀前压力变化、或设定值变动时，广义对象的特性基本不变，这样才能使整定后的控制器参数在经常遇到的工作区域内都适应，以保证控制质量。如

果当工况发生变化后,广义对象的特性有变化,由于不可能随时修改常规控制器的参数,控制质量将会下降。

在生产过程中,有些控制对象和测量变送环节的特性可能发生变化。由于控制阀也是广义对象中的一部分,又有不同的流量特性可供选择,因此,可以根据不同的对象特性选择不同的流量特性,使控制阀在控制对象或测量变送环节的特性发生变化时,起到一个校正环节的作用。

(2)从配管情况(S值的大小)角度选择理想流量特性。实际生产过程中,控制阀大部分与管路串联连接,因此,可采用系统的压降比S确定理想流量特性。经验选择法见表6-1。

表6-1 根据压降比S确定控制阀理想流量特性

压降比(S)	$S>0.6$			$0.6>S>0.3$		
工作流量特性	直线	等百分比	快开	直线	等百分比	快开
理想流量特性	直线	等百分比	快开	等百分比	等百分比	直线

从表6-1可知,压降比S大于0.6时,选择的理想流量特性与工作流量特性相同;压降比在0.3~0.6范围内,由于工作流量特性畸变较严重,因此,工作流量特性是线性时,应选择理想流量特性是对数流量特性。当压降比S小于0.3时,由于畸变特别严重,不宜采用普通控制阀。

四、控制阀开关形式的选择

控制阀有气开式和气关式两种形式。采用气开形式时输入气压信号增加时,阀门开大;气压信号减小时,阀门关小;如果气压信号中断,阀门完全关闭。采用气关形式时,输入的气压信号增加时,阀门关小;气压信号减小时,阀门开大;如果气压信号中断,阀门完全打开。

由于控制阀的执行机构有正、反两种作用方式(图6-11),而调节机构也有正、反两种安装方式(图6-12),因此,控制阀的气开或气关形式可以通过执行机构和调节机构不同方式的组合来实现。例如,执行机构选正作用且调节机构选反装时,控制阀为气开形式;如果将调节机构改为正作用,控制阀就为气关形式。其组合方式和控制阀气开、气关形式见图6-13和表6-2。

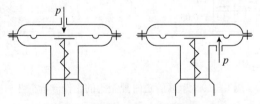

图6-11 执行机构的正、反两种作用方式

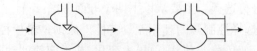

图6-12 调节机构的正、反两种安装方式

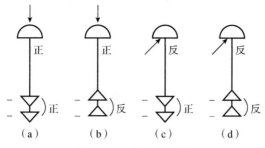

图 6 - 13 组合方式图

表 6 - 2 组合方式表

序号	执行机构	调节机构	气动执行器	序号	执行机构	调节机构	气动执行器
(a)	正	正	气关	(c)	反	正	气开
(b)	正	反	气开	(d)	反	反	气关

　　气开形式或气关形式的选择首先要从工艺生产上的安全要求出发,考虑的原则是:信号压力中断时,应保证操作人员和设备的安全。如果控制阀处于打开位置时危害性小,则应选用气关阀,以使气源系统发生故障中断时,阀门自动打开,保证安全。反之控制阀处于关闭位置时危害性小,则应选用气开阀。例如,装在燃料油或燃料气的喷嘴前的控制阀往往采用气开形式,这样一旦信号中断便切断燃料。又如锅炉供水的控制阀通常采用气关形式,以保证在信号中断后不致将锅炉汽包烧坏。

　　其次,要从保证产品质量出发,使在信号压力中断时,不降低产品的质量。例如,精馏塔回流量的控制阀常采用气关形式,这样一旦发生事故,控制阀完全打开,使生产处于全回流状态,从而防止了不合格产品输出。

　　另外,还可以从降低原料、动力损耗、介质的特点等方面来考虑。

五、控制阀的安装与维护

　　控制阀能否发挥效用,一方面取决于阀结构、特性选择是否合适,另一方面取决于安装使用情况。安装时一般应注意以下几点:

　　(1)安装前应检查控制阀是否完好,阀体内部是否有异物,管道是否清洁等。

　　(2)控制阀应垂直、正立安装在水平管道上。特殊情况需要水平或倾斜安装的需要加支撑。

　　(3)安装位置应方便操作和维修。控制阀的上下方应留有足够的空间,以便维修时取下各元件。

　　(4)控制阀前后一般要各装一只切断阀,以便修理时拆下控制阀。考虑到控制阀发生故障或维修时,不影响工艺生产的继续进行,一般应装旁路阀,如图 6 - 14 所示。

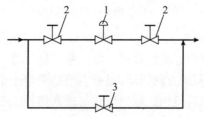

图 6 - 14 控制阀在管道中的安装

1—控制阀;2—切断阀;3—旁路阀

(5)环境温度一般不高于+60℃,不低于−40℃。用于高黏度、易结晶、易汽化及低温流体时应采取保暖和防冻等措施。

(6)应远离连续振动设备。但安装在有振动场合时,宜采取防振措施。

控制阀的工作环境复杂,一旦出现问题会影响到很多方面,例如系统投运,系统安全,控制品质,环境污染等。因此要正确使用控制阀,尽量避免让控制阀工作在小开度状况下(在小开度下,流体流速最大,对阀芯的冲蚀最严重,严重影响阀的使用寿命);在一些特殊环境中,如对腐蚀性介质的控制,节流元件可用特殊材料制造,延长使用寿命。

第二节　电动执行器

一、概述

电动执行器由电动执行机构和调节机构组成。电动执行机构接收控制器的 4～20mA 电流信号,由电动机带动减速装置,在控制器输出的电信号作用下产生直线运动和角度旋转运动,以推动调节机构动作。

与气动薄膜执行机构相比,电动执行机构具有驱动能源简单方便、推力大、刚度大的特点,但其结构复杂,价格高,受防爆条件限制,在石油化工生产中应用远不如气动执行机构广泛。

电动执行机构主要分为两类:直行程式与角行程式。

角行程式电动执行机构——输出角位移,用来推动蝶阀、球阀、偏心旋转阀等。

直行程式电动执行机构——输出直线位移,用来推动单座阀、双座阀、套筒阀、三通阀等。

二、角行程式电动执行机构

工业上主要使用伺服电机式的电动执行机构,下面以这种执行机构为例来介绍角行程式电动执行机构。这种电动执行器由伺服放大器、伺服电动机、减速器、位置发信器和电动操作器组成,原理如图 6 - 15 所示。

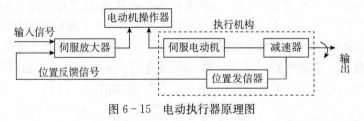

图 6 - 15　电动执行器原理图

控制器的输入信号,在伺服放大器内与位置反馈信号相比较,其偏差经伺服放大器放大后,去驱动伺服电动机旋转,然后经减速器输出角位移。执行机构的旋转方向决定于偏差信号的极性,而又总是朝着减小偏差的方向转动,只有当偏差信号小于伺服放大器的不灵敏区的信号时,执行机构才停转,因此执行机构的输出位移与输入信号成正比关系。配用电动操作器可实现自动控制系统的自动−手动无扰动切换。手动操作时,由操作开关直接控制电动机电源,使执行机构在全行程转角范围内操作;自动控制时,两伺服电动机由伺服放大器供电,输出轴转角随输入信号而变化。

位置发信器由位移检测元件和转换电路组成,它将执行机构输出轴角位移转换成与输入信号相对应的直流信号(4~20mA),并作为位置反馈信号送出。

减速器一般由机械齿轮或齿轮与皮带轮构成。它将伺服电动机高转速、低力矩的输出功率转换成执行机构输出轴的低转速、大力矩的输出功率,推动调节机构。对于直行程的电动执行机构,减速器还起到将伺服电动机转子旋转运动转换成执行机构输出轴直线运动的作用。

三、智能型电动执行机构

目前关于智能电动执行机构型,没有明确的定义,但一般须具备以下功能。

(1)支持现场总线协议。

(2)可进行自编程操作。

(3)故障状态可选择/电开电关可选择。

(4)死区可调,信号有延时功能。

(5)宽量程信号操作。

(6)不需要外来信号源,可自身实现零满度的设置。

智能型电动执行器采用变频减速,其电动执行机构运行速度是根据位置量变化的。当给定值与当前位置量值差距较大时,智能型电动执行机构以较快速度运行至给定值附近,然后以较慢速度到达给定点,这样调节精度值高,避免对系统阀门的冲击,消除水锤效应;可以实时显示电动执行机构的运行情况,实时显示当前力矩,实时显示当前位置;可以故障自诊断,并给出相应的报警信号;应使用非嵌入式设计,参数一般采用红外线进行设定,并可以用个人电脑的红外口或者数据线进行设定;采用含总线技术的多种控制方式。

智能型电动执行器与传统电动执行器相比,功能强,使用方便,具有自诊断、自调整和PID控制等功能,尤其是PID控制功能可省去前级控制器,直接接受变送器信号。

总之,智能型电动执行器接收标准模拟电流控制信号、开关量控制信号或总线信号,将执行机构的输出轴定位于和输入信号相对应的位置上;又可以根据联锁控制、两线控制或紧急ESD事件信号定位于控制系统预先设置的位置。

第三节　阀门定位器

一、阀门定位器的定义和特征

阀门定位器是气动执行器的主要附件,与气动执行器配套使用,接收控制器的输出信号,产生与之成比例关系的输出信号控制气动执行器,从而实现控制阀的准确定位。

阀门定位器按结构形式可分为电—气阀门定位器、气动阀门定位器和智能式阀门定位器等。阀门定位器可以改善控制阀的静态特性,提高阀门位置的线性度;改善控制阀的动态特性,减少控制信号的传递滞后;并且可以改善控制阀的流量特性,另外也可以改变控制阀对信号的响应范围,实现分程控制;也可以使阀门动作反向。

在以下情况下需要采用阀门定位器。

(1)对阀门调整要求精确的场合。

(2)不平衡力较大的场合,例如管道口径较大或阀门前后压差较大。

(3)为防止泄漏而需要将填料压得很紧,如高压、高温或低温的场合。

(4)操纵介质黏度较大等。

二、阀门定位器的使用

阀门定位器是气动控制阀的辅助装置,与气动执行机构配套使用,如图 6-16、图 6-17 所示。

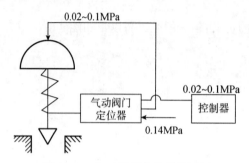

图 6-16 气动阀门定位器作用图

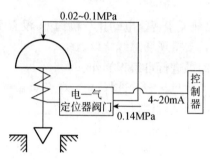

图 6-17 电气阀门定位器作用图

阀门定位器可以用于多种场合,详见表 6-3。

表 6-3 定位器的应用场合

序号	应选择的场合	选择原因	
1	阀的工作压差较大时,或采用刚度大的弹簧时	增加阀的需用压差和阀的刚度,以增加稳定性	
2	为防止阀杆处外泄须将填料压紧时	因填料处增加了阀杆的摩擦力	因定位器直接与阀位比较而不是与力直接比较,故为克服各种力对阀工作性能的影响选定位器
3	高温阀、低温阀、波纹管密封阀		
4	使用柔性石墨填料的场合		
5	易浮液、高黏度、胶状、含固体颗粒、纤维、易结焦介质的场合	因增加了阀杆运动的摩擦力	
6	用于阀大口径的场合,一般阀 $DN \geqslant 100$,蝶阀 $DN \geqslant 250$	因阀芯阀板的重量影响阀动作	
7	高压控制阀	压差大,使阀芯的不平衡力较大	
8	气动信号管线长度不小于 150m	加快阀的动作	
9	用于分程控制		
10	控制阀由电动控制器控制的场合	电气转换	

三、智能阀门定位器

智能阀门定位器由信号微处理器、调理部分、电—气转换控制部分和阀位检测反馈装置等部分组成,如图 6-18 所示。输入信号为 4～20mA DC 电流信号或数字信号。

信号调理部分将输入信号和阀位检测信号转换成微处理器输入信号。微处理器将这两路数字信号进行处理、比较后,输出控制电信号给电—气转换控制部分,转换为气压信号至气动执行器,推动控制阀动作。阀位检测装置检测执行器的阀杆位移并转换为电信号反馈至信号调理电路。

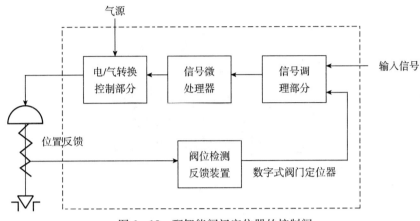

图 6-18　配智能阀门定位器的控制阀

智能阀门定位器通常都有液晶显示器和手动操作按钮,显示器用于显示阀门定位器的各种状态信息,手动操作按钮用于输入组态数据和手动操作。

智能阀门定位器具有以下特点:

(1)实时信息控制。可以使用手操器,可以从现场接线盒、端子板选取信息,也可在控制室的 PC 机或系统工作站这样的安全区域选取信息。

(2)全密封结构阻止了震动、温度和腐蚀性环境对它的影响。独立的防风雨现场接线盒把现场导线接点和仪表其他部分隔离开,结构经久耐用。

(3)具有双向通信能力。可以通过远程通信识别仪表检验它的校准情况,查阅对比以前存储的维修记录及其他更多信息,达到尽快启动回路的目的。

(4)具有自诊断功能,例如阀门使用跟踪参数、仪表健康状态参数等。

第四节　数字控制阀和智能控制阀

随着计算机控制系统的发展,为了能够直接接收数字信号,执行器出现了与之适应的新品种,数字控制阀和智能控制阀就是其中两例,下面简单介绍一下它们的功能与特点。

一、数字控制阀

数字控制阀是一种位式的数字执行器,由一系列并联安装而且按二进制排列的阀门所组成。

图 6-19 表示一个 8 位数字阀的控制原理。数字阀体内有一系列开闭式的流孔,它们按照二进制顺序排列。例如对这个数字阀,每个流孔的流通截面积比按 $2^0 : 2^1 : 2^2 : 2^3 : 2^4 :$

$2^5:2^6:2^7$来设计,每个孔都对应信号"1"或"0",即每个孔有开和关,如果所有流孔关闭,则流量为0,如果流孔全部开启,则流量为255(流量单位),分辨率为1(流量单位)。因此数字控制阀能在很大的范围内(如8位数字阀调节范围为1~255)精密控制流量。数字控制阀的开度按步进式变化,每步大小随位数的增加而减小。这样数字控制阀具有将数字信号转换为模拟量截面积的功能。

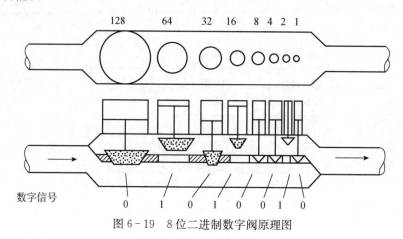

图6-19 8位二进制数字阀原理图

数字控制阀主要由流孔、阀体和执行机构三部分组成。每一个流孔都有自己的阀芯和阀座。执行机构可以用电磁线圈,也可以用装有弹簧的活塞执行机构。

数字控制阀有以下特点:

(1)高分辨率数字阀位数越高,分辨率越高。8位、10位的分辨率比模拟式控制阀高得多。

(2)高精度数字控制阀的每个流孔都装有预先校正流量特性的孔状喷管或文丘里状喷管,精度很高,尤其适合小流量控制。

(3)量程变化范围可以很大,从微小流量到大流量均可以进行流量控制。

(4)反应速度快,关闭特性好;无滞后、线性好、噪声小;可以作为安全机构。

(5)数字控制阀能直接接收计算机的信号,可直接将数字信号转换成阀开度。因此计算机控制的系统中可直接使用数字阀。

(6)数字控制阀结构复杂、部件多、价格贵。由于过于敏感,如果输送至数字控制阀的控制信号稍有错误,就会造成控制错误,使被控流量大大高于或低于所要求的量。

二、智能控制阀

智能控制阀是近年来迅速发展的执行器,集常规仪表的检测、控制、执行等功能于一身,具有智能化的控制、显示、诊断、保护和通信功能,智能控制阀可以对控制阀在工作过程中流量的变化、压差、开度变化以及流量特性等及时加以调整,以获得良好的控制性能。智能控制阀是以控制阀为主体,将许多部件组装在一起的一体化结构。智能控制阀的智能主要体现在以下几个方面。

1.控制方面

除了一般的执行器控制功能外,智能控制根据给定值自动进行PID调节,控制流量、压力、差压、温度等多种过程变量。

2.通信方面

与上位控制器、DCS、主计算机系统等进行通信，与 PC 连接，进行组态、校准、数据检索与故障诊断等。重要的通信采用数字通信方式。智能控制阀还允许远程检测、整定、修改参数或算法等。

3.诊断方面

智能控制阀安装在现场，都具有自诊断功能，能根据配合使用的各种传感器通过微机分析判断故障情况，及时采取措施并报警，即具有事故预测、监视、报警和事故切断等功能。

目前智能控制阀已经用于现场总线控制系统中。

第五节　变频器

一、变频器的外形

变频器的外形大致可分为挂式、柜式和柜挂式三种，功率小的一般采用挂式，功率大的一般采用柜式，柜挂式是变频器制造企业为方便用户安装推出的一种形式。图 6-20 所示为通用变频器的外形。

(a)挂式　　　　　　　　　　(b)柜式　　　　　　　　　　(c)柜挂式

图 6-20　通用变频器的外形

二、变频器的基本原理结构

变频器的实际电路相当复杂，图 6-20 所示为变频器的基本原理结构框图。图 6-20 的上半部分是由电力电子器件构成的主电路（整流器、中间环节、逆变器），R、S、T 是三相交流电源输入端，U、V、W 是变频器三相交流电输出端。图 6-21 的下半部分是以 16 位单片机为核心的控制电路。

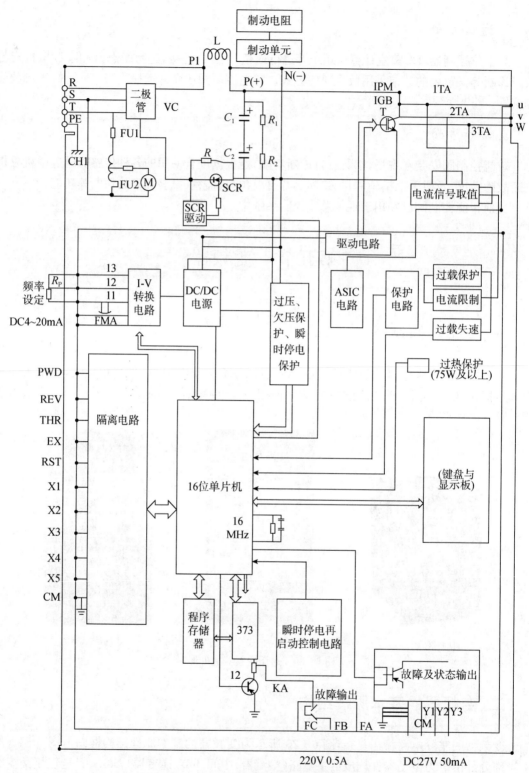

图 6-21　变频器的基本原理结构框图

控制电路的基本结构如图 6-22 所示,它主要由主控板、键盘与显示板(屏)、电源板、外接控制电路等构成。

1. 主控板

主控板是变频器运行的控制中心,其主要功能有:

(1)接受从键盘输入的各种信号。

(2)接受从外部控制电路输入的各种信号。

(3)接受内部的采样信号,如主电路中电压与电流的采样信号、各部分温度的采样信号、各逆变管工作状态的采样信号等。

(4)完成 SPWM 调制,对接受的各种信号进行判断并综合计算,产生相应的 SPWM 调制指令,并分配给各逆变管的驱动电路。

(5)发生显示信号,向显示板(屏)发出各种显示信号。

(6)发出保护指令,变频器必须根据各种采样信号随时判断其工作是否正常,一旦发现异常工况,立即发出保护指令进行保护。

(7)向外电路发出控制信号及显示信号,如正常运行信号、频率达到信号、故障信号等。

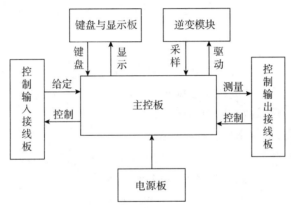

图 6-22　控制电路的基本结构

2. 键盘与显示板

键盘是向主控板发出各种信号或指令的,显示板(屏)是将主控板提供的各种数据进行显示,两者总是组合在一起。

1)键盘

不同类型的变频器配置的键盘型号是不一样的,尽管形式不一样,但基本的原理和构成都差不多。通用变频器的键盘配置如图 6-23 所示。

(1)模式转换键。变频器的基本工作模式有:运行和显示模式、编程模式等。模式转换键是用来切换变频器的工作模式的。常见的符号有 PRG、MOD、FUNC 等。

(2)数据增减键。用于改变数据的大小,常见的符号有:∧、△、↑、∨、▽和↓等。

(3)读出、写入键。在编程模式下,用于读出原有数据和写入新数据。常见的符号有 SET、READ、WRITE、DATA 和 ENTER 等。

(4)运行键。在键盘运行模式下,用来进行各种运行操作。主要有 RUN(运行)、FWD(正转)、REV(反转)、STOP(停止)和 JOG(点动)等。

(5)复位键。变频器因故障而跳闸后,为了避免误动作,其内部控制电路被封锁。当故障修复以后,必须先按复位键,使之恢复为正常状态。复位键的符号是 RESET(或简写为 RST)。

(6)数字键。有的变频器配置了"0"至"9"和小数点"."等键,可直接输入所需数据。

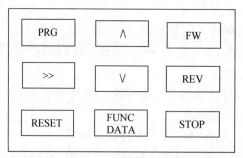

图 6-23　通用变频器的键盘配置示意图

2)显示屏

大部分变频器配置了液晶显示屏,它可以完成各种显示功能。通用变频器的显示屏示意图如图 6-24 所示。

数据显示的主要内容有:

(1)在监视模式下,显示各种运行数据,如频率、电流、电压等。

(2)在运行模式下,显示功能码和数据码。

(3)在故障状态下,显示故障原因的代码。

指示灯主要有两种,即状态指示和单位指示。

(1)状态指示。如 RUN(运行)、STOP(停止)、FWD(正转)、FLT(故障)等。

(2)单位指示。显示屏上数据的单位,如 Hz、A、V 等。

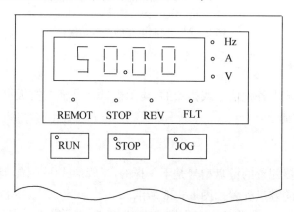

图 6-24　通用变频器的显示屏示意图

3.电源板

变频器的电源板主要提供以下电源:

(1)主控板电源:它要求有极好的稳定性和抗干扰能力。

(2)驱动电源:因逆变管处于直流高压电路中,又分属于三相输出电路中不同的相。所以,驱动电源不但和主控板电源之间必须可靠隔离,各驱动电源之间也必须可靠绝缘(和直流高压电源的负极相接的三个驱动电路可以共"地")。

（3）外控电源：为外接控制电路提供稳定的直流电源。例如，当由外接电位器给定时，其电源就是由变频器内部的电源板提供的。

三、变频器的应用

变频器具有节能、易操作、便于维护、控制精度高等优点，在多个领域得到广泛应用。本节举几个例子说明。

1. 变频调速技术在风机上的应用

在工矿企业，风机设备应用广泛，诸如锅炉燃烧系统、通风系统和烘干系统等。传统的风机控制时全速运转，即不论生产工艺的需求大小，风机都提供出固定数值的风量，而生产工艺往往需要对炉膛压力、风速、风量及温度等指标进行控制和调节，最常用的方法则是调节风门或挡板开度的大小来调整受控对象，这样，就使得能量以风门、挡板的节流损失消耗掉了。统计资料显示，在工业生产中，风机分风门、挡板相关设备的节流损失以及维护维修费用也受到限制，直接影响产品质量和生产效率。

风机设备可以用变频器驱动的方案取代风门、挡板控制方案，从而降低电动机功率损耗，达到系统高效运行的目的。

2. 变频器在供水系统节能中的应用

城市自来水管网的水压一般规定保证 6 层以下楼房的用水，其余上部各层均须"提升"水压才能满足用水要求。以前大多采用水塔、高位水箱或气压罐增压设备，但它们都必须由水泵以高出实际用水高度的压力来"提升"水量，其结果是增大了水泵的能耗。

恒压供水控制系统的基本控制策略是：采用变频器对水泵电动机进行变频调速，组成供水压力的闭环控制系统，系统的控制目标是比较泵站总管的出水压力，系统设定的给水压力值与反馈的总管压力实际值，其差值输入 CPU 进行运算处理后，发出控制指令，改变水泵电动机的转速和控制水泵电动机的投运台数，从而使给水总管压力稳定在设定的压力值。

3. 中央空调系统的变频技术及应用

中央空调系统是楼宇里最大的耗电设备，每年的电费中空调耗电约占 60%，故对其进行节能改造具有重要意义。由于设计时，中央空调系统必须按天气最热、负荷最大的情况进行设计，并且要留 10%～20% 的设计裕量，然而实际上绝大部分时间空调是不会运行在满负荷状态下，故存在较大的富余，所以节能的潜力就较大。其中，冷冻主机可以根据负载变化加载或减载，冷冻水泵和冷却水泵却不能随负载变化做出相应调节，故存在很大浪费。水泵系统的流量与压差是靠阀门和旁通调节，因此，不可避免地存在较大截流损失和大流量、高压力、低温差的现象，不仅浪费大量电能，而且还造成中央空调末端达不到合理效果的情况。为了解决这些问题，需使水泵随着负载的变化调节水流量开启或关闭旁通。

一般水泵采用的为 Y—△ 启动方式，电动机的启动电流均为其额定电流的 3～4 倍，一台 110kW 的电动机的启动电流将达到 600A，在如此大的电流冲击下，接触器、电动机的使用寿命将大大下降，同时，启动时机械冲击和停泵时的水锤现象，容易对机械零件、轴承、阀门、管道等造成破坏，从而增加维修工作量和备品、备件费用。

对水泵系统进行变频调速改造,根据冷冻水泵和冷却水泵负载的变化,随之调整电动机的转速,以达到节能的目的。

习题与思考题

1. 气动执行器主要由哪两部分组成? 各起什么作用?

2. 气动薄膜控制阀的调节机构有哪些主要类型? 各使用在什么场合?

3. 为什么说双座阀产生的不平衡力比单座阀的小?

4. 试分别说明什么叫控制阀的流量特性和理想流量特性。常用的控制阀理想流量特性有哪些?

5. 为什么说等百分比特性又叫对数特性? 与线性特性比较起来它有什么优点?

6. 什么是控制阀的工作流量特性?

7. 什么是控制阀的可调范围?

8. 什么是串联管道中的阻力比 S? S 值的变化为什么会使理想流量特性发生畸变?

9. 什么是气动执行器的气开式与气关式? 其选择原则是什么?

第七章　简单控制系统

所谓简单控制系统,是指由一个被控对象、一个检测元件和变送器、一个控制阀组成的闭环负反馈定值控制系统。

随着科学技术的发展,控制系统的类型越来越多,复杂程度也越来越高。简单控制系统是实现生产过程自动化的基本单元,由于其结构简单、投资少、易于整定与投运、且能满足一般生产过程的自动控制要求,在工业生产中得到了广泛应用,尤其适用于被控对象的纯滞后时间短、容量滞后小、负荷变化比较平缓、对被控变量的控制要求不高的场合。

本章将通过分析控制系统中各环节对控制质量的影响,介绍简单控制系统的设计思想和设计原则,包括被控变量和操纵变量的选取,被控变量的检测与变送器、控制阀的选取控制器的控制规律的选取以及控制器参数的整定和控制系统的投运等。

第一节　简单控制系统的设计

生产过程是由各个环节组成的,各个工艺设备之间必然存在着相互联系和相互影响,因此,在设计简单控制系统时必须要有正确的设计思想,要站在全局自动化的立场上,从整个生产过程出发来考虑问题,从而做到既保证连续生产物料供求关系的协调,又保证产品的数量和质量,既使生产过程能充分发挥设备的潜力,又保证生产过程的安全与可靠。

图 7-1 所示为一个典型的简单液位控制系统,工艺上要求保持储槽内液体的高度,即液位不变,所以液位为被控变量。该储槽是工艺过程的一部分,其输入和输出流量是波动的,因此,不采取控制手段则液位不能保持不变。该控制系统通过调整出口阀门的开度来控制出口流量,以保持液位不变,所以出口流量称为操纵变量。变送器自动检测液位的变化情况,将液位的高低转换成标准信号(使用 DDZ-Ⅲ仪表时,为 4～20mA 的直流信号)的大小,送往控制器。控制器则根据测量信号与设定信号(SP)之间的偏差,按照预定的控制规律运算,发出控制信号,调节控制阀的开度,改变出口流量,以维持液位的恒定。

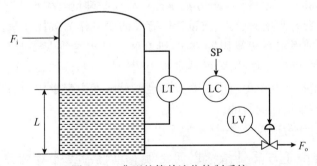

图 7-1　典型的简单液位控制系统

整个控制系统由控制器、控制阀、被控对象、变送器四个环节组成。可以用图 7-2 中的方框图表示。

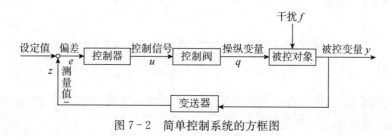

图 7-2　简单控制系统的方框图

要说明的是：

(1)在图 7-2 中，箭头方向表示的是信号传递的方向，而不是物料或能量的流向。操纵变量是被控对象的输入，表示其对被控对象有控制作用，而不是代表流入对象的物料或能量。

(2)在图 7-2 中，各环节的输入和输出变量都是以增量的形式表示的。如果某变量为零，表示它没有变化，而不是实际值为零。

一、被控对象的选择

被控对象的选择是控制系统设计的核心问题，选择的正确与否将直接关系到生产的稳定操作、产品质量和产量的提高、生产安全等。

被控对象的选择包括两个方面：被控变量的选择和操纵变量的选择。被控变量的选择是与生产工艺密切相关的。因此，要深入分析生产过程，找出对产品的产量和质量、安全生产和节能等方面有决定性作用的变量作为被控变量。要注意的是，这些变量必须是可以直接测量的。

1.被控变量的选择

如果需要控制的变量是温度、压力、流量或液位，则可以直接将这些变量作为被控变量，组成控制系统，因为测量这些变量的仪表是很成熟的。

质量指标是产品质量的直接反映，常常是首先应考虑作为被控变量。但是质量指标涉及对于产品成分或物性参数时，要考虑是否有合适的测量仪表。尽管国内外已有了一些这样的测量仪表，但由于其品种不齐，使得不少参数不能做到在线测量和变送；或由于具有严重的测量滞后，无法及时反映产品质量变化的情况。

要解决质量指标的控制问题，一种办法是把自动控制理论与生产工艺过程知识有机地结合起来，即选择一些容易测量的、与该质量指标有关的变量作为被控变量，或根据一定的物料及能量的衡算关系，或者用系统辨识的方法，推断和估计出希望获得但又无法直接测量的变量。这种用软件来代替硬件(传感器)的技术称为软测量技术。如果要设计成简单控制系统，则可以采用与该质量指标有单值对应关系又有足够灵敏度的变量作为被控变量，通过控制间接变量来达到控制质量指标的目的。

在采用间接变量作为被控变量时，应遵循以下原则：

1)选用的间接变量与质量指标之间必须有单值的线性对应关系

以苯、甲苯二元系统的精馏过程为例(图 7-3)，工艺生产过程要求塔顶馏出物的浓度 X_D 达到规定的值。在气液两相并存的情况下，塔顶馏出物的浓度 X_D 与塔温 T_D 和塔压 p 三者之间的关系为：

$$X_D = f(T_D, p) \tag{7-1}$$

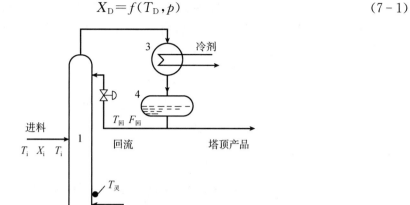

图7-3 精馏过程示意图

1—精馏塔；2—蒸汽加热釜；3—冷凝器；4—回流罐

可见这是一个二元函数关系，X_D 与 T_D 和 p 都有关，不能直接使用 T_D 或 p 作为控制 X_D 的间接变量。但是当 T_D 一定或 p 一定时，上式可以简化成一元函数关系，即当塔压 p 一定时，有

$$X_D = f(T_D) \tag{7-2}$$

当塔温 T_D 一定时，有

$$X_D = f(p) \tag{7-3}$$

图7-4中的曲线表示在塔压一定时，浓度 X_D 与温度 T_D 之间的单值对应关系。可见，浓度越低，与之对应的温度越高；反之，浓度越高，则对应的温度越低。图7-5中的曲线表示在塔温一定时，浓度 X_D 与塔压 p 之间的单值对应关系。可见，浓度越低，与之对应的压力就越低；反之，浓度越高，则对应的压力也越高。所以，温度 T_D 和塔压 p 都可以选作为被控变量，以控制浓度 X_D。

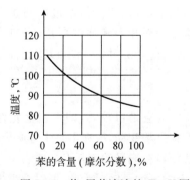

图7-4 苯、甲苯溶液的 T—X 图

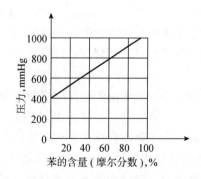

图7-5 苯、甲苯溶液的 p—X 图

2）必须考虑工艺的合理性

在本例中，虽然从控制塔顶馏出物浓度 X_D 的角度来看，温度 T_D 和塔压 p 都可以选为被控变量，但是在实际生产中常常选用温度 T_D。这是因为如果塔压 p 波动，就会破坏原来的气

液平衡,影响相对挥发度,从而不能保证分离纯度以及塔的效率和经济性。另外,随着塔压的变化,塔的进料和出料相应地也会受到影响,使原先的物料平衡遭到破坏。可见,如果选择塔压 p 作为被控变量,从工艺的角度来看,是不合理的。

3)必须考虑所选被控变量的变化灵敏度

在本例中,温度是反映浓度的间接变量,因此,要寻找合适的测温点,使得在浓度 X_D 发生变化时,温度 T_D 的变化灵敏,且有足够大的变化量,否则是无法实现高质量控制的。

2. 操纵变量的选择

当被控变量确定之后,下一步就要考虑选择哪个参数作为操纵变量,去克服干扰对被控变量的影响。

我们知道,被控变量是对象的输出,而影响被控变量的外部因素则是对象的输入。每个对象的输入往往有若干个,而不是只有一个,即研究的对象是一个多输入单输出的对象。因此,我们的任务是在诸多影响被控变量的因素中,选择一个对被控变量影响较为显著的可控因素作为操纵变量,而其余未被选中的因素则称为系统的干扰。下面以精馏塔温度控制系统为例说明操纵变量的选择。

化工生产过程中的典型设备之一是精馏设备。如图 7-3 所示为某化工厂的精馏塔,根据工艺要求,已选定提馏段某块(一般为温度变化最灵敏的板—灵敏板)上的温度作为被控变量,那么,自动控制系统的任务是调节操纵变量维持被控变量,即使灵敏板上的温度不变,来保证精馏塔的分离度。

通过工艺分析可知,影响精馏塔灵敏板温度 (T) 的主要因素有:进料流量 (F_i)、成分 (X_i)、温度 (T_i)、回流量 (L_R)、加热蒸汽流量 $(F_蒸)$、冷凝器冷剂的流量和温度等。问题是选择哪一个因素作为操纵变量? 可将这些影响因素分为两大类,即可控的和不可控的。从工艺角度来看,本例中回流量、加热蒸汽量和冷凝器冷剂的流量是可控因素,其中加热蒸汽流量的变化对提馏段温度影响最迅速显著。同时,从经济角度来看,控制加热蒸汽流量比控制回流量所消耗的能量要小,所以通常选择蒸汽流量作为操纵变量。

操纵变量和干扰变量作用在对象上,都会引起被控变量的变化。干扰变量通过干扰通道施加在对象上,通常起着破坏作用,使被控变量偏离给定值;操纵变量通过控制通道施加在对象上,使被控变量回复到给定值,起着校正作用。这是一对相互矛盾的变量,都与被控变量的对象特性有密切的关系。因此在选择操纵变量时,要认真分析对象特性,以提高控制系统的控制质量。

综上所述,将操纵变量的选择原则归纳如下。

(1)考虑工艺的合理性与生产的经济性。操纵变量应是可控的,即工艺上允许控制的变量。一般来说,生产负荷直接关系到产品的产量,不宜经常变动,故在不是十分必要的情况下,不选择生产负荷作为操纵变量。同时尽可能地降低物料和能量的消耗。

(2)操纵变量一般应比其他干扰对被控变量的影响更加灵敏。为此,通过合理选择操纵变量,尽可能使控制通道的放大系数大于干扰通道的放大系数,控制通道的时间常数小于干扰通道的时间常数,纯滞后时间越小越好。

二、控制器控制规律和正反作用方向的选择

简单控制系统是由被控对象、控制器、执行器和测量变送装置四大基本部分组成的。在现场控制系统安装完毕或控制系统投运前，往往是被控对象、测量变送装置和执行器这三部分的特性就完全确定了，不能任意改变。这时可将对象、测量变送装置和执行器合在一起，称为广义对象。在广义对象特性已经确定的情况下，如何通过控制器控制规律的选择与控制器参数的工程整定，来提高控制系统的稳定性和控制质量。

1. 控制规律的选择

控制规律，主要是根据广义对象的特性和工艺的要求来选定的。

1）位式控制

常见的位式控制有双位和三位两种，一般适用于滞后较小，负荷变化不大也不剧烈，控制质量要求不高，允许被控变量在一定范围内波动的场合，如恒温箱、电阻炉的温度控制。

2）比例控制

它是最基本的控制规律，控制器的输出与偏差成比例，即控制阀门位置与偏差之间具有一一对应关系。当负荷变化时，比例控制器克服干扰能力强、控制及时、过渡时间短。但是，纯比例控制系统在过渡过程终了时存在余差。负荷变化越大，余差就越大。

比例控制器适用于控制通道滞后较小、负荷变化不大、工艺上允许余差存在的系统，例如中间贮槽的液位、精馏塔塔釜液位以及不太重要的蒸汽压力控制系统等。

3）比例积分控制

由于在比例作用的基础上加上积分作用，而积分作用的输出是与偏差的积分成比例，只要偏差存在，控制器的输出就会不断变化，直至消除偏差为止。采用比例积分控制器能消除系统的余差，这是它的显著优点。但是，加上积分作用会使稳定性降低，虽然在加积分作用的同时，可以通过加大比例度，使稳定性基本保持不变，但超调量和振荡周期都相应增大，过渡过程的时间也加长。

比例积分控制器是使用最普遍的控制器。它适用于控制通道滞后较小、负荷变化不大、工艺参数不允许有余差的系统。例如流量、压力和要求严格的液位控制系统，常采用比例积分控制器。

4）比例积分微分控制器

引入微分作用，会有超前作用，使系统的稳定性增加，再加上积分作用可以消除余差。适当调整 K_c、T_I、T_D 三个参数，可以使控制系统获得较高的控制质量。

比例积分微分控制器适用于容量滞后较大、负荷变化大、控制质量要求较高的系统，应用最普遍的是温度控制系统与成分控制系统，如反应器、聚合釜的温度控制。对于滞后很小或噪声严重的系统，应避免引入微分作用，否则会由于被控变量的快速变化引起控制作用的大幅度变化，严重时会导致控制系统不稳定。

2.控制器正、反作用的确定

简单控制系统是具有被控变量负反馈的闭环系统。也就是说,如果被控变量值偏高,则控制作用应使之降低;相反,如果被控变量值偏低,则控制作用应使之升高。控制作用对被控变量的影响应与干扰作用对被控变量的影响相反,才能使被控变量值回复到给定值。这就有一个作用方向的问题。控制器的正反作用是关系到控制系统能否正常运行与安全操作的重要问题。

在控制系统中,不仅是控制器,而且被控对象、测量元件及变送器和执行器都有各自的作用方向。它们如果组合不当,使总的作用方向构成正反馈,则控制系统不但不能起控制作用,反而破坏了生产过程的稳定。所以,在系统投运前必须注意检查各环节的作用方向,其目的是通过改变控制器的正、反作用,以保证整个控制系统是一个具有负反馈的闭环系统。

控制器的作用方向是这样规定的:当给定值不变,被控变量测量值增加时,控制器的输出也增加,称为"正作用"方向。反之,如果测量值增加时,控制器的输出减小的,称为"反作用"方向。由于控制器的输出决定于被控变量的测量值与给定值之差,所以被控变量的测量值与给定值都正向变化时,对输出的作用方向是相反的。

1)逻辑分析法

在一个具体的控制系统中,对象的特性由工艺机理确定,执行器的作用方向由工艺安全条件可以选定,而控制器的作用方向要根据对象及执行器的作用方向来确定,以使整个控制系统构成负反馈的闭环系统。下面举一个加热炉的例子加以说明。

图 7-6 是一个简单的加热炉出口温度控制系统。在这个系统中,加热炉是被控对象,燃料气流量是操纵变量,被加热的原料油出口温度是被控变量。

如果出口温度受干扰作用增加(高于给定值),则有

温度↑→测量值↑→控制器为反作用(测量值↑控制器输出减小↓)

└→控制阀阀门关小↓(使温度下降,即系统为负反馈)→为气开阀,所以控制器输出减小↓

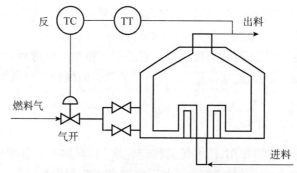

图 7-6 简单的加热炉出口温度控制

2)符号分析法

在方框图中,系统为负反馈的条件是闭环内各环节符号乘积为"一"号。所谓符号,就是指环节输入变化后,环节输出的变化方向。当某个环节的输入增加时,其输出也增加,可用"十"表示;反之,当环节的输入增加时,输出减少可用"一"表示。

对于测量元件及变送器,其作用方向一般都是"+"的,因为当被控变量增加时,其输出量一般也是增加的,所以在考虑整个控制系统的作用方向时,可不考虑测量元件及变送器的作用方向(因为它总是"+"的),只需要考虑控制器、执行器和被控对象三个环节的符号,使它们组合后能起到负反馈的作用。

对于执行器,它的符号取决于是气开阀还是气关阀(注意不要与执行机构和控制阀的"正作用"及"反作用"混淆)。当控制器输出信号(即执行器的输入信号)增加时,气开阀的开度增加,因而流过阀的流体流量也增加,故气开阀是"+"。反之,由于当气关阀接收的信号增加时,流过阀的流体流量反而减少,所以是"-"。执行器的气开或气关型式主要从工艺安全角度来确定。

对于被控对象的符号,则随具体对象的不同而各不相同。当操纵变量增加时,被控变量也增加的对象属于"+"。反之,被控变量随操纵变量的增加而降低的对象属于"-"。

如果控制器为正作用方式,则为"+",反之,控制器为反作用方式,则为"-"。

以图 7-6 所示加热炉出口温度控制系统为例,执行器为"+",对象为"+",则控制器为"-",反作用方式。

三、检测元件和变送器的选择

检测变送器包括检测元件和变送器。在自动控制系统中,被控变量的信号先要经过检测变送器,转换成气信号或电信号后,才送至控制器。

检测元件,有时又称传感器,其作用是将被控变量转换并输出一个与之成对应关系的信号。如测量温度时,热电阻将温度转换成电阻信号,而热电偶将温度转换成电势信号;测量流量时,管道中的孔板将流量转换成差压信号。

变送器的作用是将检测元件的各种输出信号进行放大,并转化成标准统一的电信号或气信号,如 4~20mA 或 1~5V 的直流电信号,0.02~0.1MPa 的气压信号。另外,进行调零、量程调整等处理后,输出与被控变量对应的值,即测量值 $z(t)$ 送至控制器。

对于检测变送环节,过程控制有以下三个基本要求(即对检测变送器的准确性、稳定性和快速性的要求):

(1)测量值 $z(t)$ 能正确反映被控变量 $y(t)$ 的值,误差不超过规定的范围。

(2)在环境条件下能长期工作,保证测量值的可靠性。

(3)测量值 $z(t)$ 能迅速反映被控变量 $y(t)$ 的变化,即有快速的动态响应。

1. 动态测量误差对控制质量的影响

在许多场合,测量变送环节在进行测量和传送信号的过程中存在着以下各种滞后。

1)纯滞后

被测量信号传递到检测点需要一定的时间,因而就产生了纯滞后。纯滞后时间等于物料或能量传输的距离除以传输的速度。传输距离越长或传输的速度越慢,纯滞后时间越长。

在生产过程中,常见的被测参数是温度、压力、流量、液位和物性等,其中最容易引入纯滞后的是温度和物性参数的测量,而且一般都比较大。图 7-7 所示为一个 pH 值的控制系统,由于电极不能放置在流速较大的主管道上,因此,pH 值的测量将引入两项纯滞后

$$\tau_1 = \frac{l_1}{v_1}, \ \tau_2 = \frac{l_2}{v_2} \tag{7-4}$$

式中　l_1, l_2——主管道长度,支管道长度,m;

　　　v_1, v_2——主管道流体流速,支管道流体流速,m/s。

总的测量纯滞后时间为

$$\tau = \tau_1 + \tau_2 \tag{7-5}$$

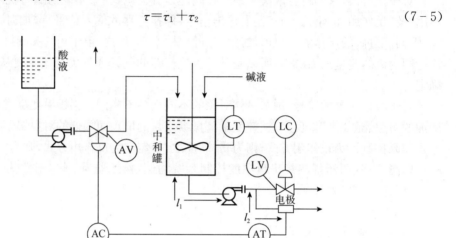

图 7-7　pH 值的控制系统

2)测量滞后

测量滞后是指测量环节的容量滞后,是由测量元件自身的特性所决定的。例如,测温元件测量温度时,由于存在热阻和热容,使该测温元件具有一定的时间常数,其输出总是滞后于被控变量的变化。这种现象通常可以用一个一阶滞后环节来表示。

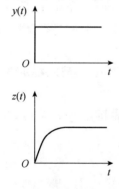

图 7-8　测量元件时间
常数的影响

如果测量环节的输入 $y(t)$ 做单位阶跃变化,则其输出 $z(t)$ 将按图 7-8 所示指数曲线变化。可以看出,只有当 t 趋近于无穷大时,$y(t) = z(t)$。这就是说,由于测量滞后的存在,使得测量变送环节的输出在动态过程中不能表示出被控变量的真实值,而且总是比真实值要小。

3)信号传送滞后

在大型石油、化工企业中,生产现场与控制室之间往往相隔一段很长的距离。现场变送器的输出信号要通过信号传输管线送到控制室去,而控制器的输出信号也需要通过信号传输管线送到位于现场的控制阀去。测量和控制信号的这种往返传输就产生了信号传送滞后,即测量信号传送滞后和控制信号传送滞后两部分。

对于电信号来说,传送滞后可以忽略不计。但是,由于气动信号管线具有一定的容量,就不得不考虑气信号的传递滞后。通常可以将一条长的气信号传输管线近似成为一阶滞后环节加纯滞后环节,其纯滞后时间 τ 与管线长度成正比,时间常数 T 随管线内径的增加而减小。对于控制信号来说,由于其末端有一个控制阀的膜头空间,与信号管线相比容积很大,因此,产生的传送滞后要比测量信号的传送滞后大。

在控制系统中,被控变量的真实值是无法直接了解的,只能观察到它的测量值。由于各种滞后的存在,当被控变量处于变化过程时,其测量值反映出的变化情况与真实的变化情况是不同的,即存在着动态测量误差。动态测量误差的存在将推迟和削弱控制器的作用,引起过渡时间和超调量的增大,以及其他质量指标的降低,从而使控制质量受到很大影响。

由于测量值的变化滞后于真实值,反映出的变化情况要比真实的变化情况好,这样就会造成一种假象,使操作人员将不符合控制要求的过程误认为控制质量很好。

2. 克服测量变送环节滞后影响的办法

(1)选择快速的测量元件,以减小其时间常数,一般以测量元件的时间常数小于对象时间常数的1/10为宜。例如,普通的热电偶的时间常数为1.5～4min,而快速热电偶的时间常数只有几秒钟,甚至有毫秒级的热电偶,因此可以根据不同的对象特性选择合适的测温元件。

(2)正确选择测量元件的安装位置,即将测量元件的安装位置尽可能选在能最灵敏地反映被测参数的地方,以减小纯滞后时间。例如,在化工过程中,温度控制系统的测量变送环节里常有较大的滞后,有些情况下是与测温元件外围流体的流动状态、物料性质以及停滞层的厚度有关。如果将测温元件安装在死角或容易挂料、结焦的地方,就将大大增加滞后时间。

(3)正确使用微分单元,即在测量滞后大的系统中引入微分作用,利用微分作用的预测性来提高控制系统的控制质量。微分单元只适用测量环节容量滞后较大的场合。如果在容量滞后很小的系统中也使用微分单元,反而会降低控制质量。这一点必须引起充分的注意。

为了克服信号传送滞后,应尽量采用电信号进行传送。如果必须采用气信号进行传送,则应采取措施尽量缩短气信号传送管线的长度,以减小纯滞后时间。

3. 测量信号的处理

对于被控变量,除了用传感器转换成与之对应的信号以及通过变送器进行放大并转化成标准信号外,有时还需要一些其他的处理,以保证控制的质量。

1)线性化

为保证控制的质量,往往希望控制系统广义对象的放大系数是一个常数。但有些测量元件的输入与输出函数关系是非线性的,如热电偶输出的热电动势与温度的关系。因此,需要在变送器中加入线性化环节,使控制器的测量值与被测温度成线性关系。

2)开方处理

在流量控制系统中,如果采用节流装置作为测量元件,则输出的差压信号与被测流量成二次方关系。要使控制器的测量值与被测流量成线性关系,就要在差压变送器之后加入开方环节。

3)补偿处理

在流量控制系统中,如果被测流量是气体或蒸汽,则节流装置输出的差压信号的大小还与流体的温度和压力有关。为保证测量准确,需要将温度和压力信号引入补偿环节,进行复合运算,使控制器的测量值不会受到其他参数变化的影响。

4)滤波

在测量变送环节的输出信号中会有一些随机干扰,被称为噪声。例如,有些容器的液面本身波动得很剧烈,使得变送器的输出也波动不息;用节流装置测量流量时,控制器的测量值也是波动的。这些噪声如果引入控制器,会给控制质量带来影响,特别是在用数字计算机作为控制装置时。

通常采取的措施是滤波,即增加一个滤波环节。模拟滤波是由气阻和气容、或电阻和电容组成的低通滤波器,根据对噪声衰减的要求来决定阻抗和容抗的数值;数字滤波则可以使用不同的算法,来达到不同的滤波要求,因此更加灵活一些。

第二节　简单控制系统的投运与参数的整定

一、简单控制系统的投运

一个简单控制系统经过设计、安装,最终投入运行。如何投运是一项很重要的工作。下面讨论控制系统投运前及投运中的几个主要问题。

1. 准备工作

对于工艺人员与仪表人员来说,投运前都要熟悉工艺流程,了解主要工艺流程、主要设备的功能、控制指标和要求,以及各种工艺参数之间的关系;熟悉控制方案,全面掌握设计意图,了解测量元件和控制阀的安装位置、管线走向、工艺介质性质等等。

2. 仪表检查

检查所有仪表及连接管线、电源、气源等,以确保投运时正常工作。

3. 检查控制器的正、反作用

控制器的正、反作用关系到控制系统能否正常运行与安全操作的重要问题。先检查控制阀的开关形式,确定控制器的正、反作用。

4. 控制阀的投运

控制阀安装示意图如图7-9所示。开车时,有两种操作步骤,一种是先用人工操作旁路阀,然后过渡到手动遥控控制阀;另一种是开始就用手动遥控控制阀。

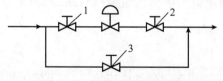

图7-9　控制阀安装示意图

当用人工操作旁路阀,再转换到手动遥控控制阀时,步骤如下:

将控制阀前后的阀门1和2关闭,打开阀门3,观察测量仪表能否正常工作,待工况稳定。用手动定值器或手操器调整控制阀上的信号 P 到一个适当的值,然后,打开上游阀门1,再逐步打开下游阀门2,关闭阀门3,过渡到遥控,待工况稳定。

5. 投入自动

手动遥控使被控变量接近或等于设定值,观察测量值,待工况稳定后,控制器由"手动"切换到"自动"。

控制系统中,控制器由"手动"切换到"自动"或控制器由"自动"切换到"手动"的过程中,要求无扰动切换。由于控制系统所用仪表不同,切换过程中的步骤也会不同。

二、控制器的参数整定

一个自动控制系统的过渡过程或者控制质量,与被控对象、干扰形式与大小、控制方案的确定及控制器参数整定有着密切的关系。在控制方案、广义对象的特性、控制规律都已确定的情况下,控制质量主要取决于控制器参数的整定。所谓控制器参数的整定,就是按照已定的控制方案,求取使控制质量最好的控制器参数值。具体来说,就是确定最合适的控制器比例度 δ、积分时间 T_I 和微分时间 T_D。当然,这里所谓最好的控制质量不是绝对的,是根据工艺生产的要求而提出的所期望的控制质量。例如,对于单回路的简单控制系统,一般希望过渡过程呈 $4:1$(或 $10:1$)的衰减振荡过程。

控制器参数整定的方法很多,主要有两大类,一类是理论计算的方法,另一类是工程整定法。

理论计算的方法是根据已知的广义对象特性及控制质量的要求,通过理论计算出控制器的最佳参数。这种方法由于比较复杂、工作量大,计算结果有时与实际情况不甚符合,故在工程实践中长期没有得到推广和应用。

工程整定法是在已经投运的实际控制系统中,通过试验或探索,来确定控制器的最佳参数,这种方法是工艺技术人员在现场经常用到的。下面介绍其中的几种常用工程整定法。

1. 衰减曲线法

衰减曲线法是通过使系统产生衰减振荡来整定控制器的参数值的,具体做法如下:

在闭环的控制系统中,先将控制器变为纯比例作用,并将比例度预置在较大的数值上。在达到稳定后,用改变设定值的办法加入阶跃干扰,观察被控变量记录曲线的衰减比,然后从大到小改变比例度,直至出现 $4:1$ 衰减比为止,见图 7 - 10(a),记下此时的比例度 δ_S(称为 $4:1$ 衰减比例度),从曲线上得到衰减周期 T_S。然后根据表 7 - 1 中的经验公式,求出控制器的参数值。

有的过程,$4:1$ 衰减仍嫌振荡过强,可采用 $10:1$ 衰减曲线法。方法同上,得到 $10:1$ 衰减曲线[见图 7 - 10(b)]后,记下此时的比例度 $\delta_S{}'$ 和最大偏差时间 $T_{\text{升}}$(又称上升时间),然后根据表 7 - 2 中的经验公式,求出相应的 δ、T_I、T_D 值。

采用衰减曲线法必须注意以下几点。

(1)加的干扰幅值不能太大,要根据生产操作要求来定,一般为额定值的 5% 左右,也有例外的情况。

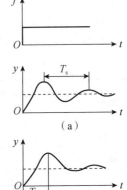

图 7 - 10 $4:1$ 和 $10:1$ 衰减振荡过程

（2）必须在系统稳定情况下才能施加干扰，否则得不到正确的δ_S、T_S或δ_S'和$T_{升}$值。

（3）对于反应快的系统，如流量、管道压力和小容量的液位控制系统等，要在记录曲线上严格得到4：1衰减曲线比较困难。一般以被控变量来回波动两次达到稳定，就可以近似地认为达到4：1衰减过程了。

衰减曲线法比较简便，适用于一般情况下的各种参数的控制系统。但对于干扰频繁、记录曲线不规则、不断有小摆动的情况，由于不易得到准确的衰减比例度δ_S和衰减周期T_S，这种方法难于应用。

表7-1　4：1衰减曲线法控制器参数计算表

控制作用	δ	T_I	T_D
比例	δ_S		
比例＋积分	$1.2\delta_S$	$0.5T_S$	
比例＋积分＋微分	$0.8\delta_S$	$0.3T_S$	$0.1T_S$

表7-2　10：1衰减曲线法控制器参数计算表

控制作用	δ	T_I	T_D
比例	δ_S'		
比例＋积分	$1.2\delta_S'$	$2T_{升}$	
比例＋积分＋微分	$0.8\delta_S'$	$1.2T_{升}$	$0.4T_{升}$

2. 临界比例度法

这是目前使用较多的一种方法。它是先通过试验得到临界比例度和临界周期T_k，然后根据经验总结出来的关系求出控制器各参数值。具体做法如下。

在闭环的控制系统中，先将控制器变为纯比例作用，即将T_I放在"∞"位置上，T_D放在"0"位置上，可通过改变给定值施加干扰，从大到小地逐渐改变控制器的比例度，直至系统产生等幅振荡（即临界振荡），如图7-11所示。这时的比例度称为临界比例度δ_k，这时的周期称为临界振荡周期T_k。记下，然后按表7-3中的经验公式计算出控制器的各参数整定数值。

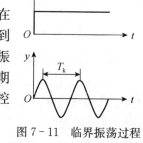

图7-11　临界振荡过程

表7-3　临界比例度法控制器参数计算表

控制作用	比例度 δ	积分时间 T_I	微分时间 T_D	控制作用	比例度 δ	积分时间 T_I	微分时间 T_D
比例	$2\delta_k$			比例＋微分	$1.8\delta_k$		$0.85T_k$
比例＋积分	$2.2\delta_k$	$0.85T_k$		比例＋积分＋微分	$1.7\delta_k$	$0.5T_k$	$0.125T_k$

临界比例度法比较简单方便，容易掌握和判断，适用于一般的控制系统。但是对于临界比例度很小的系统不适用。因为临界比例度很小，则控制器输出的变化一定很大，被控变量容易超出允许范围，影响生产的正常进行。

临界比例度法是要使系统达到等幅振荡后，才能找出δ_k和T_k，对于工艺上不允许产生等幅振荡的系统本方法亦不适用。

3.经验凑试法

经验凑试法是长期的生产实践中总结出来的一种整定方法。它是根据经验先将控制器参数放在一个数值上,直接在闭环的控制系统中,通过改变给定值施加干扰,在记录仪上观察过渡过程曲线,运用 δ、T_I、T_D 对过渡过程的影响为指导,按照规定顺序,对比例度 δ、积分时间 T_I 和微分时间 T_D 进行逐个整定,直到获得满意的过渡过程为止。

各类控制系统中控制器参数的经验数据列于表 7-4 中,供整定时参考选择。表中给出的只是一个大体范围,有时变动较大。例如,流量控制系统的 δ 值有时需在 200% 以上;有的温度控制系统,由于容量滞后大,T_I 往往较大。另外,选取 δ 值时尚应注意测量部分的量程和控制阀的口径,如果量程小(相当于测量变送器的放大系数 K_m 大)或控制阀的口径选大了(相当于控制阀的放大系数 K_v 大)时,δ 应适当选大一些,即 K_c 小一些,这样可以适当补偿 K_m 大或 K_v 大带来的影响,使整个回路的放大系数保持在一定范围内。

表 7-4 控制器参数的经验数据表

控制对象	对象特性	δ,%	T_I,min	T_D,min
流量	对象时间常数小,参数有波动,δ 要大;T_I 要短;不要微分	40~100	0.3~1	
温度	对象容量滞后较大,即参数受干扰后变化迟缓,δ 应小;T_I 要长;一般需加微分	20~60	3~10	0.5~3
压力	对象的容量滞后一般,不算大,一般不加微分	30~70	0.4~3	
液位	对象时间常数范围较大。要求不高时,δ 可在一定范围内选取,一般不用微分	20~80		

经验凑试法的关键是"看曲线,调参数"。因此,必须弄清楚控制器参数变化对过渡过程曲线的影响关系。一般来说,在整定中,观察到曲线振荡很频繁,须将比例度增大以减少振荡;当曲线最大偏差大且趋于非周期过程时,须将比例度减小。当曲线波动较大时,应增大积分时间;而在曲线偏离给定值后,长时间回不来,则应减小积分时间,以加快消除余差的速度。如果曲线振荡得厉害,须将微分时间减到最小,或者暂时不加微分作用,以免更加剧振荡;在曲线最大偏差大而衰减缓慢时,须增加微分时间。经过反复凑试,一直调到过渡过程振荡两个周期后基本达到稳定,品质指标达到工艺要求为止。

习题与思考题

1.一个简单控制系统通常由哪几个环节组成?

2.被控变量选择的一般原则是什么?

3.操作变量选择的一般原则是什么?

4.控制器的正、反作用的选择原则是什么?

5.图 7-12 所示为一反应器温度控制系统。在此系统中,什么是被控变量?什么是操纵变量?试画出这一系统的方框图,并说明各环节的输入、输出信号。假定该反应器温度控制系统中温度不允许过高,否则有爆炸危险,试确定控制阀的气开、气关形式和控制器的正、反作用。

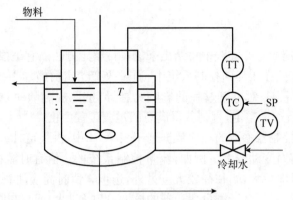

图 7-12 反应器温度控制系统

6.图 7-13 所示为精馏塔塔釜液位控制系统示意图。若工艺上不允许塔釜液位被抽空，试确定控制阀的气开、气关形式和控制器的正反作用方式。

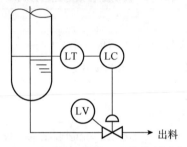

图 7-13 精馏塔塔釜液位控制系统

7.简单控制系统的投运分哪几个环节？

8.控制器的参数整定有几种方法？

第八章　复杂控制系统简介

所谓复杂控制系统是相对于简单控制系统而言的,是指具有多个变量的控制系统或是具有两个以上测量变送器的控制系统,或是具有两个以上控制器的控制系统,或是具有两个以上控制阀的控制系统。依照系统的结构形式和所完成的功能来分,常用复杂控制系统有串级控制系统、比值控制系统、均匀控制系统、分程控制系统、选择控制系统、前馈控制系统等。

第一节　串级控制系统

一、概述

图8-1所示为加热炉出料温度简单控制系统。在有些场合,燃料气阀前压力会有波动,即使阀门开度不变,仍将影响流量,从而逐渐影响出口温度。因为加热炉炉管等热容较大,等温度控制器发现偏差再进行控制,显然不够及时 ,控制质量变差。如果改用图8-2所示的流量控制系统,此系统可以迅速克服阀前压力等干扰,但对进料负荷、燃料气成分变化等干扰,却完全无能为力。操作人员的日常操作经验是当温度偏高时,将燃料气流量控制器的给定值减少一些;当温度偏低时,燃料气流量控制器的设定值应该增加一些。按照上述操作经验,将两个控制器串接起来,流量控制器的设定值由温度控制器输出决定,系统结构如图8-3所示。这样既能迅速克服影响流量的干扰作用,又能使温度在其他干扰作用下也保持在给定值。这种系统就是串级控制系统,即由两个测量变送器、两个控制器(其中一个控制器的输出是另一个控制器的给定)、一个控制阀组成的双闭环定值系统。

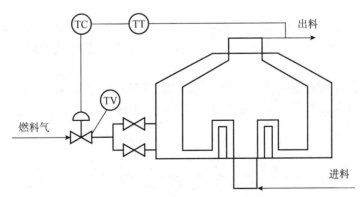

图8-1　加热炉出料温度控制系统

为了更好地阐述和研究问题,这里介绍几个串级控制系统中常用的名词。

主被控变量(y_1):是工艺控制指标或与工艺控制指标有直接关系,在串级控制系统中起主导作用的被控变量(如图8-3中的加热炉出料温度)。

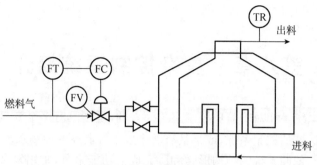

图 8-2 流量控制系统

副被控变量(y_2)：大多为影响主被控变量的重要参数。通常为稳定主被控变量而引入的中间辅助变量。

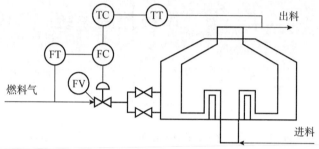

图 8-3 串级控制系统

主控制器：在系统中起主导作用，按主被控变量和其设定值之差进行控制运算，并将其输出作为副控制器给定值。

副控制器：在系统中起辅助作用，按所测得的副被控变量和主控输出之差来进行控制运算，其输出直接作用于控制阀的控制器，简称为"副控"。

主变送器：测量主被控变量，并将主被控变量的大小转换为标准统一信号。

副变送器：测量副被控变量，并将副被控变量的大小转换为标准统一信号。

主对象：大多为工业过程中所要控制的、由主被控变量表征其主要特性的生产设备或过程。

副对象：大多为工业过程中影响主被控变量的、由副被控变量表征其特性的辅助生产设备或辅助过程。

副回路：由副变送器、副控制器、控制阀和副对象所构成的闭环回路，又称为"副环"或"内环"。

主回路：由主变送器、主控制器、副回路等效环节、主对象所构成的闭环回路，又称为"主环"或"外环"。

根据前面介绍串级控制系统的专用名词，串级控制系统的典型的方框图可用图 8-4 表示。f_1 是作用于主回路的干扰，f_2 是作用于副回路的干扰。

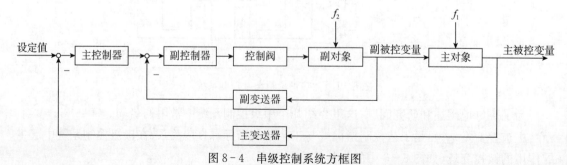

图 8-4 串级控制系统方框图

二、串级控制系统的工作过程

串级控制系统如何克服干扰、提高控制质量呢？下面以加热炉出口温度—炉膛温度串级控制系统为例加以说明（图8-5）。假定温度控制器 T_1C 和 T_2C 均选择了反作用方式（串级控制系统的控制器正反作用选取原则在后面介绍）。从安全角度考虑，控制阀选择气开形式。

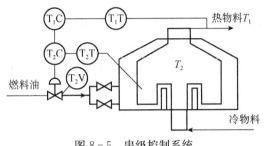

图8-5 串级控制系统

1.干扰作用在主回路

如果物料的流量减小，其作用结果是使加热炉出口温度升高。这时温度控制器 T_1C 的测量值增加，由于 T_1C 是反作用控制器，所以它的输出将减小，即温度控制器 T_2C 的给定值减小。此时，副对象没有受到干扰影响，副变量不变，因此温度控制器 T_2C 的输入偏差信号增加，由于温度控制器 T_2C 也是反作用，于是其输出减小，气开阀阀门开度也随之减小，使燃料油供给量减少，加热炉出口温度慢慢降低靠近给定值。在这个控制过程中，副回路是随动控制系统，这就是说炉膛温度为了稳定主变量（加热炉出口温度）是随时变化的。所以串级控制系统中，当干扰作用于主对象时，副回路的存在可以及时改变副变量的数值，以达到稳定主变量的目的。

2.干扰作用在副回路

假定燃料油压力增加，则使副变量升高，而暂时对主变量不产生影响，对于温度控制器 T_2C 来说，它的输入是副变量的测量值与温度控制器 T_1C 的输出之差，主变量暂不变化，所以 T_1C 的输出是不变的，此时副变量升高，显然温度控制器 T_2C 的输入是增加的，因温度控制器 T_2C 是反作用，故其输出减小，关小控制阀，进行调节。在此控制过程中，由于控制通道时间常数小，所以控制及时。在燃料油压力幅值不大的情况下，它们的影响几乎波及不到主变量，就被副回路克服了；当燃料油压力幅值较大时，在副回路快速及时的控制下，会使其干扰影响大大削弱，即使影响到加热炉出口温度（主变量），偏离给定值的程度也不大。此时温度控制器 T_1C 的测量值增加，其输出就会减小（温度控制器 T_1C 是反作用），即温度控制器 T_2C 的给定值减小，从而使温度控制器 T_2C 的输出减小，再适度地关小控制阀，减小燃料流量，经过主控制器的进一步调节，燃料油压力的影响很快被消除，使主变量回到给定值。由此可见，串级控制系统能够很好地克服作用到副回路上的干扰。

3.干扰同时作用于主、副回路

当干扰即物料的流量和燃料油压力分别作用于主、副回路时，会有两种可能，一种可能是物料的流量和燃料油压力的影响使主副变量同方向变化。假设使主、副变量都增加,这时温度控制器 T_1C 输出减小,温度控制器 T_2C 的测量值增加,因此反作用温度控制器 T_2C 的输出会大大减小,使控制阀的开度大幅度减小,大大减少了燃料流量,以阻止加热炉炉膛温度和出口温度上升的趋势,使主变量出口温度渐渐恢复到给定值。如果干扰使主、副变量都减小,情况类似,共同的作用结果是使阀门开度大幅度增加,以大大增加燃料流量。由此可知,当两种干扰的作用方向相同时,两个控制器的共同作用比单个控制器的作用要强,阀门的开度有较大的动作变化,抗干扰能力更强,控制质量也更高。另一种可能是物料的流量和燃料油压力的影响使主副变量相反方向变化,即对于主副变量的影响一个增加,一个减小。这种情况是有利于控制的,因为一定程度上部分干扰作用相互抵消了,没有被抵消的部分可能使主变量升高,也可能使主变量降低,这取决于物料的流量和燃料油压力幅值的强弱,但比较前一种情况,对主变量的干扰程度已有所降低,因偏差不大,控制阀稍加动作,即可使系统平稳。

串级控制系统对于作用在主回路上的干扰和作用在副回路上的干扰都能有效地克服,但主、副回路各有其特点。副回路对象时间常数小,能很迅速地动作,然而控制不一定精确,所以其特点是:先调、粗调、快调。主回路对象时间常数大,动作滞后,但主控制器能进一步消除副回路没有克服掉的干扰,所以主回路的特点是:后调、细调、慢调。当对象滞后较大,干扰幅值比较大而且频繁,采用简单控制系统得不到满意的控制效果时,可采用串级控制系统。

三、串级控制系统的特点

从总体上看,串级控制系统是一个定值控制系统,因此,主被控变量在干扰作用下的过渡过程和简单控制系统具有相同的品质指标和类似形式。但是和简单定值控制系统相比,串级控制系统在结构上增加了一个副回路,串级控制系统具有以下特点。

1. 串级控制系统具有较强的抗干扰能力

以加热炉出口温度串级控制系统为例加以说明(图 8 - 3),当燃料气控制阀阀前压力增加时,如果没有副回路作用,燃料气流量将增加,并通过滞后较大的温度对象,使出口温度上升时控制器才动作,控制不及时,导致出口温度质量较差。而在串级控制系统中,由于副回路的存在,当燃料气阀前压力波动影响到燃料气流量时,副控制器及时控制。这样即使进入加热炉的燃料气流量比以前有所增加,也肯定比简单控制系统小得多,它所能引起的温度偏差要小得多,并且又有主控制器进一步控制来克服这个干扰,总效果比单回路控制时好。

2. 串级控制系统,提高了控制质量

由于副回路的存在,串级控制系统改善了对象特性,使控制过程加快,提高了控制质量。

3. 串级控制系统的自适应能力

串级控制系统的主回路是一个定值控制系统,其副回路则为一个随动控制系统。主控制器的输出能按照负荷或操作条件的变化而变化,从而不断地改变副控制器的给定值,使副控制器的给定值能随负荷及操作条件的变化而变化,这就使得串级控制系统对负荷的变化和操作条件的改变有一定的自适应能力。

四、串级控制系统中副回路的确定

串级控制系统特点发挥的好坏，与整个系统的设计、整定和投运有很大关系，下面对串级控制系统实施过程中涉及的环节进行阐述，即明确在串级控制系统的实施过程中要完成的任务。

在串级控制系统中主变量的选择与简单控制系统的变量选择原则相同。副变量的选择是在设计串级控制系统的关键所在。那么，副变量选择的好坏直接影响到整个系统的性能，在选择副变量时要考虑的原则有以下几个方面：

(1)将主要的干扰包含在副回路中。这样副回路能更好、更快地克服干扰，能充分发挥副回路的特点。例如在前面所讲过的加热炉控制系统中，如果燃料压力波动使燃料流量不稳定，则选择燃料的流量为副变量，能较好地克服干扰，如图8-3所示。如果是燃料的热值变化，那么选择炉膛温度作为副变量，才能将其干扰包含在副回路中，如图8-5所示。

(2)在可能的条件下，使副回路包含更多的干扰。实际上副变量越靠近主变量，它包含的干扰就会越多，但同时控制通道也会变长；越靠近操纵变量包含的干扰就越少，控制通道也就越短。因此，在选择时需要兼顾考虑，既要尽可能多地包含干扰，又不至于使控制通道太长，使副回路的及时性变差。

(3)尽量不要把纯滞后环节包含在副回路中。这样做的原因就是尽量将纯滞后环节放到主回路中去，以提高副回路的快速抗干扰能力，及时对干扰采取控制措施，将干扰的影响抑制在最小限度内，从而提高主变量的控制质量。

(4)主、副对象的时间常数不能太接近。一般情况下，副对象的时间常数应小于主对象的时间常数，如果选择副变量距离主变量太近，那么主、副对象的时间常数就相近，这样，当干扰影响到副变量时，很快就影响到了主变量，副回路存在的意义也就不大了。此外，当主、副对象时间常数接近，系统可能会出现"共振"现象，这会导致系统的控制质量下降，甚至变得不稳定。因此，副对象的时间常数要明显地小于主对象的时间常数。一般主、副对象的时间常数之比在3~10之间。

应该指出，在具体问题上，要结合实际的工艺进行分析，应考虑工艺上的合理性和可能性，分清主次矛盾，合理选择副变量。

五、主、副控制器控制规律及正、反作用的选择

1. 主、副控制器控制规律的选择

串级控制系统主、副回路所发挥的控制作用是不同的，主、副回路各有其特点。副回路的特点是先调、粗调、快调。主回路的特点是后调、细调、慢调。主控制器起定值控制作用，而副控制器起随动控制作用——这是选择主副控制器控制规律的基本出发点。

主控制器的控制目的是稳定主变量，主变量是工艺操作的主要指标，它直接关系到生产的平稳、安全或产品的质量和产量，一般的情况下对主变量的要求是较高的，要求没有余差（即无差控制），因此主控制器一般选择比例积分（PI）或比例积分微分（PID）控制规律。副变量的设置目的是稳定主变量的控制质量，其本身可在一定范围内波动，因此副控制器一般选择比例作

用（P）即可，积分作用很少使用，它会使控制时间变长，在一定程度上减弱了副回路的快速性和及时性。但在以流量为副变量的系统中，为了保持系统稳定，比例度选得稍大，比例作用有些弱，为了增强控制作用，可适度引入积分作用。副控制器的微分作用是不需要的，因为当副控制器有微分作用时，一旦主控制器输出稍有变化，就容易引起控制阀大幅度变化，这对系统稳定是不利的。

2. 主、副控制器的正、反作用选择

串级控制系统控制器正反作用方式的选择依据也是为保证整个系统构成负反馈，先确定控制阀的开关形式，再进一步判断控制器的正反作用方式。副控制器正反作用的确定同简单控制系统一样，只要将副回路当作一个简单控制系统即可。确定主控制器正反作用方式的方法是可以将整个副回路等效对象 K_{P2}' 为"+"，保证系统主回路为负反馈的条件是 $K_{C1} \cdot K_{P2}' \cdot K_{O1}$ 为"−"，因 K_{P2}' 为"+"，所以 $K_{C1} \cdot K_{O1}$ 为"−"，即根据主对象的特性确定主控制器的正反作用方式。也就是说，若主对象 K_{O1} 为"+"，主控制器 K_{C1} 为"−"，则选反作用方式；若主对象 K_{O1} 为"−"，主控制器 K_{C1} 为"+"，则选正作用方式。

图 8-6 所示为夹套式反应釜温度串级控制系统，根据生产设备的安全原则控制阀选择气关阀，阀门气源中断时，处于打开状态，防止釜内温度过高发生危险。副对象的输入是操纵变量冷却水流量，输出是副变量夹套内水温。当输入变量增加时，输出变量下降，故副对象是反作用环节，K_{O2} 为"−"，保证系统副回路为负反馈的条件是 $K_{C2} \cdot K_V \cdot K_{O2}$ 为"−"，由此可判断出副控制器应该是 K_{C2} 为"−"即反作用。主对象的输入是夹套内水温，输出是釜内温度，经过分析主对象为正作用 K_{O1} 为"+"，保证系统主回路为负反馈的条件是 $K_{C1} \cdot K_{O1} =$ "−"，因此主控制器 K_{C1} 为"−"，应选反作用。

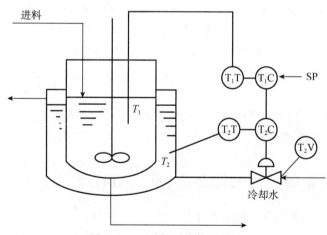

图 8-6　反应釜温度控制系统

六、串级控制系统的操作

1. 串级控制系统的投运方法

串级控制系统的投运和简单控制系统一样，要求投运过程无扰动切换，投运的一般顺序是"先投副回路，后投主回路"。

(1)主控制器置内给定,副控制器置外给定,主、副控制器均切换到手动。

(2)调副控制器手操器,使主、副参数趋于稳定时,调主控制器手操器,使副控制器的给定值等于测量值,使副控制器切入自动。

(3)当副回路控制稳定并且主被控变量也稳定时,调主控制器,使主控制器的给定值等于测量值,将主控制器切入自动。

2. 控制器参数整定的方法

串级控制系统设计完成后,通常需要进行控制器的参数整定才能使系统运行在最佳状态。整定串级控制系统参数时,首先要明确主副回路的作用以及对主、副被控变量的控制要求。整体上来说,串级控制系统的主回路是个定值控制系统,要求主被控变量有较高的控制精度,其控制质量的要求与简单控制系统一样。但副回路是一个随动系统,只要求副被控变量能快速地跟随主被控变量,精度要求不高。在实践中,串级控制系统的参数整定方法有两种:两步整定法和一步整定法。

1)两步整定法

这是一种先整定副控制器而后整定主控制器的方法。当串级控制系统主、副对象的时间常数相差较大,主、副回路的动态联系不紧密时,采用此法。

(1)先整定副控制器:主、副回路均闭合,主、副控制器都置于纯比例作用,将主、副控制器的比例度 δ 放在 100% 处,用简单控制系统整定法整定副回路,得到副变量按 $4:1$ 衰减时的比例度 δ_{2S} 和振荡周期 T_{2S}。

(2)整定主回路:主、副回路仍闭合。副控制器置 δ_{2S},用同样方法整定主控制器,得到主变量按 $4:1$ 衰减时的比例度 δ_{1S} 和 T_{1S},

(3)依据两次整定得到的 δ_{2S} 和 T_{2S} 及 δ_{1S} 和 T_{1S},按所选的控制器的类型,利用表 $7-1$ 计算公式,算出主副控制器的比例度,积分时间和微分时间。

2)一步整定法

两步整定法虽然能满足主、副变量的要求,但是在整定的过程中要寻求两个 $4:1$ 的衰减振荡过程,比较麻烦。为了简化步骤,也可采用一步法进行整定。

一步法就是根据经验先将副控制器的参数一次性设定好,不再变动,然后按照简单控制系统的整定方法直接整定主控制器的参数。在串级控制系统中,主变量是直接关系到产品质量或产量的指标,一般要求比较严格;而对副被控变量的要求不高,允许在一定的范围内波动。

在实际工程中,证明这种方法是很有效果的,经过大量实践经验的积累,总结得出对于在不同的副变被控量情况下,副控制器的参数可以参考表 $8-1$ 所示的数据。

表 $8-1$　副控制器的参数经验值

副被控变量类型	温度	压力	流量	液位
比例度 δ,%	$20\sim60$	$30\sim70$	$40\sim80$	$20\sim80$
放大系数 K_{C2}	$5.0\sim1.7$	$3.0\sim1.4$	$2.5\sim1.25$	$5.0\sim1.25$

第二节　均匀控制系统

一、均匀控制系统的目的和特点

　　绝大部分化工生产过程是连续生产。前一设备的出料，往往是后一设备的进料，各设备的操作情况也是互相关联、互相影响的。图8-7所示的连续精馏的多塔分离过程就是一个最能说明问题的例子。为了保证精馏塔的稳定操作，希望进料和塔釜液位稳定，对甲塔来说，为了稳定前后精馏塔的供求关系操作需保持塔釜液位稳定，为此必然频繁地改变塔底的排出量。而对乙塔来说，从稳定操作要求出发，希望进料量尽量不变或少变，这样甲、乙两塔间的供求关系就出现了矛盾。如果采用图8-7所示的控制方案，如果甲塔的液位上升，则液位控制器就会开大出料阀1，而这将引起乙塔进料量增大，于是乙塔的流量控制器又要关小阀2，其结果会使甲塔的塔釜液位升高，出料阀1继续开大，如此下去，顾此失彼，两个控制系统无法同时正常工作，解决不了供求之间的矛盾。

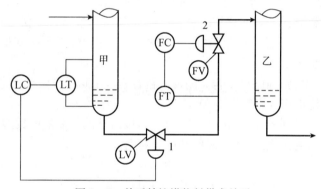

图8-7　前后精馏塔物料供求关系

　　解决矛盾的方法，可在两塔之间设置一个中间储罐，既满足甲塔控制液位的要求，又缓冲了乙塔进料流量的波动。但是由此会增加设备，使流程复杂化，加大了投资。另外，有些生产过程连续性要求较高，不宜增设中间储罐。

　　解决供求之间的矛盾，只有冲突的双方各自降低要求。从工艺和设备上进行分析，塔釜有一定的容量，其容量虽不像储罐那么大，但是液位并不要求保持在定值上，允许在一定的范围内变化。至于乙塔的进料，如不能做到定值控制，但能使其缓慢变化也对乙塔的操作是很有益的，较之进料流量剧烈的波动则改善了很多。为了解决前后工序供求矛盾，达到前后兼顾协调操作，使前后求矛盾的两个变量在一定范围内变化，为此组成的系统称为均匀控制系统。"均匀"并不表示"平均照顾"，而是根据工艺变量各自的重要性来确定主次。

　　均匀控制通常是对两个矛盾变量同时兼顾，使两个互相矛盾的变量达到下列要求。

　　(1)两个变量在控制过程中都应该是变化的，且变化是缓慢的。因为均匀控制是指前后设备的物料供求之间的均匀，那么，表征前后求矛盾的两个变量都不应该稳定在某一固定的数值。图8-8(a)中将液位控制成比较平稳的直线，因此下一设备的进料量必然波动很大。这样的控制过程只能看作液位的定值控制，而不能看作均匀控制。反之，图8-8(b)中将后一设备的进料量控制成比较平稳的直线,那么,前一设备的液位就必然波动很厉害,所以,它只能被看作是流量的定值控制。只有如图8-8(c)所示的液位和流量的控制曲线才符合均匀控制的要求,两者都有一定程度的波动,但波动都比较缓慢。

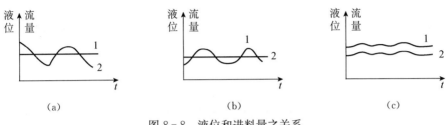

(a)   (b)   (c)

图8-8 液位和进料量之关系
1—液位变化曲线;2—流量变化曲线

(2)前后互相联系又互相矛盾的两个变量应保持在所允许的范围内波动。图8-7中,甲塔塔釜液位的升降变化不能超过规定的上下限,否则就有淹过再沸器蒸汽管或被抽干的危险。同样,乙塔进料流量也不能超越它所承受的最大负荷或低于最小处理量,否则就不能保证精馏过程的正常进行。为此,均匀控制的设计必须满足这两个限制条件。当然,这里的允许波动范围比定值控制过程的允许偏差要大得多。

二、均匀控制系统的类型

1.简单均匀控制系统

图8-9所示为简单均匀控制系统,外表看起来与简单的液位定值控制系统一样,但系统设计的目的不同。定值控制是通过改变排出流量来保持液位为给定值,而简单均匀控制是为了协调液位与排出流量之间的关系,允许它们都在各自许可的范围内作缓慢变化。

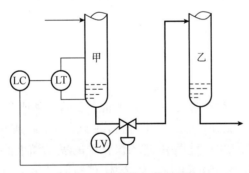

图8-9 简单均匀控制系统

简单均匀控制系统满足均匀控制的要求,是通过控制器的参数整定来实现的。简单均匀控制系统中的控制器一般都是纯比例作用的,比例度的整定不能按4:1(或10:1)衰减振荡过程来整定,而是将比例度整定得很大,使当液位变化时,控制器的输出变化很小,排出流量只作微小、缓慢的变化。有时为了克服连续发生的同一方向干扰所造成的过大偏差,防止液位超出规定范围,则引入积分作用,这时比例度一般大于100%,积分时间也要放得大一些。至于微分作用,是和均匀控制的目的背道而驰的,故不采用。

简单均匀控制方案简单易行,所用设备少,但是流量易受控制阀前后压降变化的影响,因此简单均匀控制系统适用于干扰不大,且流量要求不高的场合。

2. 串级均匀控制系统

前面讲的简单均匀控制方案,虽然结构简单,但有局限性。当塔内压力或排出端压力变化时,即使控制阀开度不变,流量也会随控制阀前后压差变化而改变。等到流量变化影响到液位变化后,液位控制器才进行控制,显然这是不及时的。为了克服这一缺点,可在简单均匀控制方案基础上增加一个流量副回路,即构成串级均匀控制,如图 8-10 所示。从图中可以看出,它在系统结构上与串级控制系统是相同的。液位控制器的输出作为流量控制器的给定值,用流量控制器的输出来操纵控制阀。由于增加了副回路,可以及时克服由于塔内或排出端压力改变所引起的流量变化。这些都是串级控制系统的特点。但是,由于设计这一系统的目的是为了协调液位和流量两个变量的关系,使之在规定的范围内作缓慢变化,所以本质上是均匀控制。

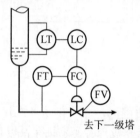

图 8-10 串级均匀控制系统

串级均匀控制系统使两个变量间的关系得到协调,是通过控制器参数整定来实现的。在串级均匀控制系统中,参数整定的目的不是使变量尽快地回到给定值,而是要求变量在允许的范围内作缓慢变化。参数整定的方法也与一般的不同。一般控制系统的比例度和积分时间是由大到小地进行调整,均匀控制系统却正相反,是由小到大地进行调整。均匀控制系统的控制器参数数值一般都很大。

串级均匀控制系统的主、副控制器一般都采用纯比例作用的。只在要求较高时,为了防止偏差过大而超过允许范围,才引入适当的积分作用。

第三节 比值控制系统

一、概述

在化工、炼油及其他工业生产过程中,工艺上常需要将两种或两种以上的物料保持一定的比例关系,如比例一旦失调,就使产品质量不合格,甚至造成危险或发生事故。

例如,在重油汽化的造气生产过程中,进入汽化炉的氧气和重油流量应保持一定的比例,若氧油比过高,会因炉温过高使喷嘴和耐火砖烧坏,严重时甚至会引起炉子爆炸;如果氧量过低,则生成的炭黑增多,还会发生堵塞现象。所以保持合理的氧油比,不仅为了使生产正常进行,而且对安全生产来说具有重要意义。这样类似的例子在工业生产中是大量存在的。

实现两个或两个以上物料符合一定比例关系的控制系统,称为比值控制系统。通常为流量比值控制系统。

在需要保持比值关系的两种物料流量中,必有一种物料处于主导地位,这种物料称为主物料,表征这种物料的变量称为主动流量,用 F_1 表示。而另一种物料按主物料进行配比,在控制过程中随主物料而变化,因此称为从物料,表征其特性的变量称为从动流量或副流量,用 F_2 表示。一般情况下,总以生产中主要物料定为主物料,如上例中的重油汽化过程中重油为主物料,而相应跟随变化的氧气则为从物料。在有些场合,以不可控物料作为主物料,用改变可控物料即从物料的量来实现它们之间的比值关系。比值控制系统就是要实现从动流量 F_2 与主动流量 F_1 成一定比值关系,满足如下关系式:

$$k=F_2/F_1$$

式中　k——从动流量与主动流量的工艺流量比值。

二、比值控制的类型

比值控制系统主要有以下几种方案。

1. 开环比值控制系统

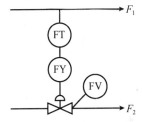

开环比值控制系统是最简单的比值控制方案,图8-11所示为其原理图。当主动流量 F_1 变化时,通过控制器及安装在从物料管道上的控制阀来控制从动流量 F_2,以满足 $k=F_2/F_1$ 的要求。该系统的测量信号取自主物料 F_1,但控制器的输出却去控制从物料的流量 F_2,所以是一个开环系统。

这种方案的优点是结构简单,只需一台纯比例控制器,其比

图8-11　开环比值控制系统

例度可以根据比值要求来设定。其缺点是如主物料 F_1 稳定不变,从物料的流量 F_2 将受控制阀前后压差变化影响而改变。所以这种系统只能适用于从动流量较平稳且比值要求不高的场合。实际生产过程中,很少采用开环比值控制方案。

2. 单闭环比值控制系统

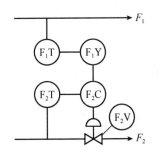

图8-12　单闭环比值控制系统

单闭环比值控制系统是为了克服开环比值控制方案的不足,在开环比值控制系统的基础上,通过增加一个副流量的闭环控制系统而组成的,如图8-12所示。

从图中可以看出,单闭环比值控制系统与串级控制系统具有相类似的结构形式,但两者是不同的。单闭环比值控制系统的主动流量 F_1 相似于串级控制系统中的主变量,但主动流量并没有构成闭环系统,F_2 的变化并不影响到 F_1。尽管它也有两个控制器,但只有一个闭合回路,这就是两者的根本区别。

在稳定情况下,主动、从动流量满足工艺要求的比值,$F_2/F_1=k$。当主动流量 F_1 变化时,经变送器送至比值控制器 F_1Y。F_1Y 按预先设置好的比值使输出成比例地变化,也就是成比例地改变从动流量控制器 F_2C 的给定值,此时从动流量控制系统为一个随动控制系统,从而 F_2 跟随 F_1 变化,使流量比值 k 保持不变。当主动流量没有变化而从动流量由于自身干扰发生变化时,此从动流量控制系统相当于一个定值控制系统,使工艺要求的流量比值仍保持不变。

单闭环比值控制系统的优点是它不但能实现从动流量跟随主动流量的变化而变化,而且还可以克服从动流量本身干扰对比值的影响,因此主、副流量的比值较为精确。另外,这种方

案的结构形式较简单,实施起来也比较方便,所以得到广泛的应用,尤其适用于主物料在工艺上不允许进行控制的场合。

单闭环比值控制系统,虽然能保持两物料量比值一定,但由于主流量是不受控制的,主流量变化时,总的物料量就会跟着变化。

3.双闭环比值控制系统

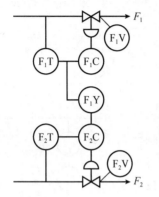

图8-13　双闭环比值控制系统

双闭环比值控制系统是为了克服单闭环比值控制系统主流量不受控制,生产负荷(与总物料量有关)在较大范围内波动的不足而设计的。它是在单闭环比值控制的基础上,增加了主动流量闭环控制回路,图8-13是它的原理图。从图中可以看出,当主动流量 F_1 变化时,一方面通过主动流量控制器 F_1Y 对它进行控制,另一方面通过乘法器乘以适当的系数后作为从动流量控制器的给定值,使从动流量跟随主动流量的变化而变化。由图8-13可以看出,该系统具有两个闭合回路,分别对主动、从动流量进行定值控制。同时,由于乘法器的存在,使得主动流量由受到干扰作用开始到重新稳定在给定值这段时间内,从动流量能跟随主动流量的变化而变化,这样不仅实现了比较精确的流量比值,而且也确保了两物料总量基本不变,这是它的一个主要优点。

双闭环比值控制系统的另一个优点是提降负荷比较方便,只要缓慢地改变主动流量控制器的给定值,就可以提降主动流量,同时从动流量也就自动跟踪提降,并保持两者比值不变。

这种比值控制方案的缺点是:结构比较复杂、使用的仪表较多、投资较大、系统调整比较麻烦。双闭环比值控制系统主要适用于主流量干扰频繁、经常需要提降负荷的场合。

第四节　其他复杂系统简介

一、前馈控制系统

在反馈控制系统中,控制器是按照被控变量与给定值的偏差而进行工作的。控制作用影响被控变量,而被控变量的变化又返回来影响控制器的输入,使控制作用发生变化。不论什么干扰,只要引起被控变量变化,都可以进行控制,这是反馈控制的优点。例如在图8-14所示的换热器出口温度的反馈控制中,所有影响被控变量的因素,如进料流量、温度的变化,蒸汽压力的变化等,它们对出口物料温度的影响都可以通过反馈控制来克服。但是,在反馈系统中,控制信号总是要在干扰已经造成影响,被控变量偏离设定值以后才能产生,控制作用总是不及时的。特别是在干扰频繁、对象有较大滞后时控制作用更为滞后,这使控制质量的提高受到很大的限制。

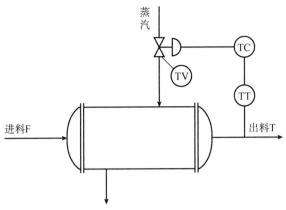

图 8-14 换热器温度反馈控制

如果已知影响换热器出口物料温度变化的主要干扰是进口物料流量的变化,为了及时克服此干扰对被控变量的影响,可以测量进料流量,根据进料流量大小的变化直接去改变加热蒸汽量的大小,这就是所谓的"前馈"控制。图 8-15 是换热器的前馈控制系统示意图。当进料流量变化时,通过前馈控制器 FC 去开大或关小蒸汽阀,以克服进料流量变化对出口物料温度的影响。

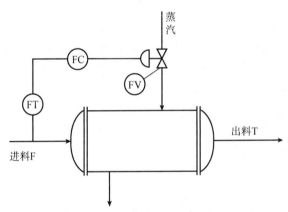

图 8-15 换热器的前馈控制

前馈控制是根据干扰的变化产生控制作用的。如果能使干扰作用对被控变量的影响与控制作用对被控变量的影响在大小上相等、方向上相反的话,就能完全克服干扰对被控变量的影响。图 8-16 就可以充分说明这一点。

在图 8-15 所示的换热器前馈控制系统中,当进料流量突然阶跃增加 ΔF 后,就会通过干扰通道使换热器出口物料温度 T 下降,其变化曲线如图 8-16 中曲线 1 所示。与此同时,进料流量的变化经测量变送后,送入前馈控制器 FC,按一定的函数运算后输出去开大蒸汽阀。由于加热蒸汽量增加,通过换热器的控制通道会使出口物料温度 T 上升,如图 8-16 中曲线 2 所示。由图可知,干扰作用使温度 T 下降。控制作用使温度 T 上升。如果控制规律选择合适,可以得到完全的补偿。也就是说,当进口物料流量变化时,可以通过前馈控制,使出口物料的温度完全不受进口物料流量变化的影响。显然,前馈控制对于干扰的克服要比反馈控制及时得多。干扰一旦出现,不需等到被控变量受其影响产生变化,就会立即产生控制作用,这个特点是前馈控制的一个主要优点。

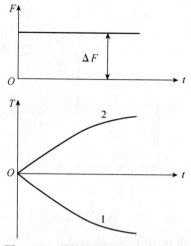

图 8 - 16　前馈控制系统的补偿过程

　　反馈控制由于是闭环系统,控制结果能够通过反馈获得检验,而前馈控制系统是一个开环系统,其控制效果并没有检验。如上例中,根据进口物料流量变化这一干扰施加前馈控制作用后,出口物料的温度(被控变量)是否达到所希望的温度是不得而知的。因此,要想综合一个合适的前馈控制作用,必须对被控对象的特性做深入的研究和彻底的了解。

　　由于前馈控制作用是按干扰进行工作的,而且整个系统是开环的,因此根据干扰设置的前馈控制就只能克服这一干扰对被控变量的影响,而对于其他干扰,由于这个前馈控制器无法感受到,也就无能为力了。反馈控制只用一个控制回路就可克服多个干扰,所以说这一点也是前馈控制系统的一个弱点。

　　前馈与反馈控制的优缺点是相对应的,若把其组合起来,取长补短,组成"复合"的前馈—反馈控制系统,取长补短,使前馈控制用来克服主要干扰,反馈控制用来克服其他的多种干扰,两者协同工作,一定能提高控制质量。

　　图 8 - 15 所示的换热器前馈控制系统,仅能克服进料量变化对被控变量的影响。如果还同时存在其他干扰,例如进料温度、蒸汽压力的变化等,它们对被控变量的影响,通过这种单纯的前馈控制系统是得不到克服的。因此,往往用"前馈"来克服主要干扰,再用"反馈"来克服其他干扰,组成如图 8 - 17 所示的前馈—反馈控制系统。

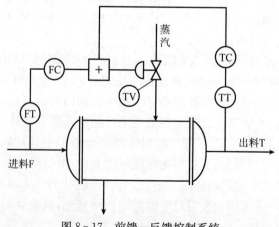

图 8 - 17　前馈—反馈控制系统

图 8-17 中的控制器 FC 起前馈作用,用来克服由于进料量波动对被控变量的影响,而温度控制器 TC 起反馈作用,用来克服其他干扰对被控变量 T 的影响,前馈和反馈控制作用相加,共同改变加热蒸汽量,以使出料温度维持在给定值上。

前馈控制主要的应用场合有:

(1)干扰幅值大而频繁,对被控变量影响剧烈,仅采用反馈控制达不到要求的场合。

(2)主要干扰是可测而不可控的变量。所谓可测,是指干扰量可以运用检测变送装置将其在线转化为标准的电的信号或气的信号。但目前对某些变量,特别是某些成分量还无法实现上述转换,也就无法设计相应的前馈控制系统。所谓不可控,主要是指这些干扰难以通过设置单独的控制系统予以稳定,这类干扰在连续生产过程中是经常遇到的,其中也包括一些虽能控制但生产上不允许控制的变量,例如负荷量等。

二、分程控制系统

在反馈控制系统中,通常都是一台控制器的输出只控制一台控制阀。然而分程控制系统则不然。在这种控制系统中,一台控制器的输出可以同时控制两台甚至两台以上的控制阀。控制器的输出信号被分割成若干个信号范围段,由每一段信号去控制一台控制阀。由于是分段控制,故取名为分程控制系统。

分程控制系统的方框图如图 8-18 所示。

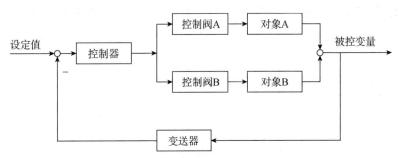

图 8-18　分程控制系统方框图

分程控制系统中控制器输出信号的分段一般是由附设在控制阀上的阀门定位器来实现的。以图 8-18 系统为例来说明其控制过程,控制器分别控制控制阀 A 和控制阀 B,如果 A 阀在 0~50%信号范围内做全行程动作(即由全关到全开或由全开到全关);B 阀在 50%~100%信号范围内做全行程动作。那么,就可以对附设在控制阀 A、B 上的阀门定位器进行调整,使控制阀 A 在 0~50%的输入信号下走完全行程,使控制阀 B 在 50%~100%的输入信号下走完全行程。这样一来,当控制器输出信号在小于 50%范围内变化时,就只有控制阀 A 随着信号压力的变化改变自己的开度,而控制阀 B 则处于某个极限位置(全开或全关),其开度不变。当控制器输出信号在 50%~100%范围内变化时,控制阀 A 因已移动到极限位置开度不再变化,控制阀 B 的开度却随着信号大小的变化而变化。分程控制属于定值控制系统,其控制过程与简单控制系统相同。

分程控制系统就控制阀的开、关型式可以划分为两类:一类是两个控制阀同向动作,即随控制阀的输入信号增加或减小,阀门都开大或都关小。如图 8-19 所示。

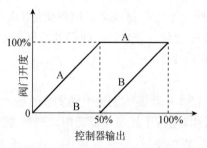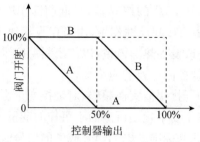

图 8-19　两阀同向动作

另一类是两个控制阀异向动作，即随控制阀的输入信号增加或减小，阀门一个关小另一个开大，如图 8-20 所示。

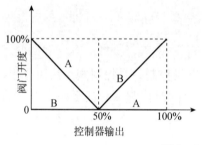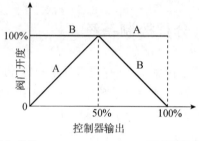

图 8-20　两阀异向动作

分程控制系统中控制阀的开关形式即阀同向或异向动作的选择问题，要根据生产工艺的实际需要来确定。

分程控制系统经常应用在以下场合。

1. 用于扩大控制阀的可调范围，改善控制品质

有时生产过程要求有较大范围的流量变化，但是控制阀的可调范围是有限制的（国产控制阀可调范围 $R=30$）。若采用一个控制阀，能够控制的最大流量和最小流量相差不可能太悬殊，满足不了生产上流量大范围变化的要求，这时可考虑采用两个控制阀并联的分程控制方案。

现以某大型化工厂燃烧天然气压力系统为例。在正常生产时，为了适应此负荷下天然气供应量的需要，控制阀的口径就要选择得很大。然而，在短暂的停车过程中，需要少量的天然气，需将控制阀开度关小。也就是说，短暂的停车情况下控制阀只在小开度下工作。而大口径阀在小开度下工作时，除了控制阀特性会发生畸变外，还容易产生噪声和振荡，这样就会使控制效果变差，控制质量降低。为解决这一矛盾，可采用两台控制阀，构成分程控制方案，如图8-21所示。

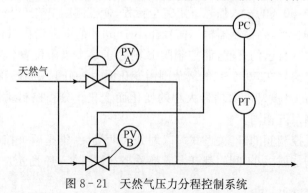

图 8-21　天然气压力分程控制系统

该分程控制方案中采用了 A(流通能力较小即小阀)、B(流通能力较大即大阀)两台控制阀(根据工艺要求均选择为气开阀)。这样在正常情况下,即正常负荷时,A 阀处于全开状态,只通过 B 阀开度的变化来进行控制。短暂的停车情况下,即小负荷时,B 阀已全关,天然气的压力仍高于给定值,于是反作用式的压力控制器 PC 输出减小,使 A 阀也逐渐关小,只通过 A 阀开度的变化来进行控制天然气的压力。

2. 交替使用不同的控制方式

在工业生产中,有时需要交替使用不同的控制方式,满足生产需求。例如有些存放各种油品或石油化工产品的储罐。这些油品或石油产品不宜与空气长期接触,因为空气中的氧气会使油品氧化而变质,甚至引起爆炸。为此,常常在储罐上方充以惰性气体 N_2,使油品与空气隔绝,通常称之为氮封。为了保证空气不进储罐,一般要求氮气压力应保持为微正压。

这里需要考虑的一个问题就是储罐中物料量的增减会导致氮封压力的变化。当抽取物料时,氮封压力会下降,如不及时向储罐中补充 N_2,储罐就有被吸瘪的危险。而当向储罐中打料时,氮封压力又会上升,如不及时排出储罐中一部分 N_2 气体,储罐就可能被鼓坏。为了维持氮封压力,可采用图 8-22 所示的分程控制方案。

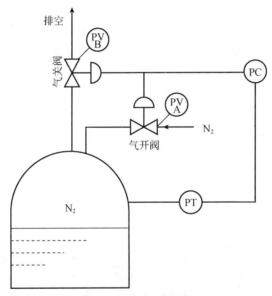

图 8-22　储罐氮封分程控制

本方案中从安全角度出发 A 阀采用气开式,B 阀采用气关式,它们的分程特性如图 8-23 所示。

当储罐压力升高时,测量值将大于给定值,压力控制器 PC 的输出将下降,这样 A 阀将关闭,而 B 阀将打开,于是通过放空的办法将储罐内的压力降下来。当储罐内压力降低,测量值小于给定值时,控制器输出将变大,此时 B 阀将关闭而 A 阀将打开,于是 N_2 气体被补充加入储罐中,以提高储罐的压力。

为了防止储罐中压力在给定值附近变化时 A、B 两阀的频繁动作,可在两阀信号交接处设置一个不灵敏区,如图 8-23 所示。方法是通过阀门定位器的调整,使 B 阀在 0~48% 信号范围内从全开到全关,使 A 阀在 52%~100% 信号范围内从全关到全开,而当控制器输出压力在

48%~52%范围变化时,A、B两阀都处于全关位置不动。这样做的结果,对于储罐这样一个空间较大,因而时间常数较大、控制精度不是很高的具体压力对象来说是有益的。因为留有这样一个不灵敏区之后,将会使控制过程变化趋于缓慢,系统更为稳定。

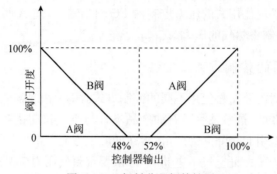

图 8-23 氮封分程阀特性图

3.用于控制两种不同的介质,以满足工艺生产的要求

在某些间歇式生产的化学反应过程中,当反应物料投入设备后,为了使其达到反应温度,往往在反应开始前需要给它提供一定的热量。一旦达到反应温度后,就会随着化学反应的进行而不断放出热量,这些放出的热量如不及时移走,反应就会越来越剧烈,以致会有爆炸的危险。因此,对这种间歇式化学反应器,既要考虑反应前的预热问题,又需要考虑过程中移走热量的问题。为此,可设计如图 8-24 所示的分程控制系统。在该系统中,利用A、B两台控制阀,分别控制冷水与蒸汽两种不同介质,以满足工艺上需要冷却和加热的不同需要。

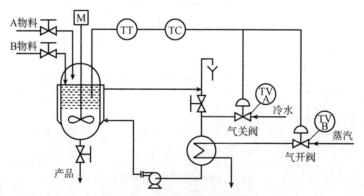

图 8-24 反应器分程控制系统

温度控制器 TC 选择为反作用,冷水控制阀 A 选为气关式,蒸汽控制阀 B 选为气开式,两阀的分程情况如图 8-25 所示。

该系统的工作情况如下:在进行化学反应前的升温阶段,由于温度测量值小于给定值,控制器 TC 输出较大(大于 50%),因此,A 阀将关闭,B 阀被打开,此时蒸汽通入热交换器使循环水被加热,循环热水再通入反应器夹套为反应物加热,以便使反应物温度慢慢升高。当反应物温度达到反应温度时,化学反应开始,于是就有热量放出,反应物的温度将逐渐升高。由于控制器 TC 是反作用的,故随着反应物温度的升高,控制器的输出逐渐减小。与此同时,"B"阀将逐渐关闭。待控制器输出小于 50% 以后,"B"阀全关,"A"阀则逐渐打开。这时,反应器夹套中流过的将不再是热水而是冷水。这样一来,反应所产生的热量就不断被冷水所移走,从而达到维持反应温度不变的目的。

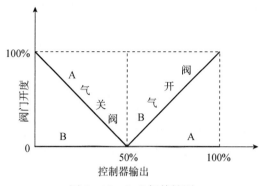

图 8 - 25　A、B 阀特性图

本方案中选择蒸汽控制阀为气开式,冷水控制阀为气关式,是从生产安全角度考虑的。因为,一旦出现供气中断情况,A 阀将处于全开,B 阀将处于全关。这样,就不会因为反应器温度过高而导致生产事故。

三、选择性控制系统

选择性控制系统,当生产短期内处于不正常工况时,可达到既不使设备停车又起到对生产进行自动保护的目的。在这种系统中,已经考虑到了生产工艺过程限制条件的逻辑关系。当生产操作条件趋向限制条件时,一个用于控制不正常工况的控制方案将自动取代正常工况下工作的控制方案。直到生产操作重新回到安全范围时,正常工况下工作的控制方案又自动恢复对生产过程的正常控制。因此,这种选择性控制系统有时被称为取代控制系统或自动保护控制系统。某些选择性控制系统甚至可以使开、停车这样的工作都能够由系统控制自动地进行而无须人员参与。

要构成选择性控制,生产操作必须要具有一定选择性的逻辑关系。而选择性控制的实现则需要靠具有选择功能的自动选择器来完成。

选择性控制系统的结构有多种,经常使用的类型是:选择器在控制器和控制阀之间的选择性控制系统和选择器在控制器和变送器之间的选择性控制系统。

1. 选择器在控制器和控制阀之间的选择性控制系统

在这一类选择性控制系统中,一般有 A、B 两个可供选择的变量。其中一个变量 A 多假定为工艺操作的主要技术指标,它直接关系到产品的质量或生产效率;另一个变量 B,工艺上对它只有一个限值要求,只要不超出限值,生产就是安全的,一旦超出这一限值,生产过程就有发生事故的危险。因此,在正常情况下,变量 B 处于限值以内,生产过程就按照变量 A 来进行连续控制。一旦变量 B 达到极限值时,为了防止事故的发生,所设计的选择性控制系统将通过选择器切断变量 A 控制器的输出,而将控制阀迅速关闭或打开,直到变量 B 回到限值以内时,系统才自动重新恢复到按变量 A 进行连续控制。这种类型选择性控制系统一般都用做系统的限值保护。

图 8 - 26 所示为锅炉蒸汽压力与燃料压力组成的选择性控制系统。蒸汽负荷随用户需求

量的多少而波动,在正常情况下,用控制燃料量的方法维持蒸汽压力稳定。当蒸汽用量剧增时,蒸汽总管压力显著下降,此时蒸汽压力控制器不断打开燃料阀门,增加燃料量,因而使阀后压力大增。当阀后压力超出一定范围之后,会造成喷嘴脱火事故,为此,设计了选择性控制系统。

图8-26所示选择性控制系统工作过程如下:在正常情况下,即阀后压力低于脱火压力时,燃料压力控制器的输出信号大于蒸汽压力控制器的输出信号,由于低值选择器 LS 能够自动选择两个输入信号 a、b 中的低值作为输出,因此在正常情况下,蒸汽压力控制器输出 b 控制燃料阀门的开度。而当燃料阀门开大使阀后压力接近脱火压力时,燃料压力控制器的输出信号 a 减小,并取代蒸汽压力控制器去操纵燃料阀门,使阀门关小,避免因阀后压力过高而造成喷嘴脱火事故。当阀后压力降低后,且蒸汽压力回升后,蒸汽压力控制器的输出信号再被选中,回复正常工况控制。

2. 选择器在控制器和变送器之间的选择性控制系统

此类选择性控制系统一般比较简单,是几个测量变送器共用一个控制器。图8-27所示的固定床反应器,由于内部气体流动情况的变化和催化剂活性降低,其反应的最高温度点的位置将会改变,为了防止温度过高而烧坏催化剂,因而在反应器的固定催化剂床层内的不同位置,安装了几个温度检测点,各检测点温度测量值经过高值选择器,选出最高的温度信号进行控制。这样保证了催化剂的安全使用和正常生产。

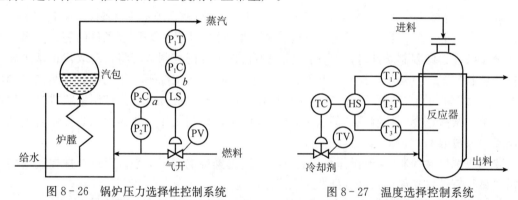

图8-26　锅炉压力选择性控制系统　　　　图8-27　温度选择控制系统

在生产过程中有时也将应用选择器的控制系统称为选择性控制系统。

四、新型控制系统

1. 自适应控制系统

自适应控制是建立在系统数学模型参数未知的基础上,在控制系统运行过程中,系统本身不断测量被控系统的参数或运行指标,根据参数或运行指标的变化,改变控制参数或控制作用,以适应其特性的变化,保证整个系统运行在最佳状态下。一个自适应控制系统至少应包含有以下三个功能:一是具有一个检测或估计环节,目的是监视整个过程和环境,并能对消除噪声后的检测数据进行分类(通常是指对过程的输入、输出进行测量,进而对某些参数进行实时估计);二是具有衡量系统控制优劣的性能指标,并能够测量或计算它们,以此来判断系统是否偏离最优状态;三是具有自动调整控制器的控制规律或参数的能力。

自适应控制系统的一般框图如图8-28所示,根据其设计原理和结构的不同,主要包括:增益调度自适应控制系统、模型参考自适应控制系统和自校正控制系统等。

1)增益调度自适应控制系统

这是一种最为简单的自适应控制系统,主要通过监测过程的运行条件来改变控制器的参数,以此补偿系统受环境等条件变化而造成对象参数变化的影响,故称为增益调度自适应控制。这种方法的关键是找出影响被控对象参数变化的辅助变量,并设计好辅助变量与最佳控制器增益的函数关系,让控制器的参数按预编程的方式作为运行条件的函数而改变。其原理如图8-29所示,根据运行条件或外部干扰信号,按照预先规定的模型或增益调度表,直接去修正控制器的参数。

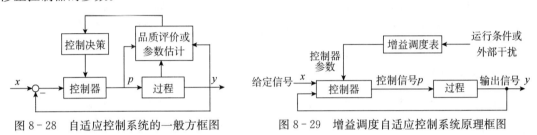

图8-28 自适应控制系统的一般方框图　　　图8-29 增益调度自适应控制系统原理框图

增益调度自适应控制,其结构简单,具有快速的适应能力,美中不足的是其参数补偿按开环工作方式进行,对不正确的调度没有反馈补偿功能,并且在设计时需具备较多的过程机理知识。

2)模型参考自适应控制系统

模型参考自适应控制系统主要用于随动控制。这类控制的典型特征是参考模型与被控系统并联运行,参考模型表示了控制系统的性能要求。其基本结构如图8-30所示。

图中虚线框内的部分表示控制系统。可以看到,输入信号 x 有两个传递通道,一个送到控制器,对被控对象进行控制,其输出为 y_p;另一个送往参考模型,其输出为 y_m。将参考模型与被控系统并联后的输出信号,即偏差信号 $e=y_m-y_p$ 送往自适应机构,进而改变控制器的参数,直至使控制系统的性能接近或等于参考模型规定的性能。

在模型参考自适应控制系统中,不需要专门的在线辨识装置,主要是借助于目标函数来调整可调参数,其实质是设计一个稳定的,同时具有较高性能的自适应机构的自适应算法。这种方法的应用关键是,如何将一个实际问题转化为模型参考自适应问题。

3)自校正控制系统

自校正控制系统是自适应控制中一个的分支。自校正控制系统的原理如图8-31所示。

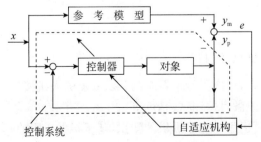

图8-30 模型参考自适应控制系统结构图

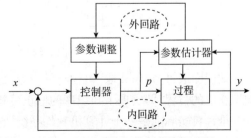

图8-31 自校正控制系统原理图

— 169 —

由图中可以看到,自校正控制系统是在原有控制系统的基础上,增加了一个外回路。外回路由参数估计器和参数调整机构组成,用来调整控制器的参数。内回路包括过程和普通线性反馈控制器。对象的输入信号 x 和输出信号 y 送入参数估计器,在线识别出其数学模型,参数调整机构根据辨识结果设计计算自校正控制规律和修改控制器参数,在对象参数受到干扰而发生变化时,控制系统性能仍保持或接近最优状态,这种系统应用较广泛。

2.专家系统

20 世纪 80 年代初,专家系统的思想和方法开始被引入控制系统的研究和工程应用中。专家系统是一种基于知识的系统,它主要面临的是各种非结构化的问题,尤其是处理定性的、启发式或不确定的知识信息,经过各种推理来达到系统的任务目标。专家系统的这一特点为解决传统控制理论的局限性提供了重要启示,两者的结合产生了专家控制,它是智能控制的一个重要分支。

1)专家系统的基本构成

专家系统是一种基于知识的系统,其内部存有大量关于某一领域的专家水平的知识和经验,具有解决专门问题的能力。专家系统的主要功能取决于大量的知识以及合理、完备的智能推理机构。归根结底,专家系统是一个包含着知识和推理的智能计算机程序系统,其基本结构如图 8-32 所示。

显而易见,知识库和推理机构是专家系统中的两个主要构成因素。

知识库可看作是一个存储器,它主要由规则库和数据库两部分构成。其中规则库存储着作为专家经验的判断性知识,用于问题的推理和求解;而数据库用于存储问题的状态、特性以及当前的条件等,供推理和解释机构使用。

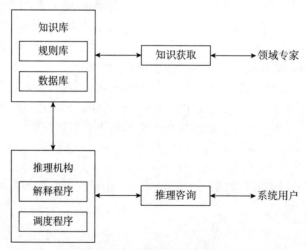

图 8-32 专家系统的基本构成

知识库通过"知识获取"机构与领域专家相联系,形成了专家系统与领域专家的人机接口。知识获取的过程,即实现了知识库的修正更新,知识条目的测试、精炼等。

推理机实际上是一个计算机软件系统,它通过运用知识库提供的知识,基于某种通用的问题求解模型,进行自动推理和求解。一般来说,它主要由解释程序和调度程序两部分构成,前者用于检测和解释知识库中的相应规则,决定如何使用判断性知识推导新知识;而后者则用于决定判断性知识的使用次序。

推理机通过"推理咨询"机构与系统用户相联系,形成了专家系统与系统用户之间的人机接口,它通过人机接口接受用户的提问,并向用户提供问题求解结论及推理过程。

2)专家系统的特点

专家系统通过移植到计算机内的相应知识,模拟人类专家的推理决策过程。这一人工智能处理方法与常规的软件程序相比,具有如下的显著特征:

(1)专家系统是一种知识信息处理系统。其知识库内存储的知识是领域专家的专业知识和实际操作经验的总结和概括;推理机构依据知识的表示和知识推理确定问题的求解途径并制定决策求解问题。专家系统在对于传统方法不易解决的问题求解中能够表现出专家的技能及技巧。

(2)专家系统具有高度灵活的问题求解能力。专家系统的两个重要组成部分——知识库和推理机构,是独立构造但又相互作用的组织。系统在运行时,推理机构可根据具体的问题灵活地选择相应的求解方案,具有很灵活的适应性。

(3)专家系统具有启发性和透明性。它能够运用专家的经验知识对不确定或不精确的问题进行启发和试探性地推理,同时能够向用户显示其推理依据和过程。

3. 模糊控制系统

模糊控制在一定程度上模仿了人的控制,它不需要精确的数学模型,主要是以人的丰富实践经验为主。

1)模糊控制系统的基本结构

模糊控制的思想是将操作人员长期的实践经验加以总结和描述,得到一种定性的控制规则,基于这些规则再进行模糊推理,从而得到控制输出。模糊控制系统的基本结构如图 8-33 所示。

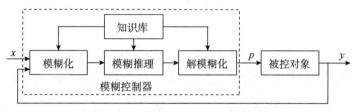

图 8-33　模糊控制系统的基本结构

根据从对象中测得的数据如温度、压力等,与给定值进行比较,将偏差和偏差的变化率输入到模糊控制器,由模糊控制器推断出控制量,用它来控制对象。

由于对一个模糊控制来说,输入和输出都是精确的数值,而模糊控制原理是采用人的思维,也就是按语言规则进行推理,因此必须将输入数据变换成语言值,这个过程称为精确量的模糊化,然后进行推理及控制规则的形成,最后将推理所得结果变换成实际的一个精确的控制值,即清晰化。

2)模糊控制的几种方法

(1)查表法:查表法是模糊控制最早采用的方法,也是应用最为广泛的一种方法。所谓查表法就是将输入量的隶属度函数、模糊控制规则及输出量的隶属度函数都用表格来表示,这样输入量的模糊化、模糊规则推理和输出量的清晰化都是通过查表的方法来实现。输入模糊化表、模糊规则推理表和输出清晰化表的制作都是离线进行的,可以通过离线计算机将这三种表合并为一个模糊控制表,这样就更为简单了。其中隶属度函数类似于一般集合,这个集合可以用取值于 0 和 1 之间的实数的一个函数来表示。

(2)专用硬件模糊控制器:专用硬件模糊控制器是用硬件直接实现上述的模糊推理。它的优点是推理速度快,控制精度高。现在世界上已有各种模糊控制芯片供选用。但与使用软件方法相比,专用硬件模糊控制器价格昂贵,目前主要应用于伺服系统、机器人,汽车等领域。

(3)软件模糊推理法:软件模糊推理法的特点就是模糊控制过程中输入量模糊化、模糊规则推理、输出清晰化和知识库这四部分都用软件来实现。

五、安全仪表系统

1. 安全仪表系统的基本概念

安全仪表系统(Safety Interlocking System,SIS),也称紧急停车系统(Emergency Shut Down System,ESD)或仪表保护系统(IPS),是对石油化工等生产装置可能发生的危险或不采取措施将继续恶化的状态进行自动响应和干预,从而保障生产安全,避免造成重大人身伤害及重大财产损失的控制系统。在 IEC(国际电工委员会)标准中,安全系统被称为"Safety Related System",影响安全的诸多因素,如由自动化仪表构成的自动保护系统、其他安全措施(工艺、设备、设计改进、爆破膜等)、企业管理和操作人员的知识水平及规章制度等,都在安全系统的管理范畴之内。这种安全控制系统可以由电动、气动或液动等元件构成,广泛应用于化工、石化、核工业、航空业和流程工业等领域。

2. 安全仪表系统的基本组成及设计要求

装置在运行过程中,安全仪表系统时刻监视工艺过程的状态,判断危险条件,并在危险出现时适当动作,以防止危险的发生。工艺过程的控制系统可分为基本过程控制系统和安全仪表系统。基本过程控制系统是主动的、动态的,安全仪表系统是被动的、静态的。当危险情况出现时,安全仪表系统必须能够由静到动,正确地完成停车动作。

1)安全仪表系统的基本组成

安全仪表系统的基本组成大致可分为三部分:传感器单元、逻辑运算单元和最终执行元件。

传感器单元采用多台仪表或系统将控制功能与安全联锁功能隔离,即依传感器独立配置的原则,做到安全仪表系统与过程控制系统的实体分离。

逻辑运算单元由输入模块、控制模块、诊断回路、输出模块 4 部分组成。依据逻辑运算单元自动进行周期性故障诊断,基于自诊断测试的安全仪表系统具有特殊的硬件设计,借助于安全性诊断测试技术保证安全性。逻辑运算单元可以实现在线的 SIS 故障测试。SIS 故障有两种:显性故障(安全故障)和隐性故障(危险性故障)。显性故障(如系统断路等），由于其出现使数据产生变化，通过比较可立即检测出，系统自动产生矫正作用，进入安全状态。显性故障不影响系统安全性，仅影响系统可用性，又称为无损害故障（Fail to Nuisance，FTN）。隐性故障（如 1/0 短路等）开始不影响到数据，仅能通过自动测试程序方可检测出，它不会使正常得电的元件失电，又称危险故障（Fail to Danger，FTD），系统不能产生动作进入安全状态。隐性故障影响系统的安全性，隐性故障的检测和处理是 SIS 系统的重要内容。

最终执行元件（切断阀，电磁阀）是安全仪表系统中危险性最高的设备。由于安全仪表系统在正常工况时是静态的、被动的，系统输出不变，最终执行元件一直保持原有的状态，很难确认最终执行元件是否有危险故障。因此要选择符合安全度等级要求的控制阀及配套的电磁阀作为安全仪表系统的最终执行元件。

2) 安全仪表系统的设计要求

石油化工生产装置一般存在一定的风险，但何种装置需要配置安全仪表系统，应当遵循相关设计规范进行安全仪表系统的设计。

(1) 对检测元件的要求：检测元件（传感器）分开独立设置，采用多台检测仪表将控制功能与安全联锁功能隔离，即安全仪表系统与过程控制系统的实体分离。传感器冗余设置，指采用多台仪表完成相同的功能，通过冗余提高系统的安全性。不宜采用信号分配器，将模拟信号分别接到安全仪表系统和过程控制系统。安全仪表系统和过程控制系统共用一个传感器时，宜采用安全仪表系统供电。

(2) 对最终执行元件的要求：最终执行元件（切断阀、电磁阀）是安全仪表系统中可靠性低的设备。由于安全仪表系统在正常工况时，最终执行元件一直保持在原有的状态，很难确认最终执行元件是否有危险故障。在正常工况时过程控制系统是动态的、主动的，控制阀动作是随控制信号的变化而变化，不会长期停留在某一位置。因此，当符合安全度等级要求时，可采用控制阀及配套的电磁阀作为安全仪表系统的最终执行元件。当安全度等级为 3 级时，可采用一台控制阀和一台切断阀串联连接作为安全仪表系统的最终执行元件。

(3) 对安全仪表系统逻辑控制器结构选择的要求：安全仪表系统故障有两种：显性故障（安全故障）和隐性故障（危险故障）。当系统出现显性故障时，可立即检测出来，系统产生动作进入安全状态。显性故障不影响系统的安全性，但会影响系统的可用性。当系统出现隐性故障时，只能通过自动测试程序检测出来，系统不能产生动作进入安全状态。隐性故障影响系统的安全性，但不影响系统的可用性。因此通过对逻辑控制器结构的选择，克服隐性故障系统安全性的影响。

安全仪表系统的功能通常是简单的开环控制逻辑，但必须确保其能够可靠执行。因此，在安全仪表系统的设计中可靠性非常重要。

3. 安全仪表系统的应用

压缩机作为化工生产中的重要大型机组，在工艺流程中一般起到推动工艺气体流动、提高压力的作用，其设备的安全性尤为重要。全球许多厂家都为压缩机设有专门的动态监测系统，保护压缩机正常工作。

不同作用的压缩机联锁条件亦不同。这里简要介绍一下一般压缩机都带有的联锁条件，如图 8 - 34 所示。

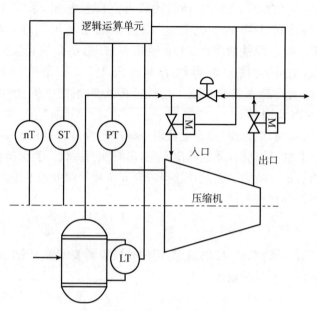

图 8-34 压缩机安全仪表系统

nT—压缩机的转速测量;ST—压缩机的轴位移测量;PT—压缩机的润滑油压力测量;LT—吸入罐液面测量

1)润滑油压力(低联锁,停压缩机)

压缩机为转动设备,整套设备的润滑至关重要,一旦润滑油压力不足,很可能导致压缩机转动部件严重磨损,损坏压缩机设备。

2)轴位移(高联锁,停压缩机)

轴是压缩机的传动部件,也是压缩机动态监测的主要监测对象,轴的状态发生变化,对压缩机也可能造成致命的影响。轴位移即为轴在轴向位置上的位移变化,当移动量过大会造成设备的损坏。

3)转速(高联锁,停压缩机)

对压缩机的转速的控制是压缩机控制的主要手段之一,转速高联锁的目的是保证在控制系统出现故障、压缩机转速失控的情况下可以将压缩机进行安全停车。

4)吸入罐液面(高联锁,停压缩机)

压缩机为高速转动设备,它压缩的为工艺气体。在生产过程中,工艺流程要求提高气体压力但要保证温度不变。在这种情况下当压缩机将气体压力提高(压缩机一般为分段压缩即从一段出来后进入下一段,逐级压缩提高气体压力)时可能产生少许液态物质,每段压缩出口都有一缓冲罐对工艺气体进行气液分离,这里的液位便是吸入罐液面。当液位过高,液态物质可能进入压缩机,在高速旋转状态下,液态物质进入可能损伤叶片,导致设备损坏。

联锁动作:切断工艺气体进入压缩机的通道;切断压缩机的动力源;将压缩机内工艺气体放空。

第五节　识读管道及仪表流程图(P&ID)

一、图例符号

1.仪表功能标志及位号

1)仪表功能标志

仪表功能标志是用几个大写英文字母的组合表示对某个变量的操作要求,如 TIC、PDRCA 等。其中第一位或两位字母称为首位字母,表示被测变量,其余一位或多位称为后继字母,表示对该变量的操作要求,各英文字母在仪表功能标志中的含义见表8-2。为了正确区分仪表功能,根据设计标准《过程测量与控制仪表的功能标志及图形符号》(HG/T 20505—2014),理解功能标志时应注意如下几个方面。

(1)功能标志只表示仪表的功能,不表示仪表的结构。这一点对于仪表的选用至关重要。例如,要实现 FR(流量记录)功能,可选用流量或差压变送器及记录仪。

(2)功能标志的首位字母选择应与被测变量或引发变量相对应,可以不与被处理变量相符。例如,某液位控制系统中的控制阀,其功能标志应为 LV,而不是 FV。

(3)功能标志的首位字母后面可以附加一个修饰字母,使原来的被测变量变成一个新变量。如在首位字母 P、T 后面加 D,变成 PD、TD,分别表示压差、温差。

(4)功能标志的后继字母后面可以附加一个或两个修饰字母,以对其功能进行修饰。如功能标志 PAH 中,后继字母 A 后面加 H,表示压力的报警为高限报警。

2)仪表位号

仪表位号由仪表功能标志和仪表回路编号两部分组成,如 FIC−116、TRC−158 等,其中仪表回路编号的组成有工序号(例中数字编号中的第一个 1)和顺序号(例中数字编号中的后两位 16,58)两部分。在行业标准 HG/T 20505−2014 中,仪表位号的确定有如下规定。

(1)仪表位号按不同的被测变量分类,同一装置(或工序)同类被测变量的仪表位号中顺序号可以是连续的,也可以不连续;不同被测变量的仪表位号不能连续编号。

(2)若同一仪表回路中有两个以上功能相同的仪表,可在仪表位号后附加尾缀(大写英文字母)以示区别。例如 FT−201A、FT−201B 表示该仪表回路中有两台流量变送器。

(3)当不同工序的多个检测元件共用一台显示仪表时,显示仪表的位号不表示工序号,只编顺序号;对应的检测元件位号表示方法是在仪表编号后加数字后缀并用"−"隔开。例如一台多点温度记录仪 TR−1,其对应的检测元件位号为 TE−1−1、TE−1−2 等。

在施工图中还会大量地用到仪表位号,特别是多功能仪表的位号编制,与管道及仪表流程图有紧密的对应关系。

2.仪表功能字母代号

在自控类技术图纸中,仪表的各类功能是用其英文含义的首位字母来表达的,且同一字母在仪表位号中的表示方法具有不同的含义。各英文字母的具体含义见表 8-2。

对于表中所涉及的问题简要说明如下。

（1）"首位字母"在一般情况下为单个表示被测变量或引发变量的字母，又称为变量字母，在首位字母附加修饰字母后，其意义改变。

（2）"后继字母"可根据需要分为一个字母（读出功能）或两个字母（读出功能＋输出功能），有时也用三个字母（读出功能＋输出功能＋读出功能）。

（3）"分析（A）"指分析类功能，并未表示具体分析项目。需指明具体分析项目时，则在表示仪表位号的图形符号（圆圈或正方形）旁标明。

（4）"供选用（N）"指该字母在本表相应栏目中未规定具体含义，可根据使用的需要确定并在图例中加以说明。

（5）"高（H）""中（M）""低（L）"应与被测量值相对应，而并非与仪表输出的信号值相对应。H、M、L 分别标注在表示仪表位号的图形符号（圆圈或正方形）的右上、中、下处。

（6）"安全（S）"仅用于紧急保护的检测仪表或检测元件及最终控制元件。

（7）字母"U"表示"多变量"时，可代替两个以上首位字母组合的含义，表示"多功能"时，可代替两个以上后继字母组合的含义。

（8）"未分类（X）"表示作为首位字母和后继字母均未规定具体含义，在应用时，要求在表示仪表位号的图形符号（圆圈或正方形）外注明其具体含义。

（9）"继动器（继电器）（Y）"表示是自动的，但在回路中不是检测装置，其动作由开关或位式控制器带动的设备或器件。表示继动、计算、转换功能时，应在仪表图形符号（圆圈或正方形）外（一般在右上方）注明其具体功能，但功能明显时可不予标注。

表 8-2　仪表功能字母代号

字母代号	首位字母		后继字母		
	被测变量或引发变量	修饰词	读出功能	输出功能	修饰词
A	分析		报警		
B	烧嘴、火焰		供选用	供选用	供选用
C	电导率			控制	
D	密度	差			
E	电压（电动势）		检测元件		
F	流量	比率			
G	毒性气体或可燃气体		视镜、观察		
H	手动				高
I	电流		指示		
J	功率	扫描			
K	时间、时间程序	变化速率		操作器	
L	物位		灯		低
M	水分、湿度	瞬动			中、中间

字母代号	首位字母		后继字母		
	被测变量或引发变量	修饰词	读出功能	输出功能	修饰词
N	供选用		供选用	供选用	供选用
O	供选用		节流孔		
P	压力、真空		连接或测试点		
Q	数量	积算、累计			
R	核辐射		记录,DCS趋势记录		
S	速度、频率	安全		开关、联锁	
T	温度			传送(变送)	
U	多变量		多功能	多功能	多功能
V	振动、机械监视			阀、风门、百叶窗	
W	重量、力		套管		
X	未分类	X轴	未分类	未分类	未分类
Y	事件、状态	Y轴		继动器(继电器)、计算器、转换器	
Z	位置、尺寸	Z轴		驱动器、执行元件	

3.常规仪表及计算机控制系统图形符号

自控工程图纸中的各类仪表功能除用字母和字母组合表达外,其仪表类型、安装位置、信号种类等具体意义可用相关图形符号标出。

1)监控仪表的图形符号

监控类仪表种类繁多,功能各异,既有传统的常规仪表,又有近年来被广泛使用的DCS类、可编程序逻辑控制器及控制计算机类等仪表;既有现场安装仪表,又有架装仪表、盘面安装及控制台安装仪表、显示器等。自控图纸中的各类仪表均是以相应的图形符号表示的,表示仪表类型及安装位置的图形符号见表8-3。

表8-3 仪表类型及安装位置的图形符号

仪表类型	现场安装	控制室安装	现场盘装
单台常规仪表	○	⊖	⊖
集散控制系统	◇	⬡	⬡
计算机功能	⬡	⊖	⊖
可编程逻辑控制	⬡	⬡	⬡

2)测量点的图形符号

测量点包括检出元件,是由过程设备或管道引至检测元件或就地仪表的起点,一般与检出元件或仪表画在一起表示,如图8-35所示。

若测量点位于设备中,当需要标出具体位置时,可用细实线或虚线表示,如图8-36所示。

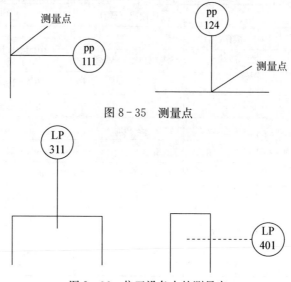

图8-35 测量点

图8-36 位于设备中的测量点

3)仪表的各种连接线

用细实线表示仪表连接线的场合,包括工艺参数测量点与检测装置或仪表的连接线和仪表与仪表能源的连接线,见表8-4。

4)流量测量仪表的图形符号

流量测量仪表种类繁多,主要有差压式流量计(节流装置)和非差压式流量计两类。技术图纸中的符号多以差压式流量计法兰或角接取压孔板为主,部分流量测量仪表的图形符号见表8-5。

表8-4 仪表的各种连接线

序号	信号线类型	图形符号	备注
1	电动信号	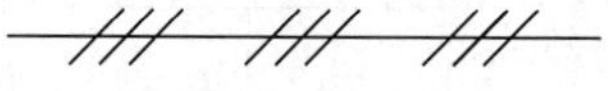	斜短划线与细实线成45°角
2	气动信号	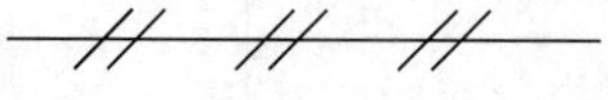	斜短划线与细实线成45°角
3	导压毛细管		斜短划线与细实线成45°角
4	液压信号线	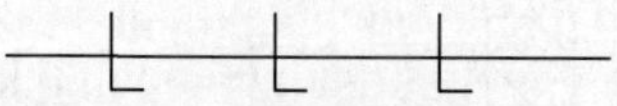	

序号	信号线类型	图形符号	备注
5	二进制电信号	或	斜短划线与细实线成45°角
6	二进制气信号		斜短划线与细实线成45°角
7	电磁、辐射、热、光、声波等信号线(有导向)		
8	电磁、辐射、热、光、声波等信号线(无导向)		
9	内部系统线(软件或数据链)		
10	机械链		

表 8-5 部分流量测量仪表的图形符号

序号	名称	图形符号	备注
1	孔板		
2	文丘里管		
3	流量喷嘴		
4	无孔板取压测试接头		
5	转子流量计		圆圈内应标注仪表位号
6	其他嵌在管道中的仪表		圆圈内应标注仪表位号

二、识读管道及仪表流程图(P&ID)

锅炉管道及仪表流程一例见图 8-37。

位号功能说明:

(1)FRC-101:FRC 流量记录控制,101-工段流水号(1),流量流水号(01)。

(2)PDT-117:PDT 差压变送器,117-工段流水号(1),差压流水号(17)。

(3)ARC-101:ARC(氧气)成分记录控制,101-工段流水号(1),成分流水号(01)。

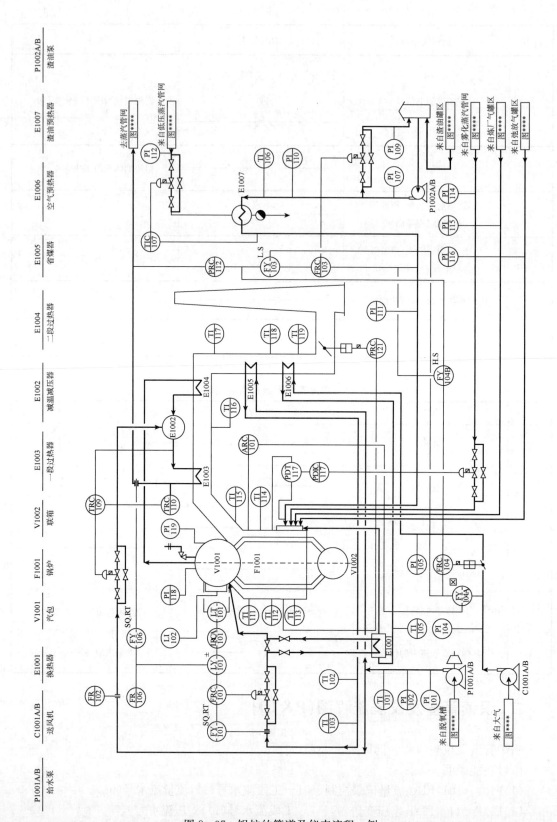

图 8-37 锅炉的管道及仪表流程一例

习题与思考题

1. 什么是串级控制系统？试画出一般串级控制系统的方框图。串级控制系统有什么特点？

2. 串级控制系统中主、副控制器的正反作用如何确定？

3. 图 8-38 所示为精馏塔提馏段温度与蒸汽流量的串级控制系统。生产中要求一旦发生事故，应立即关闭蒸汽供应。请：

(1)画出该控制系统的方框图。

(2)确定控制阀的气开、气关形式。

(3)选择控制器的正、反作用。

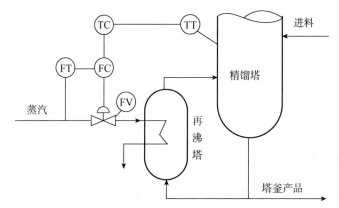

图 8-38　精馏塔温度—流量串级控制系统

4. 串级控制系统的参数整定有哪两种方法？

5. 均匀控制系统的目的和特点是什么？

6. 简单均匀控制系统与简单控制系统有什么异同点？

7. 什么是比值控制系统？

8. 前馈控制系统有什么特点？

9. 与单纯前馈控制系统比较，前馈—反馈控制系统有什么优点？

10. 什么是安全仪表系统？

第九章 计算机控制系统

第一节 概述

计算机控制系统是以计算机为核心部件的自动控制系统。在工业控制系统中,计算机承担着数据采集与处理、顺序控制与数值控制、直接数字控制与监督控制、最优控制与自适应控制、生产管理与经营调度等任务。它已取代常规的模拟检测、控制、显示、记录等仪器设备和大部分操作管理的职能。并具有较高级的计算方法和处理方法,使被控对象的动态过程按规定方式和技术要求运行,以完成各种过程控制、操作管理等任务,计算机控制系统广泛应用于生产现场,并深入各行业的许多领域。

计算机控制技术是计算机、控制、网络通信等多学科内容的集成。计算机控制系统的过程输入/输出接口、人机接口、控制器的设计及使用、抗干扰技术、可靠性技术、网络与通信技术等,均属于计算机控制技术范畴。

一、计算机控制系统的基本组成

计算机控制系统由工业控制机和生产过程对象两大部分组成。工业控制机是指按生产过程控制的特点和要求而设计的计算机(一般的微机或单片机),它包括硬件和软件两部分。生产过程对象包括被控对象,测量变送器、执行机构、电气开关等装置。计算机控制系统的组成如图 9-1 所示。

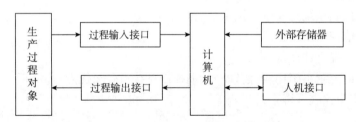

图 9-1　计算机控制系统的组成框图

工业控制机硬件是指计算机本身及外围设备。硬件包括计算机、过程输入/输出接口、人机联系设备及接口、外部存储器等。

计算机是计算机控制系统的核心,其核心部件是 CPU。由 CPU 通过过程输入/输出接口、人机接口接收人的指令和各类工业对象的参数,向系统各部分发送各种命令数据,完成巡回检测、数据处理、控制计算、逻辑判断等工作。

过程输入接口将模拟量或数字量转换为计算机能够接收的数字量,过程输出接口将计算机的处理结果转换成可以对被控对象进行控制的信号。

人机联系设备及接口包括显示操作台、屏幕显示器或数码显示器、键盘、打印机、记录仪等,它们是操作人员和计算机进行联系的工具。

外部存储器包括磁盘、光盘、磁带,主要用于存储系统的大量程序和数据。它是内存储容量的扩充,可根据要求决定外部存储器的选用。

工业控制机软件是指管理计算机的程序以及过程控制的应用程序。通常包括系统软件和应用软件。系统软件一般包括汇编语言、高级算法语言、过程控制语言、数据结构、操作系统、数据库系统、通信网络软件和诊断程序等,应用软件是系统设计人员针对某个生产过程而编制的控制和管理程序,它的优劣直接影响控制品质和管理水平。

二、计算机控制系统的发展

自 1946 年世界上第一台电子计算机在美国问世以来,计算机控制技术迅速发展。1959年,第一台过程控制计算机系统在美国得克萨斯州的 PortArthur 炼油厂正式投入运行,由一台 Rw-300 计算机进行数据采集和操作指导,实现 26 个流量、72 个温度、3 个压力和 3 个成分的控制,基本功能是保持反应器压力为最小,确定 5 个反应器之间进料的优化分配、通过测量催化剂的活性来控制热水流量。这项有意义的工作标志着计算机过程控制的开始。控制理论与计算机的结合,产生了新型的计算机控制系统。为自动控制系统的应用与发展开辟了新的途径。

从计算机控制技术发展来看,大体分为三个阶段:

试验阶段(1965 年以前):在美国,1952 年在化工生产中实现了计算机自动测量和数据处理;1954 年开始用计算机构成开环控制系统;1957 年在石油蒸馏过程控制中采用了计算机构成的闭环系统;1959 年在一个炼油厂建成了第一台闭环计算机控制装置;1960 年在合成氨和丙烯酯生产过程中实现了计算机监督控制。1962 年,英国帝国化学工业公司用一台计算机代替所有用于过程控制的模拟仪表,实现了 244 个数据采集、129 个控制阀门的直接数字控制系统(DDC),创立了计算机控制系统的新纪元。此时计算机平均无故障时间从早期的 50~100小时提高到 1000 小时左右。

实用普及的阶段(1965 年到 1969 年):小型计算机的出现,使计算机控制技术的可靠性不断提高、成本逐年下降,计算机在生产控制中的应用得到迅速的发展。但这个阶段仍然主要是集中型的计算机控制系统。在高度集中的控制系统中,若计算机出现故障,将对整个装置和生产系统带来严重影响。虽然采用多机并用可以提高集中控制的可靠性,但会增加成本。

大量推广分级控制阶段(1970 年以后):将计算机分散到生产装置中去,实现小范围的局部控制和某些特殊控制规律。这种控制方式称为"集散型计算机控制系统"。特别是,由于微型机具有可靠性高、价格便宜、体积小、使用方便、灵活等特点,为分散型计算机控制系统的发展创造了良好的条件。

20 世纪 80 年代,随着超大规模集成电路技术的飞速发展,使得计算机向着超小型化、软件固化和控制智能化方向发展。前期开发的 DCS 基本控制器一般是 8 个回路以上的。80 年代中期,出现了只控制 1~2 个回路的数字调节器。80 年代末又推出了专家系统、模糊理论、神经网络等智能控制技术,将控制、管理和经营融为一体的新型集散控制系统。诸如当今刚刚起步的计算机集成制造系统(CIMS)、计算机集成流程系统(CIPS)、现场总线控制系统(FCS)等等。

作为微型计算机另一个发展分支的单片微型计算机,更以其小巧、多功能、廉价等优点在控制领域中得到普遍应用。20年来的应用实践证明，单片机性能稳定可靠，微机控制技术通过单片机实现了以软件取代模拟或数字电路硬件的功能，并提高了系统的功效，改变了传统的控制系统设计思想和设计方法。许多国内外厂家生产的工业控制计算机系统的各类插板或功能块也较多采用单片机系列芯片，如美国 Honeywell 公司 TDC－3000 系统的过程管理机等。

计算机控制系统的发展有以下两个方面的趋势。

(1)工业用可编程序控制器 PLC(Programmable Logic Controller)的应用：工业用可编程序控制器是采用微型机芯片，根据工业生产特点而发展起来的一种控制器，它具有可靠性高、编程简单、易于掌握、具有独立的编程器、价格低廉等特点。近年来，由于开发了具有智能 I/O 模块的 PLC，它可以将顺序控制和过程控制结合在一起，实现对生产过程的控制。功能完善和系列化的 PLC 正在作为下一代通用的控制设备，大量地应用在工业生产自动化系统中。

(2)提高控制性能、采用新型的集散控制系统：采用集散控制系统是计算机控制的发展趋势之一。集散控制系统是分散型综合控制系统(Total Distributed Control System)或分散型微处理控制系统(Distributed Microprocessor Control System)的简称。采用集散控制系统就是以微机为核心，实现地理上和功能上分散的控制，通过高速数据通道把各个分散点的信息集中起来，进行集中监视和操作。集散控制系统既有计算机控制系统控制算法先进、精度高、响应速度快的优点，又有仪表控制系统安全可靠、维护方便的优点。集散控制系统容易实现复杂的控制规律，其系统是积木式结构，系统结构灵活、可大可小、易于扩展。

总之，计算机控制在多种行业得到了广泛的应用，已取得并且将继续取得显著的成果。

第二节　集散控制系统

一、集散控制系统的基本组成和特点

集散控制系统以微机为核心，将微机、工业控制计算机、数据通信系统、显示操作装置、输入输出通道、模拟仪表等有机地结合起来，构成组合式结构系统，为实现大系统的综合自动化创造了条件，其结构如图 9－2 所示。

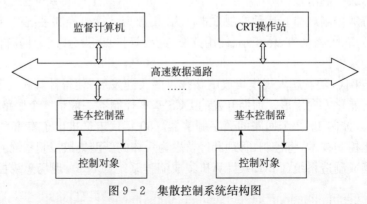

图 9－2　集散控制系统结构图

集散控制系统是一种典型的分级分布式控制结构。管理计算机完成生产计划产品管理、财务管理、人员管理以及工艺流程管理等功能。监督控制计算机通过协调各基本控制器的工作，达到过程的动态最优化。基本控制器则完成过程的现场控制任务。CRT操作台是人机交换装置，完成人—控制系统—过程的接口任务。自动控制方式的给定值，可由操作人员在数据输入板上设定。数据采集器用来收集现场控制信息和过程变化信息。

二、CENTUM—CS集散控制系统

CENTUM—CS3000系统是日本横河电机公司开发和制造一套分散型控制系统（DCS）。CENTUM—CS3000是一个功能齐全的系统，它综合了各种控制、各种管理、各种自动化以及实时控制数据和其他信息数据，CENTUM—CS3000操作站可以直接同用户的上位信息管理系统（MIS）、internet网，企业内部的局域网连接和通信，还可以直接使用PC机的各种应用软件MS—Excel，Visual Basic等，此外还可以同其他多种子系统现场总线等进行通信。

1. 系统的特点

1）系统性能更加增强

CENTUM—CS3000系统开创了大规模集散型控制系统的新纪元。系统功能较前几代横河电机的DCS系统有了很大的提高，是一个真正安全的、可靠的、开放的DCS控制系统。

2）网络结构更加开放

采用Windows XP标准操作系统，支持DDE/OPC。既可以直接使用PC机通用的MS—Excel，Visual Basic编制报表及开发程序，也可以同在UNIX上运行的大型Oracle数据库进行数据交换。此外，横河提供了系统接口和网络接口，用于与不同厂家的系统、产品管理系统、设备管理系统和安全管理系统进行通信。

3）可靠性进一步增强

独家采用了4CPU冗余容错技术的现场控制站，实现了在任何故障及随机错误产生的情况下进行纠错与连续不间断地控制；I/O模件采用表面封装技术，具有1500V AC/min抗冲击性能；系统接地电阻小于100 Ω。多项高可靠性尖端技术使系统具有极高的抗干扰的特点，适用于运行在条件较差工业环境。

4）控制总线通信速率进一步提高

CENTUM—CS3000采用横河公司的V—NET/IP控制总线，该控制总线速度可高达1 Gbps。满足了用户对实时性和大规模数据通信的要求。在保证可靠性的同时，又可以与开放的网络设备直接相连，使系统结构更加简单。而且横河公司已经将该标准提交IEC组织，希望将该标准作为下一代控制系统的总线标准。

5）控制站的功能更加增强

控制站FCS采用用于高速信息处理的RISC处理器VR5432，可进行64位浮点运算，具有强大的运算和处理功能。此外，还可以实现诸如多变量控制、模型预测控制、模糊逻辑分析等多种高级控制功能。主内存高达 32M。

6）输入/输出接口类型更加丰富

CENTUM—CS3000 有丰富的过程输入/输出接口，并且所有的输入/输出接口都可以冗余。

7）工程效率高效

CENTUM—CS3000 采用 Control Drawing 图进行软件设计及组态，使方案设计、软件组态同步进行，最大限度地简化了软件开发流程。提供动态仿真测试软件，有效地减少了现场软件调试时间。工程人员可以在更短的时间内熟悉系统。

8）扩展性更强

CENTUM—CS3000 具有构造大型实时过程信息网的拓扑结构，可以构成多工段、多集控单元、全厂综合管理与控制的综合信息自动化系统。

9）兼容性更好

CENTUM—CS3000 与横河公司以往的系统可通过总线转换单元方便地连接在一起，实现对既有系统的监视和操作，保护用户投资利益。

2. 系统配置及功能

CENTUM—CS3000 系统是由现场控制站、工程师工作站、操作站、通信总线、远程节点等部分所组成的，如图 9-3 所示。

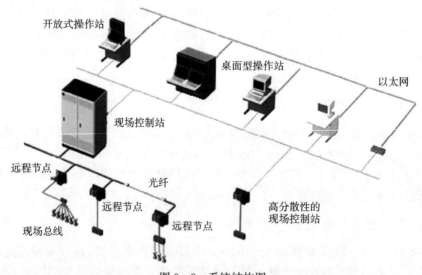

图 9-3 系统结构图

现场控制站（Field Control Station，FCS）为整个 DCS 系统的核心部分，用于过程 I/O 信号输入输出及处理，完成模拟量控制、顺序控制实时运算等实时控制功能。

工程师工作站采用的是世界一流品牌 Dell 工作站计算机，供系统组态用。它能够储存系统所有的组态数据，并提供了一个直觉性、目标导向性的图形用户界面环境供开发，并可综合所有的应用数据到数据库。这个数据库包括所有连接在网络上的站点、工位号的定义、报警和故障的定义、控制方案的组成及流程图的制作等。

操作员可以通过操作员站的键盘或鼠标对显示器上不同的流程图、控制面板、趋势图或报警信息等进行操作。这样可以大大提高一个 HIS 的利用率，同时提高操作效率。

三、CENTUM－CS3000 在工业生产装置上的应用示例

1. 工艺装置简介

某水箱液位装置如图 9-4 所示，贮水箱里水经手动阀 F1－1 通过磁力泵加压，经电动调节阀和手动阀 F1－7 到中水箱，中水箱里的水经手动阀 F1－10 流到下水箱；下水箱里的水经手动阀 F1－11 最终又回流到贮水箱。一般要求阀 F1－10 的开度稍大于阀 F1－11 的开度；启动泵时，应打开相应的水路（打开阀 F1－1、F1－2、F1－7）；当中水箱和下水箱液位超过警戒液位时，通过溢流管回流到贮水箱。控制要求：下水箱液位尽可能稳定，调节时间短。

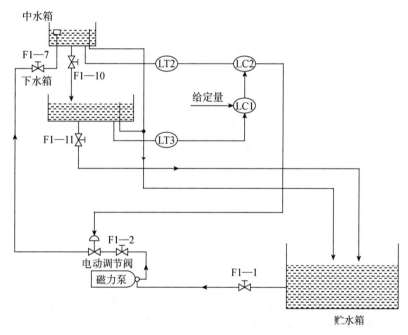

图 9-4　水箱液位系统流程图

2. DCS 配置

(1)高级控制站(ACS)：ACS 用于组态全范围控制系统。

(2)现场控制站(FCS)：FCS 选用标准双重化冗余型 FCS。

(3)工作站(WS)：工作站仅用作工程作业。

(4)通信接口单元(ACG)：ACG 是一个与上位监控计算机系统通信的单元。这个单元用于上位机对 FCS 站数据的采集与设定。

(5)输入输出卡件：AAI143－S 为模拟量输入卡；AAI543－H 为模拟量输出卡；ADV159－P 为数字量输入卡；ADV559－P 为数字量输出卡；ALF111 为现场总线卡。

3.系统控制方案

下水箱液位受中水箱出水量的影响,而出水量又受中水箱液位的影响,当中水箱液位波动较大且频繁时,由于下水箱滞后较大,采用单回路控制既不能及早发现干扰,又不能及时反映调节效果,因此把下水箱液位控制器的输出作为中水箱液位控制器的设定值,使中水箱液位控制器随着下水箱液位控制器的需要而动作,这样就构成了图9-4所示的串级控制系统。串级控制系统的方框图如图9-5所示。

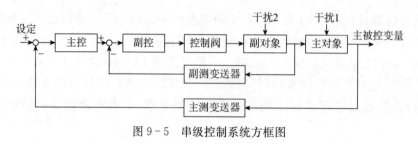

图9-5 串级控制系统方框图

第三节 现场总线控制系统简介

现场总线控制系统(Fieldbus Control System)简称FCS,是新一代分布式控制结构,如图9-6所示。该系统改进了DCS系统成本高、各厂商的产品通信标准不统一而造成的不能互联的弱点。国际标准统一后,它可实现真正的开放式互连体系结构。

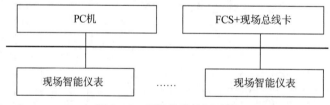

图9-6 现场总线控制系统

近年来,由于现场总线的发展,智能传感器和执行器也向数字化方向发展,用数字信号取代4~20mA(DC)模拟信号,为现场总线的应用奠定了基础。现场总线是连接工业过程现场仪表和控制系统之间的全数字化、双向、多站点的串行通信网络。现场总线是用新一代现场总线控制系统FCS代替分散型控制系统DCS以实现现场总线通信网络与控制系统的集成。现场总线被称为21世纪的工业控制网络标准。

一、现场总线控制系统的特点

1.开放性

Profibus—PA数据传输采用扩展的Profibus—DP协议,另外还使用了描述现场设备行为的行规,根据IEC1158-2标准,这种传输技术可确保现场的安全并使现场设备通过总线供电。使用分段式耦合器Profibus—PA设备能很方便地集成到Profibus—DP网络。

2.互操作性

互操作性是指不同厂商的控制设备不仅可以互相通信,而且可以统一组态,实现同一的控制策略和"即插即用",不同厂商的性能相同的设备可以互换。

3.灵活的网络拓扑结构

现场总线控制系统可以根据复杂的现场情况组成不同的网络拓扑结构,如树型、星型、总线型和层次化网络结构等。

4.系统结构的高度分散性

现场设备本身属于智能化设备,具有独立自动控制的基本功能,从而从根本上改变了DCS的集中与分散相结合的体系结构,形成了一种全新的分布式控制系统,实现了控制功能的彻底分散,提高了控制系统的可靠性,简化了控制系统的结构。现场总线与上一级网络断开后仍可维持底层设备的独立正常运行,其智能程度大大加强。

5.现场设备的高度智能化

传统的 DCS 使用相对集中的控制站,其控制站由 CPU 单元和输入/输出单元等组成。现场总线控制系统则将 DCS 的控制站功能彻底分散到现场控制设备,仅靠现场总线设备就可以实现自动控制的基本功能,如数据采集与补偿、PID 运算和控制、设备自校验和自诊断等功能。系统的操作员可以在控制室实现远程监控,设定或调整现场设备的运行参数,还能借助现场设备的自诊断功能对故障进行定位和诊断。

6.对环境的高度适应性

现场总线是专为工业现场设计的,它可以使用双绞线、同轴电缆、光缆、电力线和无线的方式来传送数据,具有很强的抗干扰能力。常用的数据传输线是廉价的双绞线,并允许现场设备利用数据通信线进行供电,还能满足本质安全防爆要求。现场总线强调在恶劣环境下数据传送的完整性、可靠性。现场总线具有在粉尘、高温、潮湿、振动、酸碱腐蚀环境,特别是具电磁干扰和无线电干扰等的工业环境下长时间、连续、可靠、完整传送数据的能力。

二、基金会现场总线

现场总线基金会(Fieldbus Foundation－FF)是由一百多个世界著名工业自动化公司组成,FF 在 IEC/ISA 的 SP50 的基础上开发的现场总线称为基金会现场总线(Foundation Fieldbus－FF),这是不依附于个别厂商的一种重要的现场总线。

基金会现场总线由低速现场总线 H1 和高速以太网(High Speed Ethernet,HSE)组成。

HSE 借用 100M 以太网,协议还增加 FF 制定的用户层,因此使其变为无"碰撞冲突"的"确定性网络"并解决和 H1 总线衔接以及互可操作问题。因此 HSE 成为 FF 的一个专用标识。

HSE 的设备包括主设备(HD)、链接设备(LD)、网关设备(GD)、现场设备(FD)四类。

三、Profibus 现场总线

Profibus 是自 PLC 发展起来的,其特点是速度快,广泛应用在加工制造、过程和楼宇自动化中,特别适合工厂自动化、装配流水线和自动化仓库等。

Profibus 是 process fieldbus 的缩写,它是由以西门子为首的 13 家公司和 5 家科研机构在联合开发的项目中制定的标准化规范(1989 年 12 月成立了 PNO)。1996 年 Profibus 成为德国国家标准 DIN19245,同时又为欧洲标准 EN50170。Profibus 根据应用特点分为 Profibus—DP,Profibus—FMS,Profibus—PA 三个兼容的版本。

四、Delta V 现场总线控制系统

Delta V 系统是 Emerson 公司在两套 DCS 系统(RS3、PROVOX)的基础上,充分利用了近年来在计算机技术、网络技术、数字通信技术,于 1996 年依据现场总线 FF 标准设计出的兼容现场总线功能的全新的控制系统,它兼容了 HART 技术,充分发挥众多 DCS 系统的优势,如系统的安全性、集成的用户界面、信息集成等,同时克服传统 DCS 系统的不足,具有规模灵活可变、使用简单、维护方便的特点,它是代表 DCS 系统发展趋势的新一代控制系统。

Delta V 系统是在传统 DCS 系统优势基础上结合最新的现场总线技术,并基于用户的最新需求开发的新一代控制系统,它主要具有如下技术特点:

开放的网络结构与 OPC 标准;基金会现场总线(FF)标准的数据结构;模块化结构设计;即插即用、自动识别系统硬件,所有卡件均可带电插拔,操作维护可不必停车;同时系统可实现真正的在线扩展;常规 I/O 卡件采用 8 通道分散设计,且每一通道均与现场隔离。充分体现分散控制安全可靠的特点。

Delta V 系统由冗余的控制网络、操作站及控制部分构成,如图 9-7 所示。

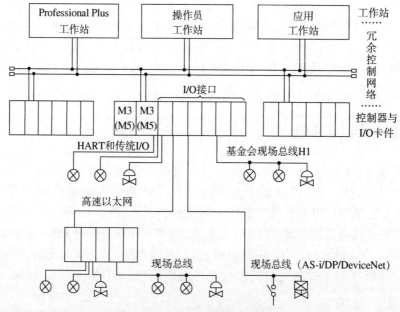

图 9-7 Delta V 系统的基本结构

1. 冗余的控制网络

Delta V 系统的控制网络是以 10M/100M 以太网为基础的冗余的局域网(LAN)。系统的所有节点(操作站及控制器)均直接连接到控制网络上,不需要增加任何额外的中间接口设备。简单灵活的网络结构可支持本地、远程操作站及控制设备连接。

Delta V 系统可支持最多 120 个节点,100 个(不冗余)或 100 对(冗余)控制器、60 个工作站,80 个远程工作站;它支持的区域也达到 100 个,使用户安全管理更灵活。

2. Delta V 系统工作站

Delta V 系统工作站是 Delta V 系统的人机界面,通过这些系统工作站,企业的操作人员、工程管理人员及企业管理人员可随时了解、管理并控制整个企业的生产及计划。

Delta V 工作站上的 Configure Assistant 给出了用户具体的组态步骤,用户只要运行它并按照它的提示进行操作,其图文并茂的形式很快就可以使用户掌握组态方法。

Delta V 系统工作站分为四种,即 ProfessionalPlus 工作站、Professional 工作站、操作员工作站、应用工作站。

1)ProfessionalPlus 工作站

每个 Delta V 系统都需要有一个 ProfessionalPlus 工作站。该工作站包含 Delta V 系统的全部数据库。系统的所有位号和控制策略被映象到 Delta V 系统的每个节点设备。

ProfessionalPlus 工作站配置系统组态、控制及维护的所有工具——从 IEC1131 图形标准的组态环境到 OPC、图形和历史组态工具。用户管理工作也在这里完成,在这里可以设置系统许可和安全口令。

Delta V 系统的 ProfessionalPlus 工作站也可用作操作员工作站,操作员工作站运行过程控制系统的操作管理功能。可使用标准的操作员界面,也可以根据用户的操作需求和流程特点组态用户的系统操作界面。通过单击操作即可调出图形、目录和其他应用界面。

2)Professional 工作站

Professional 工作站集中了操作接口,动态工程能力,综合的软件、硬件和固有的自检功能。

Delta V 系统 Professional 工作站的主要功能包括:

(1)系统组态功能,定义系统的各个组件并且组态控制策略。

(2)连续历史功能,能够采集并且存储 250 个模拟,数字和文本参数,用于过程分析。

(3)在线控制环境,只需单击按钮便能运行控制策略并且实现图形化地监测运行情况,进行排错。

(4)Delta V 检测功能,先进的过程监视系统为用户提供方便及时的底层控制回路运行情况检测;强大的自检工具及时检查 Delta V 系统的正常运行。

(5)事件记录,采集并存储报警和操作员行为事件。

(6)组态配方,用以实现批量控制。

3)操作员工作站

Delta V 操作员工作站可提供友好的用户界面、高级图形、实时和历史趋势、由用户规定的过程报警优先级和整个系统安全保证等功能,还可具有大范围管理和诊断功能。

Delta V 系统操作员工作站的主要功能包括:

生产过程的监视和操作控制;流程画面显示及操作;报警及报警处理,可设定不同的报警优先级,以区分不同级别的报警信息,同时可以用语音提示操作人员处理方法;历史趋势记录及报表生成、历史趋势信息显示,在工作站上显示历史信息记录的同时可在同一画面上显示当时的事件信息;事件记录及系统状态信息记录,可根据事件类型、时间、操作员等不同要求检索和归档管理;系统诊断及故障信息分析,Delta V 系统诊断信息提供覆盖整个系统甚至现场设备的诊断;智能设备的管理信息分析等。

4)应用工作站

Delta V 系统应用工作站用于支持 Delta V 系统与其他通信网络,如工厂管理网(LAN)之间的连接。应用工作站可运行第三方应用软件包,并将第三方应用软件的数据链接到 Delta V 系统中。

3. Delta V 系统控制器与 I/O 卡件

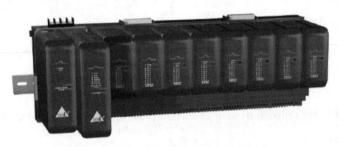

图 9 - 8　Delta V 系统控制器与 I/O 卡件

Delta V 系统的所有 I/O 卡件均为模块化设计,可即插即用、自动识别、带电插拔。系统可以要提供两大类 I/O 卡件:一类是传统 I/O 卡件,另一类是现场总线接口卡件(H1)。这两大类卡件可任意混合使用。

基金会现场总线接口卡(H1)可以通过总线方式将现场总线设备信号连接到 Delta V 系统中,一个控制器可以支持最多 40 个 H1 卡件。一个 H1 卡可以连接 2 段(Segment)H1 现场总线,每段 H1 总线最多可连接 16 个现场总线设备,所有设备可在 Delta V 系统中自动识别其设备类型、生产厂家、信号通道号等信息。

4. Delta V 系统软件及功能说明

Delta V 工程软件包括组态软件、控制软件、操作软件及诊断软件。

1)组态软件

Delta V 组态工作室软件可以简化系统组态过程。利用标准的预组态模块及自定义模块可方便地学习和使用系统组态软件。

Delta V 组态非常直观,标准的 Microsoft WindowsXP 提供的友好界面能更快地完成组态工作。组态工作室还配置了一个图形化模块控制策略(控制模块)库、标准图形符号库和操作员界面。拖放式、图形化的组态方法简化了初始工作并使维护更为简单。

2)控制软件

Delta V 的控制软件在 Delta V 系统控制器中提供完整的模拟、数字和顺序控制功能,可以管理从简单的监视到复杂的控制过程数据。IEC1131－3 控制语言可通过标准的拖放技术修改和组态控制策略,而在线帮助功能使 Delta V 系统的学习和使用都变得更直观更简单。

控制策略以最快 50ms 的速度连续运行;控制软件还包括数字控制功能和顺序功能图表;Delta V 使用功能块图来连续执行计算、过程监视和控制策略。Delta V 功能块符合基金会现场总线标准,同时又增加和扩展了一些功能块以满足控制策略设计更灵活的要求。基金会现场总线标准的功能块可以在系统控制器中执行,也可在基金会现场总线标准的现场设备中执行。

3)操作软件

Delta V 操作软件拥有一整套高性能的工具满足操作需要。这些工具包括操作员图形、报警管理和报警简报、实时趋势和在线上下文相关帮助。特定的安全性确保了只有那些有正确的许可权限的操作员可以修改过程参数或访问特殊信息。

4)诊断软件

用户不需要记住用哪个诊断包诊断系统及如何操作诊断软件包,Delta V 系统提供了覆盖整个系统及现场设备的诊断。不论是尽快地检查控制网络通信、验证控制器冗余,还是检查智能现场设备的状态信息,Delta V 系统的诊断功能都是一种快速简便获取信息的工具。

五、现场总线控制系统的应用

某石化公司年产 30×10^4 t 聚丙烯装置挤压风送单元采用 Delta V 现场总线控制系统。系统共使用 2 个现场总线网段,采用 Emerson 公司的温度变送器 848T 来检测风机轴承温度,8 台风机共 64 个温度监控点。正式开车以来,系统运行平稳。

聚丙烯装置挤压风送单元共有 8 台风机,每台风机有 8 个电机绕组及轴承温度需要在操作站上显示并报警。一旦某台风机轴承温度超过 120℃,联锁系统将动作而使某台风机停车。系统的第 7 个控制器的第 24 卡设置为 H1 卡,并设两个冗余网段,每个网段配置 4 个 848T,每个 848T 带 8 个温度点,系统的构成如图 9－9 所示。

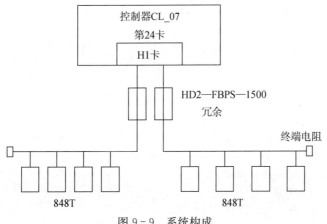

图 9－9　系统构成

图 9-9 中 H1 卡为现场总线通信卡，符合基金会现场总线标准，H1 卡下带有 2 个端口 (port)，每个端口带一个网段，即 2 个网段(Segment)，通过冗余的 P＋F 安全栅模块(HD2－FBPS－1500)与现场总线仪表连接。848T 是安装在现场的基于基金会现场总线的 8 通道温度变送器，其工作环境温度为－40～85℃。每个 848T 占用基金会现场总线网段上的一个站点地址，在一个网段上可以连接多个 848T，也可以混合连接其他现场总线仪表、阀门。

习题与思考题

1. 计算机控制系统由几部分组成？
2. 什么是集散控制系统？
3. 集散控制系统由几部分组成？
4. CENTUM—CS 3000 系统由几部分组成？
5. 什么是基金会现场总线？
6. 什么是 Profibus 现场总线？
7. Delta V 系统由几部分组成？
8. Delta V 系统工作站有几种？

第十章　典型化工单元的控制案例

按其物理和化学变化实质分类,典型生产过程单元操作有流体力学过程、传热过程、传质过程及化学反应过程四类。本章以流体输送设备、传热设备、精馏塔及化学反应器四种单元操作中的若干代表性装置为例,介绍和分析若干常用的控制方案,以便说明分析问题的方法。

第一节　液体输送设备的控制

一、泵的控制

在生产过程中,为使物料便于输送、控制,多数以液态或气态方式在管道内流动。泵和压缩机是生产过程中用来输送流体或者提高流体压头的重要机械设备,泵是液体的输送设备,压缩机是气体的输送设备。流体输送设备自动控制的主要目的,一是保证工艺流程所要求的流量和压力,二是确保机泵本身的安全运转。

1. 容积泵的自动控制

往复泵及直接旋转泵它们均是正位移形式的容积泵,是常见的流体输送设备,多用于流量较小、压头要求较高的场合。往复泵提供的理论流量可按下式计算:

$$Q=nFS \qquad (10-1)$$

式中　Q——理论流量,m^3/h;

　　　n——每小时的往复次数;

　　　F——汽缸的截面积,m^2;

　　　S——活塞冲程,m。

由式(10-1)中可以看出,从泵体角度来说,影响往复泵出口流量变化的仅有 n、F、S 等三个参数,通过改变这三个参数来控制流量,泵的排出流量几乎与压头无关,因此不能在出口管线上安装控制阀控制流量,否则,一旦阀门关闭,泵容易损坏。采用的流量控制方案有以下三种。

1) 改变回流量

最常用的方法是改变旁路返回量,如图 10-1 所示。该方案是根据出口流量,改变旁路控制阀的开度大小来改变回流量的大小,达到稳定出口流量的目的。利用旁路返回量控制流量,虽然消耗功率较大,但因控制方案简单而应用较广。

2) 改变原动力机的转速

当原动力机用蒸汽机或汽轮机驱动,只要改变蒸汽量便可控制转速(图 10-2),从而控制往复泵的出口流量。如果泵是由电动机带动时,可直接对电动机进行调速,或在电动机和泵的连接变速机构上进行控制。由于调速机构比较复杂,因而很少使用。

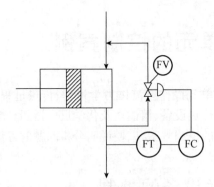

图 10-1 改变泵的旁路阀控制流量

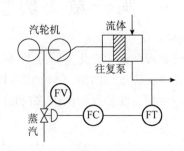

图 10-2 改变蒸汽流量控制出口流量

3)改变往复泵的冲程

计量泵常用改变冲程来进行流量控制。冲程的调整可在停泵时进行,也可在运转状态下进行。

2.离心泵的自动控制

离心泵是使用最广泛的液体输送机械。离心泵的工作原理是将机械能通过泵体内作高速旋转的叶片给液体以动能,再由动能转换成静压能,然后排出泵外。由于离心力的作用,使叶轮通道内的液体被排出时,叶轮进口处在负压情况之下,液体即被吸进。这样,液体就源源不断地被吸入和送出,达到输送液体或提高液体的压力的目的。

1)工作特性

(1)机械特性。

离心泵的压头 H、流量 Q 及转速 n 之间的关系,称为泵的机械特性,可以经验公式表示为

$$H=K_1n^2-K_2Q^2 \tag{10-2}$$

式中 K_1、K_2——比例系数。

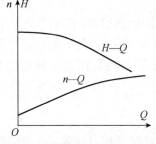

图 10-3 离心泵特性曲线

由式(10-2)可见,当转速 n 一定时,其压头 H 随着流量 Q 的增加而有所下降;当流量一定,其压头随转速的增加而增加,特性曲线将会向上移动,得到一组特性曲线,如图 10-3 所示。

由图 10-3 可见,随着离心泵出口阀的开启,排出量就逐渐增大,使压头逐渐下降。如果将泵的出口阀完全关闭,由于叶轮与机壳有空隙,液体可在泵体内打循环,此时排出量 $Q=0$,压头 H 达某一最高值。依据这一原理,可用出口阀的开度变化来控制泵的出口流量。当然,在泵运转过程中不宜长期关闭出口阀门。因为此时液体在泵内打循环,其排量为零,泵所做的功将转化为热能,使泵内液体发热升温。

(2)管路特性。

对于具有一定特性的泵在某一管网中运行时,实际排出量与压头是多少? 这就是实际工作点的位置的问题。这要考虑管网特性——管网中流体和管网中阻力的关系。泵的出口压力

— 196 —

必须与以下各项压头及阻力相平衡：①管路两端静压差相应的压头 h_p；②将液体提升一定高度所需的压头 h_1（即升扬高度）；③管路摩擦损耗压头 h_f（它与流量平方值近乎成比例）；④控制阀两端压头 h_v。在阀门的开度一定下，泵的出口压力也与流量的平方值成正比，同时还取决于阀门的开启度。

管路特性如图 10-4 所示。其中

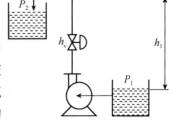

图 10-4 管路特性

$$H = h_p + h_1 + h_f + h_v \qquad (10-3)$$

当流量系统达到稳定时，泵的特性曲线与管路特性曲线的交点，就是离心泵的工作点。不同的工作点即表示可具有不同的流量 Q 和压头 H，可通过改变泵的转速或改变管路阻力，改变泵的流量。

2）离心泵的控制方案

（1）改变转速的控制方案。

改变泵的转速，从而改变流量特性曲线的形状，实现离心泵的调速，根据带动离心泵的动力机械性能而定。如由电动机带动的离心泵，可以直接对电动机进行调速，也可以在电动机与泵轴连接的变速机构上进行调节。采用这种方案时，在液体输送管路上不需装设控制阀，因此不存在 h_v 项的阻力损耗；同时，从泵的特性曲线本身来看，机械效率也较高。然而，不论是电动机或连接机构的调速，都比较复杂。因此，多用于较大功率的情况。

离心泵除了用电动机作为动力外，为了节能，有用汽轮机来带动各类离心泵的情况，其调速就较为方便。用改变进入汽轮机蒸汽量来调节汽轮机，以改变泵的转速。

用改变泵的转速来控制排出量的方案如图 10-5 所示。

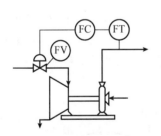

图 10-5 改变转速的控制方案

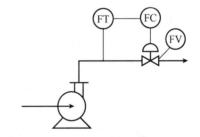

图 10-6 改变管路特性的控制方案

（2）改变管路特性的控制方案。

常用的方法是在泵出口管线上装一个控制阀，组成流量定值控制系统，即改变控制阀的开启度，从而改变通过控制阀的压头降 h_v，达到改变管路特性来控制流量的目的，方案如图10-6 所示。

此方案中控制阀应装在泵的出口管线上，不能装在吸入管线上。因为在后一种情况下，由于 h_v 存在，可使泵入口压头下降更多，可能使液体部分汽化，当汽化不断发生时，就会使压头降低，流量下降，甚至液体送不出去。同时，液体在吸入端汽化后，到排出端受到压缩而凝结，这部分空间有周围液体以极高速度来补充，产生强烈的冲击力，甚至严重到损坏叶轮和泵壳。

这种方案因能量消耗于克服摩擦阻力，所以不大经济，亦即在小流量情况下，相对总的机械效率较低。但由于简单方便，故使用广泛。

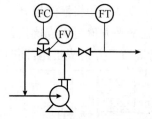

图 10-7 改变旁路流量的控制方案

（3）改变旁路流量的控制方案。

改变旁路流量，即用改变旁路阀开启程度的方法来控制实际的排出量，如图 10-7 所示。这种方案很简便，而且控制阀口径要比第二类方案小得多。但旁路通道的那部分液体，由泵所供给的能量完全消耗于控制阀，因此总的机械效率较低。

二、压缩机的控制

1. 离心式压缩机特性曲线与喘振

离心式压缩机的特性曲线是指压缩机的出口压力与入口压力之比（或称压缩比）与进口体积流量之间的关系曲线，即 p_2/p_1—Q 的关系。其中压缩比是指绝对压力之比。

图 10-8 是一条在某一固定转速 n 下的特性曲线。Q_B 是对应于最大压缩比 $(p_2/p_1)_B$ 情况下的体积流量，它是压缩机能否稳定操作的分界点。当压缩机正常运行工作点 A，由于某种原因压缩机降低负荷时，因 $Q_B < Q_A$，于是压缩机的工作点将由 A 至 B，如果负荷继续降低，则压缩比将下降，出口压力应减小，可是与压缩机相连接的管路中气体压力并不同时下降，其压力在这一瞬间不变，这时管网中的压力反而大于压缩机出口处压力，气体就会从管网中倒流向压缩机，一直到管网中压力下降到低于压缩机出口压力为止，工作点由 B 下降到 C。由于压缩机在继续运转，此时压缩机又开始向管网中送气，流量增加，工作点由 C 变到 D，D 点对应流量 Q_D 大于 Q_A，超过要求负荷量，系统压力被逼高，如压缩机工作点不能在 A 点稳定下来，就会不断地重复上述循环，使工作点由 A→B→C→D→A 反复迅速地突变，这种现象称为压缩机的喘振，又称为飞动。

压缩机特性曲线随着转速不同而上下移动，组成一组特性曲线，如图 10-9 所示。每一条特性曲线都有一个最高点，如把各条曲线最高点连接起来得到一条表征产生喘振的极限曲线，如图中虚线所示。图中虚线的左侧是不稳定区，称为喘振（或飞动）区，在虚线的右侧则为正常运行区。

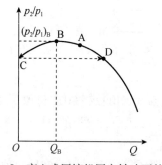

图 10-8 离心式压缩机固定转速下的特性

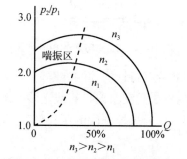

图 10-9 离心式压缩机特性曲线

喘振是一种危险现象。喘振是离心压缩机的固有特性，每一台离心压缩机都有一定的喘振区，因此只能采取相应的防喘振控制方案以防喘振的发生。

2. 防喘振控制方案

离心式压缩机产生喘振现象的主要原因是由于负荷降低，排气量小于极限值而引起的，只要使压缩机的吸气量大于或等于该工况下的极限排气量即可防止喘振。工业生产上常用的控制方案有固定极限流量法和可变极限流量法两种。

1)固定极限流量法

在压缩机及管网一定的条件下,设法使压缩机运行永远高于某一固定流量,使压缩机避免进入喘振区运行。这种防止产生喘振的控制方法,称为固定极限流量防喘振控制,其方案如图 10-10 所示。在图中,取最大转速下的极限流量作为控制器的给定值,正常操作时,控制器的测量值大于给定值(极限流量 Q_A),旁路控制阀处于关闭的状态。当减小负荷时,控制器的测量值小于给定值,控制器输出开始反向,而将旁路阀打开,使压缩机的一部分气体打循环,从而使控制器的测量值增加,直至与给定值相等。这样,压缩机就不会在低于极限流量的条件下工作,防止了喘振现象的发生。这种控制方案在转速高转速下运行是经济的,但在低转速时就显得 Q_A 过大而浪费能量,但其结构比较简单,可靠性也较高。

2)可变极限流量法

由于不同的转速下压缩机的喘振极限流量是不同的,所以若按喘振极限曲线来控制压缩机,就可以使压缩机在任何转速条件下都不会发生喘振,而且节约了能量,该方案如图 10-11 所示。

这种控制方案,是按某种计算函数来计算极限值,将使压缩机在不同的转速下有不同的流量,其值均略大于该转速下的喘振极限流量值。大功率压缩机在生产负荷变化较多时,这种方案可以取得良好的经济效果。

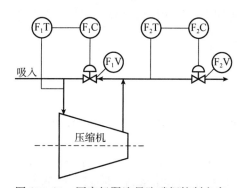

图 10-10 固定极限流量防喘振控制方案

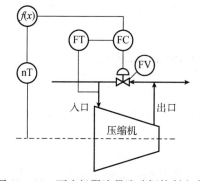

图 10-11 可变极限流量防喘振控制方案

三、大型压缩机组状态检测系统

大型压缩机组在工业生产过程中的作用为提高工艺介质的压力以改变物料的物理状态,是石化、电力等工业生产过程的关键动力设备。一旦机组故障将导致整个工艺流程无法继续进行。压缩机组必须具有一套完整的实时监测与保护系统,良好的监控系统能够及时发现并解决机组的异常情况,必要时刻紧急停车对设备进行保护,防止事故的进一步扩大。

1. 状态监测系统的基本概念

压缩机状态监测与故障诊断技术包括识别压缩机状态和预测发展趋势两方面的内容。具体过程分为状态监测、分析诊断和治理预防三部分,如图 10-12 所示。

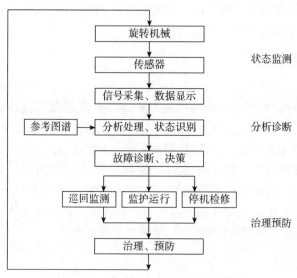

图 10-12　状态监测与故障诊断流程图

在实际生产中,有时把压缩机状态的初步识别也包括在"状态监测"中,只将识别异常后的精密诊断作为"分析诊断"的内容。

压缩机的故障一般都反映在机械振动上,所以人们也多从机械振动方面入手研究故障原因。对振动故障原因的分析是根据测得的波形进行的。常用的检测参数有轴振信号、轴位移信号、振动加速度信号和与振动相关的工艺信号,例如转速、压力、温度、风量等。

旋转机械常见故障很多,诸如转子不平衡、油膜波动、旋转机械摩擦、旋转机械不对中、旋转机械裂纹转子、旋转机械气体介质涡动、喘振等故障。

2.电涡流传感器系统

旋转机械状态监测系统中采用的传感器分为接触传感器和非接触传感器两种。接触传感器有速度传感器、加速度传感器等,这类传感器多用于非固定安装,只测取设备机壳振动的地方,其特点是传感器直接与被测物体接触。

非接触传感器不直接和被测物体接触,因此可以固定安装,直接监测旋转部件的运行状态。非接触传感器种类很多,最常用的是永磁式趋近传感器和电涡流式趋近传感器。

1)电涡流传感器的工作原理

电涡流传感器系统,应用电涡流原理,测量探头顶部与被观测表面之间的距离。

电涡流传感器由平绕在固体支架上的铂金丝线圈构成,用不锈钢壳体和耐腐蚀的材料封装,再引出同轴电缆猪尾线和前置器的延伸同轴电缆相连接。

前置器产生一个低功率高频率(RF)信号,这一 RF 信号由延伸电缆送到传感器探头端部里面的线圈上,根据麦克斯韦电磁场理论,趋近传感器线圈接到高频电流之后,线圈周围会产生高磁场,该磁场穿过靠近它的导体材料的转轴金属表面时,会在其中感应产生一个电涡流。根据楞次定律,这个变化的电涡流又会在它周围产生一个电涡流磁场,其方向和原线圈磁场的方向刚好相反,这两个磁场相叠加,将改变原线圈的阻抗。即 RF 信号有能量损失,该损失的大小是可以测量的。导体表面距离探头顶部越近,其能量损失越大,传感器系统可以利用这一能量损失,产生一个输出电压。

线圈阻抗的变化既与电涡流效应有关,又与静磁学效应有关。如果磁导率、激励电流强度、频率等参数恒定不变,则可将阻抗看成是探头顶部到金属表面间隙的单值函数,即两者之间成比例关系。通过前置器测量变换电路,将阻抗的变化测出,并转换成电压或电流输出,再用二次仪表显示出来,即可以反映间隙的变化。

电涡流传感器在监测径向振动的同时又能监测轴向位移,其监测原理基于电涡流传感器探头测出的成正比的输出信号,包含有直流分量和交流分量。直流分量相当于信号的算术平均值,轴向位移监测主要是将其直流分量进行放大,输出信号反映出旋转机械轴向位置状况。交流分量是振动位移的瞬时值,径向振动监测的作用是将其交流分量的峰值进行放大并输出信号,反映出径向振动状况。

2)电涡流传感器的组成

电涡流式趋近传感器系统由探头、前置器、延伸电缆三部分组成。探头是系统的传感器部分,它最靠近轴的表面,所以它能测出在探头顶部和轴表面之间的间隙。前置器具有一个电子线路,它可以产生一个无线电频率信号(RF),它能探测到能量的损耗,并能产生一个输出电压,该电压正比于所测间隙。延伸电缆连接在探头和前置器之间。

3)探头的安装

(1)检测振动的探头安装。应遵循 $X-Y$ 径向振动探头的安装方式,即通常对用于检测同一点振动的成对探头,安装时保持两个探头的轴线相互垂直为 $90°$,并且每一个探头的轴线与水平面夹角为 $45°$,如图 $10-13$ 所示。在整个机组上,要求将探头安装在同一平面上,以便简化系统,对所测结果进行比较。另外必须强调,每一只探头的就位、安装必须保证探头顶端面所在的平面与被测机械轴的横截面所在的平面相垂直(机械轴的横截面是指机械轴的径向横截面)。

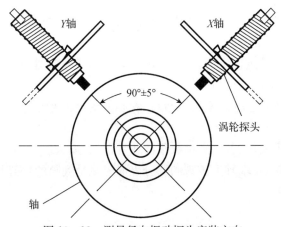

图 10-13　测量径向振动探头安装方向

(2)测量轴向位移探头的安装。要能直接观测到连在轴上的某一平面,这样测量的结果才是轴的真实位移,如图 $10-14$ 所示。测量轴位移的探头,要安装在距离止推法兰 305mm(约 12in)范围之内,如果将测量轴向位移的探头装在机器的端部,距离止推法兰很远,则不能保护机器不受破坏,因为这样测量的结果既包括轴向位置的变化,也包括差胀在内。典型的系统都是应用两个探头同时监测轴向位移的,即使有一个传感器损坏或失效,依然可以对机械进行保护。至少有一个探头应该与轴在一个整体的平面上,这样如果止推法兰在轴上松动了,也不会失掉所要测量的参量。

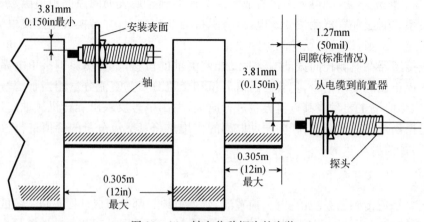

图 10 - 14　轴向位移探头的安装

4）探头安装的常见错误

（1）在安装探头时,若测量不够准确就不能将探头装在正确位置。在此种情况下应重新设计,正确安装。

（2）在机器壳体上钻的孔,对于轴的中心线偏出一个角度,导致探头的表面距轴的中心线一侧太远,这样无法校准,并有不正确的读数。此种情况下应重新设计,重新开孔,正确安装。

（3）探头被用来探测有镀铬的表面,联轴器凸缘上的皱缩处,导致探头信号的读数不稳定。

（4）测量轴向位移的探头,被装在轴的某一端的对面,而这一端是远离止推轴承的,探头无法反映止推轴承的位置变化。虽然此时探头输出的轴向位移信号会有很大变化,而它与止推轴承的状态已无联系。

（5）安装探头支架的刚度不够,导致在工作的频率范围内,共振会使探头有很大振幅的振动。振动信号读数没有意义。

（6）探头所带电缆以及延伸电缆,在有机械破坏可能的危险地区没有足够的保护,导致在机器旁边正常工作的电缆可能会被破坏。

（7）敷设延伸电缆的导管密封不当,导致在安装前置器的箱子里,会充满润滑油或者油在箱子内以凝结的形式出现。

（8）探头互相安装得太靠近,导致读数很高或者很低,无法校准。

（9）正确的探头安装,要求轴上被观测部分表面应该是规则的、光滑的,并且没有剩磁。如果有,就会导致测量误差。

第二节　传热设备的控制

工业上用以实现换热目的的设备,即传热设备的种类很多,在生产中主要采用的是间壁式传热设备。本节主要从加热或冷却的温度范围出发,将间壁式传热设备分为换热器、蒸汽加热器、低温冷却器、加热炉、锅炉等。

换热器自动控制的目的是保证换热器出口的工艺介质温度恒定在给定值上。换热器的原理图如图 10-15 所示,若不考虑传热过程中的热损失,则热流体失去的热量应等于冷流体获得的热量,可用下列热量平衡方程式:

$$Q=F_1C_1(T_{1o}-T_{1i})=F_2C_2(T_{2i}-T_{2o}) \qquad (10-4)$$

式中　Q——传热速率,J/s;

　　　F_1、F_2——介质、载热体的质量流量,kg/h;

　　　C_1、C_2——介质、载热体的平均比定压热容,J/(kg·℃);

　　　T_{1i}、T_{2i}——介质、载热体的入口温度,℃;

　　　T_{1o}、T_{2o}——介质、载热体的出口温度,℃。

另外,传热过程中传热的速率可按下式计算:

$$Q=KA_m\Delta T_m \qquad (10-5)$$

但在载热体方面,如发生相的变化(气相变为液相),则载热体放出热量为

$$Q=F_2\lambda \qquad (10-6)$$

式中　K——传热系数,W/(m²·℃)或 W/(m²·K);

　　　A_m——传热面积,m²;

　　　ΔT_m——平均温差,与冷热流体出口、入口的温度有关,℃或 K;

　　　λ——饱和蒸汽的比汽化焓,J/kg。

图 10-15　列管式换热器原理图

通过改变换热器的热负荷、换热面积等方法控制换热器介质出口温度。

一、一般传热设备的控制

1. 换热器的控制(两侧无相变)

1)控制载热体流量

控制载热体的流量 F_2 如图 10-16 所示。如果载热体压力不稳,可另设稳压控制系统,或者采用温度对流量的串级控制系统,如图 10-17 所示,在这个串级控制系统中,温度为主变量、流量为副变量。

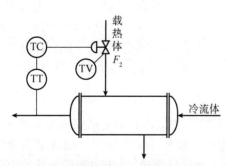

图 10-16　改变载热体的流量简单控制系统

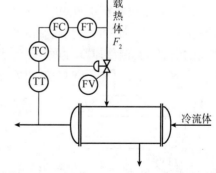

图 10-17　换热器的串级控制系统

2)控制载热体旁路流量

当载热体是利用工艺介质回吸热量时,可以将载热体分路,以控制冷流体的出口温度

T_{2o}。分路一般可以采用三通阀来达到。如三通阀装在入口处则用分流阀,如图 10-18 所示。如三通阀装在出口处,则用合流阀,如图 10-19 所示。

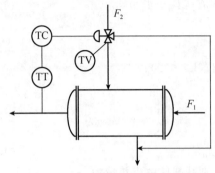

图 10-18　用分流阀的控制方案

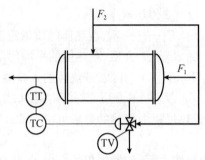

图 10-19　用合流阀的控制方案

3)将工艺介质分路

如果工艺介质流量和载热体流量均不允许控制而且换热器传热面积有较大裕量时,可将工艺介质进行分路,如图 10-20 所示。

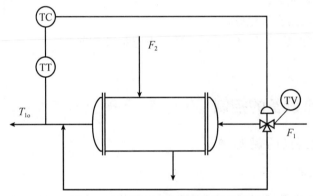

图 10-20　将介质分路的控制方案

2.低温冷却器的控制

低温冷却器采用液氨、乙烯、丙烯等作为冷却剂。当冷却剂汽化时吸收大量热,由液相变为气相,通过间壁传热,使被冷却物料获得低温。以液氨为例,当它在常压下汽化时,可使物料冷却到$-30℃$的低温。低温冷却器的操作特点是冷却剂的汽化需要有一定的蒸发空间。在这类冷却器中,以氨冷器为常见,下面以它为例介绍几种控制方案。

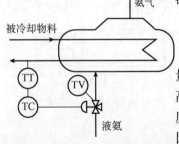

图 10-21　控制冷剂的流量

1)控制冷剂的流量

图 10-21 所示的方案,根据出口温度来控制液氨的进口流量。此方案中液氨的蒸发要有一定的空间。如液氨的液位过高,蒸发空间不足,再增加液氨流量,也无法降低介质的出口温度。而且氨气中夹带大量液氨,会引起氨压缩机的操作事故。因此,这种控制方案应带有液位指示或联锁报警,或采用选择性控制方案。

2)控制传热面积

图 10-22 所示的串级控制系统,如出口温度变化,温度控制器的输出变化,即改变液位控制器的给定值,控制液氨的流量,从而保证出口温度的恒定。此方案的特点是可以限制液位上限,保证氨冷器有足够的蒸发空间,使得氨气中不带液氨。

3)控制汽化压力

图 10-23 所示控制方案,当被冷却介质的出口温度变化时,温度控制器的输出去改变阀门的开度,使蒸发压力变化,于是相应的汽化温度也改变了,传热量改变,从而使出口温度回到给定值。同时,为了保证有足够的汽化空间,在此方案中设有辅助的液位控制系统。

这种控制方案的最大特点是迅速、灵敏。但是由于控制阀安装在氨气出口管线上,故要求氨冷器耐压。

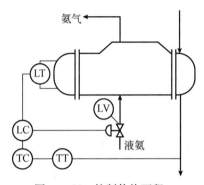

图 10-22 控制传热面积

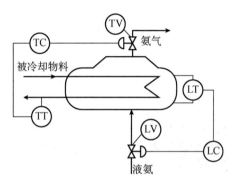

图 10-23 控制汽化压力

二、加热炉的控制

在生产过程中有各式各样的加热炉,按工艺用途来分,有加热用的炉子及加热—反应用的炉子两类。对于加热用炉子,工艺介质受热升温或同时进行汽化,其工艺介质温度的高低,会直接影响后一工序的工况和产品质量,同时当炉子温度过高时会使物料在加热炉内分解,甚至造成结焦而烧坏炉管。加热炉平稳操作可以延长炉管使用寿命,因此加热炉出口温度必须严加控制。

影响加热炉出口温度的干扰因素有:工艺介质进料的流量、温度、组分,燃料方面燃料油(或气)的流量、压力、成分,燃料油的雾化情况,空气过量情况,喷嘴的阻力,烟囱抽力等等。

为了保证炉出口温度稳定,加热炉主要控制系统以加热炉出口温度为被控变量,燃料油(或气)的流量作为操作变量,而且对于不同的干扰因素应采取不同的措施。常用的控制方案有以下几种。

1.简单控制方案

如图 10-24 所示,图中主要控制系统是以炉出口温度为被控变量,燃料油(或气)流量为操纵变量的温度简单控制系统。为克服工艺介质流量波动,燃料油的压力波动及雾化蒸汽波动对燃料油雾化程度的影响,即为了克服上述干扰对被控变量的影响,还必须同时设置三个辅助控制系统。

(1)进入加热炉工艺介质流量定值控制系统。

(2) 燃料油总压的定值控制系统。图 10 - 24 中控制回油量方案是为了避免在一条管道上装设温度控制阀与压力控制阀而引起的相互影响,以提高控制质量。

(3)雾化蒸汽压力定值控制系统。采用燃料油时,需加入雾化蒸汽(或空气),燃料油的雾化好坏,影响着燃烧的好坏,雾化蒸汽过少,雾化不好,燃烧不完全,易冒黑烟,雾化蒸汽过多,浪费燃料和雾化蒸汽,有时还会熄火。故一般对雾化蒸汽采用压力控制系统。

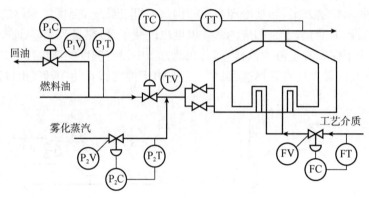

图 10 - 24　加热炉的简单控制方案

对于单回路控制系统,当工艺对炉出口温度要求严格,且干扰频繁、幅值较大或炉膛容量较大时,由于滞后大,控制不及时,满足不了工艺要求,为了提高控制品质,可采用串级控制系统。

2.加热炉的串级控制方案

加热炉串级控制系统,根据干扰情况主要形式划分,可分为以下几种。

(1)炉出口温度对燃料油(或气)流量串级控制。如图 8 - 3 所示,如主要干扰在燃料的流动状态方面(如阀前压力的变化),该种方案是很理想的,但流量测量比较困难,而压力测量较方便,故广泛采用下面叙述的(2)方案。

(2)炉出口温度对燃料油(或气)阀后压力串级控制。如图 10 - 25 所示,采用该方案时,必须防止燃料喷嘴部分的堵塞,不然会使控制阀发生误动作。

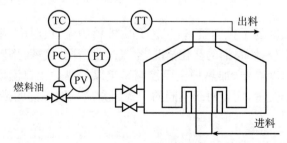

图 10 - 25　炉出口温度对燃料油阀后压力串级控制

(3)炉出口温度对炉膛温度的串级控制。如图 8 - 5 所示,这种方案将原来滞后较大的对象一分为二,副回路起超前作用,能使干扰反映到炉膛温度时就能及时控制。当主要干扰是燃料油或气的组分变化时,前两种串级控制方案的副回路无法感知,此时采用本方案效果较好。

3. 加热炉的前馈—反馈控制方案

在加热炉自动控制系统中,有时遇到生产负荷(如进料流量、温度)变化频繁,干扰幅度又较大,且又属不可控。串级控制难于满足工艺指标要求时,可采用前馈—反馈控制系统,如图10-26所示。前馈控制是克服进料流量(或温度)的干扰作用,而反馈控制克服其余干扰作用。

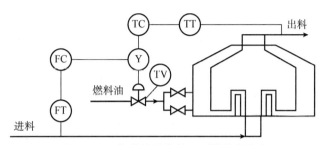

图 10-26　加热炉的前馈—反馈控制方案

为了安全生产,防止由于事故而带来的损失,在大型加热炉中需要配备必要的安全联锁保护系统。针对加热炉的各种具体情况可采用不同的联锁保护系统,在本书中不再加以讨论。

三、工业锅炉的控制

锅炉是电力、石油化工生产中必不可少的重要动力设备。在电厂,汽轮发电机靠锅炉产生一定温度和压力的过热蒸汽来推动,在石油化工厂,靠锅炉产生的蒸汽作为全厂的动力源和热源。因此,为了保证工厂安全、高产,必须确保锅炉的安全生产,保证锅炉产生的蒸汽压力和温度稳定。

随着工业的发展,锅炉应用范围也不断扩大,为此也产生出各种大、小型式的锅炉。小的每小时产几吨蒸汽,大的每小时产200多吨蒸汽,产生出来的蒸汽也有高压、中压、低压之分。锅炉可分为动力锅炉、工业锅炉。工业锅炉又有辅助锅炉、废热锅炉、快装锅炉、夹套锅炉等。它们的燃料也是多种多样的,有燃油的、油气混合的、燃煤的,也有利用化学反应中生成的热量的。

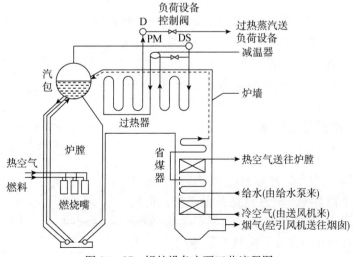

图 10-27　锅炉设备主要工艺流程图

锅炉的主要流程如图 10-27 所示。由图 10-27 可知,燃料和热空气按一定比例进入燃烧室燃烧,把水加热成蒸汽,产生的饱和蒸汽经过热器,形成一定温度的过热蒸汽 D,汇集到蒸汽母管,经负荷设备控制阀供给负荷设备用。燃料燃烧产生的热量,一部分将饱和蒸汽变成过热蒸汽,另一部分经省煤器预热锅炉给水和空气预热器预热空气,最后经引风机送经烟囱排入大气。因此可以说锅炉内有着保持水的物料平衡和热量平衡的关系。

在热量平衡中,其负荷是蒸汽带走的热量。在物料平衡中,其负荷是蒸发量。在锅炉运行中,汽包液位是表征生产过程的主要工艺指标,液位过高,由于汽包上部空间变小,从而影响汽水分离,使蒸汽产生带液现象,当液位过低时,则会烧坏锅炉,以致产生爆炸事故。锅炉内热量平衡和物料平衡两者又是相互影响、相互关联的。汽包液位不仅受到给水流量的影响,如热量平衡受到破坏时,蒸汽压力发生变化,从而影响到水面下的蒸发管中的汽水混合物的体积,而使汽包水位发生变化。另一方面,蒸汽压力不仅受到投入燃料的影响,而且当增加给水量时会使蒸发量减少,从而使压力下降。所以在考虑控制方案时要从全局出发。

锅炉的主要控制系统有三个。

1.汽包水位控制

维持汽包中水位在工艺允许范围内,以保证锅炉的安全运行。目前锅炉汽包水位控制常采用单冲量、双冲量及三冲量等三种控制方案,下面分别对这三种方案进行讨论。

1)单冲量控制系统

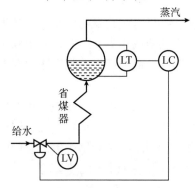

图 10-28 单冲量控制系统原理

单冲量控制系统的原理如图 10-28 所示。由图可知,它是一个典型的单回路控制系统,它适用于停留时间较长、负荷变化小的小型低压锅炉(一般为 10t/h 以下)。

但对于停留时间短,负荷变化大的系统,该系统就不能适应了。当蒸汽负荷突然大幅度增加时,由于汽包内蒸汽压力瞬间下降,水的沸腾加剧,气泡量迅速增加,形成汽包内液位升高的现象。因为这种升高的液位不代表汽包内储存液量的真实情况,所以称为"假液位"。这时液位控制系统测量值升高,控制器错误地关小给水控制阀,减少给水量,等到这种暂时的闪急汽化现象一旦平稳下来,由于蒸汽量增加,送入水量反而减少,将使水位严重下降,波动很厉害,严重时会使汽包水位降到危险区内,甚至引发事故。

产生"假液位"主要是蒸汽负荷量的波动,如果把蒸汽流量的信号引入控制系统,就可以克服这个主要干扰,这样就构成了双冲量控制系统。

2)双冲量控制系统

图 10-29 所示为双冲量控制系统的原理图。这是一个前馈—反馈控制系统。蒸汽流量是前馈量。借助于前馈的校正作用,可避免蒸汽量波动所产生的"假液位"而引起控制阀误动作,改善了控制质量,防止事故发生。双冲量控制系统的弱点是不能克服给水压力的干

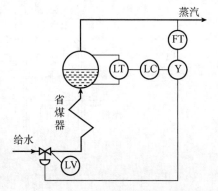

图 10-29 双冲量控制系统原理

扰,当给水压力变化时,会引起给水流量的变化。所以一些大型锅炉则将给水流量的信号引入控制系统,以保持汽包液位稳定。这样,作用控制系统共有三个变量的信号,故称为三冲量控制系统。双冲量控制系统适用于给水压力变化不大,额定负荷在 30t/h 以下的锅炉。

3)三冲量控制系统

三冲量控制系统原理如图 10-30 所示。它是属于前馈—串级控制系统。蒸汽流量作为前馈信号,汽包水位为主变量,给水流量为副变量。

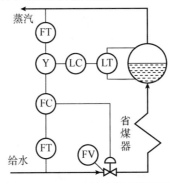

图 10-30　三冲量控制系统原理

2.锅炉燃烧系统的控制

锅炉燃烧系统的自动控制基本任务是使燃料燃烧时产生的热量适应蒸汽负荷的需要。由于汽包本身为一压力容器,它输出蒸汽的压力受到它所带的汽轮机和其他设备条件的限制,所以锅炉燃烧系统自动控制有三个主要作用:

(1)维持锅炉出口蒸汽压力的稳定。当负荷受干扰影响而变化时,通过控制燃料量使之稳定。

(2)保持燃料量和空气量按一定配比送入,即保持燃料燃烧良好。

(3)维持炉膛负压不变,应该使排烟量与空气量相配合。负压太小,炉膛容易向外喷火,影响环境卫生、设备和工作人员的安全;负压太大,会使大量冷空气漏进炉内,从而使热量损失增加,降低燃烧效率。一般炉膛应保持 $2mmH_2O$ 左右的负压。

3.过热蒸汽系统的控制

保持过热器出口温度在允许范围内,并保证管壁温度不超过允许的工作温度。

第三节　精馏塔的控制

精馏过程是石油化工生产中应用很广泛的过程,它利用混合物中各组分挥发度的不同将混合物分离成较纯组分的单元操作,多用于半成品或产品的分离和精制。

精馏塔是生产上的重要环节,对产品的质量、产量都起了重要的作用。在精馏操作中,被控变量多,可以选用的操纵变量也多,按其排列组合,控制方案繁多。精馏塔这一对象的通道很多,反应缓慢,内在机理较复杂,变量又相互关联,而控制要求又大多较高,因此必须深入分析工艺特性,总结实践经验,结合具体情况,才能设计出能为工艺生产服务的切实可行的控制方案。

一、精馏塔控制的要求及干扰因素分析

精馏塔的原理如图 10-31 所示。精馏过程是一个传质传热过程,操作时在精馏塔的每块塔板上有适当高度的液体层,回流液经溢流管由上一塔板流至下一塔板,蒸汽则由底部上升,通过塔板上小孔由下一塔板进入上一塔板,与塔板上液体接触。这样在精馏塔每块塔板上,同时发生上升蒸汽部分冷凝和回流液体部分汽化的过程,这个过程是个传热过程。伴随传热过程同时发生的是,易挥发组分不断汽化,从液相转入气相;而难挥发组分则不断冷凝,从气相转入液相,这种物质在相间的转移过程称为传质过程。

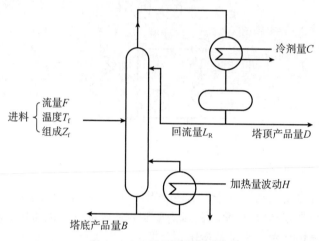

图 10-31　精馏塔的示意图

从整个塔看,易挥发组分由下而上逐渐增加,难挥发组分自上而下逐渐增加,其塔板温度自下而上随着易挥发组分增加而逐渐降低。

1.精馏塔控制的要求

工艺对精馏塔的操作要求为:产品要达到规定的分离纯度,塔的生产效率要高,以达到最高的产量;能耗(指冷剂,热剂量)尽量低。为达到上述要求,对精馏塔配备的自动控制系统也应当满足质量指标、物料平衡、热量平衡以及约束条件的要求。

(1)质量指标:塔顶产品或塔底产品之一应保证达到规定的纯度,另一产品成分亦应维持在规定范围内。

(2)物料平衡、能量平衡:物料和能量的状态可保证塔的平稳操作,当然塔压是否恒定对塔的平稳操作有很大影响。

(3)约束条件:为了使塔正常操作,必须满足一些约束条件,例如对塔内部气相速度限制——太低会使气液接触不好,塔板效率降低;太高会产生液泛现象,将完全破坏塔的操作。塔本身还有最高压力限,越过这个压力,容器的安全就没有保障。

工艺上对精馏塔操作要求平稳缓变,如剧烈波动易出不合格的产品。

2.精馏塔干扰分析

在精馏塔的操作过程中,影响其质量指标的主要干扰有以下几种。

1)进料量 F 波动的影响

进料量的波动是难以避免的,它的波动改变了物料平衡关系和能量平衡关系,可使塔顶或塔底产品成分发生变化,影响产品的质量。如果精馏塔位于整个生产过程的起点,则采用定值控制是可行的。但是,精馏塔的处理量往往是由上一工序决定的,可采取均匀控制系统,使塔的进料量波动比较平稳。

2)进料成分波动的影响

由于进料成分取决于上一工序的情况,对精馏塔控制系统来讲是为不可控的干扰。

3)进料温度波动的影响

进料温度下降,会使塔底轻组分含量增加。进料温度波动,最终会影响产品的成分。可通过加大或减小再沸器加热量来补偿进料温度对产品成分的影响。如进料温度波动过大,则可用进料温度定值控制。

4)塔的蒸气速度和加热量波动 H 的影响

塔内蒸气速度的波动,会引起塔内上升蒸气量的波动,从而影响分离度。塔的蒸气速度太大还会产生液泛。塔蒸气速度的变化主要受加热量变化的影响。为了稳定塔的操作,必须稳定塔的蒸气速度即恒定加热量。对于蒸汽加热的再沸器,蒸汽压力的波动往往是影响加热量的主要因素,因此,蒸汽压力常常需要保持一定。在蒸汽压力恒定时,改变蒸汽流量,实际上就是改变再沸器的加热量,也就是改变了塔内上升蒸气速度。

5)回流量 L_R 及冷剂量 C 波动的影响

回流量 L_R 减小,会使塔顶温度升高,从而使塔顶产品中重组分含量增加。因此在正常操作时,除非将回流量作为控制手段,否则总是希望将它维持恒定。冷剂量 C 波动造成的冷剂压力波动是引起回流量波动的因素。对于这类干扰,以阀前压力波动影响较大,控制中用压力定值系统即可克服。

6)塔顶产品量 D 或塔底产品量 B 的影响

塔顶(或塔底)产品量的变化,实际上是改变了物料平衡关系。产品量变化的影响,是在回流罐(或塔底)液位保持一定的情况下,通过回流(或再沸器内沸腾的蒸气量)施加到塔内使塔内气液比发生变化,最终使产品成分发生变化。因此可以用改变塔顶(或塔底)产品量的方法,来克服其他扰动引起的成分变化。

从上述干扰分析来看,有些干扰是可控的,有些干扰是不可控的。对可控的主要干扰,一般采用定值控制系统加以克服。对不可控的干扰,它们最终将反映在塔顶馏出物与塔底采出量的变化上。最直接的产品质量指标就是产品成分。在实际生产过程中,由于不同的物料性质,不同的精馏方法对产品纯度的要求不同,可采用各种不同的控制方法。下面介绍精馏塔的基本控制方案。

二、被控变量与操纵变量的选择

精馏塔被控变量的选择,指的是实现产品质量控制。精馏塔产品质量指标选择有两类;直接产品质量指标和间接产品质量指标,在此重点讨论间接质量指标的选择。

精馏塔最直接的质量指标是产品成分。近年来成分检测仪表的发展很快,特别是工业色谱的在线应用,出现了直接按产品成分来控制的方案,此时检测点就可放在塔顶或塔底。然而由于成分分析仪表价格昂贵、维护保养复杂、采样周期较长,即反应缓慢、滞后较大,加上可靠性不够,应用受到了一定限制。

1. 采用温度作为间接质量指标

最常用的间接质量指标是温度。温度之所以可选为间接质量指标,这是因为对于一个二元组分精馏塔来说,在一定压力下,沸点和产品成分之间有单独的函数关系。因此,如果压力恒定,塔板温度就反映了成分。对于多元精馏塔来说,情况就比较复杂,然而炼油和石油化工生产中,许多产品由一系列碳氢化合物的同系物组成,在一定压力下,保持一定的温度,成分的误差就可忽略不计。在其余情况下,压力的恒定总是使温度参数能够反映成分变化的前提条件。由上述分析可见,在温度作为反映质量指标的控制方案中,压力不能有剧烈波动,除常压塔外,温度控制系统总是与压力控制系统联系在一起的。

采用温度作为被控变量时,选择塔内哪一点温度作为被控变量,应根据实际情况加以选择,主要有以下几种。

1)塔顶(或塔底)的温度控制

一般来说,如果希望保持塔顶产品符合质量要求,即主要产品在顶部馏出时,以塔顶温度作为控制指标,可以得到较好的效果。同样,为了保证塔底产品符合质量要求,以塔底温度作为控制指标较好。为了保证另一产品质量在一定的规格范围内,塔的操作要有一定裕量。例如,如果主要产品在顶部馏出,操纵变量为回流的话,再沸器的加热量要有一定富裕,以使在任何可能的干扰条件下,塔底产品的规格都在一定限度以内。

采用塔顶(或塔底)的温度作为间接质量指标似乎最能反映产品的情况,实际上并不尽然。当要分离出较纯的产品时,在邻近塔顶的各板之间温差很小,所以要求温度检测装置有极高的精确度和灵敏度,这在实际上有一定困难。不仅如此,微量杂质(如某种更轻的组分)的存在,会使沸点起相当大的变化;塔内压力的波动,也会使沸点起相当大的变化,这些干扰很难避免。因此,目前除了类似石油产品的分馏,即按沸点范围来切割馏分的情况之外,凡是要得到较纯成分的精馏塔,往往不将检测点置于塔顶(或塔底)。

2)灵敏板的温度控制

在进料板与塔顶(或塔底)之间,选择灵敏板作为温度检测点。灵敏板实质上是一个静态的概念。所谓灵敏板,是指当塔的操作经受干扰作用(或承受控制作用)时,塔内各板的组分都将发生变化,各板温度也将同时变化,一直达到新的稳态时,温度变化最大的那块板即称为灵敏板。同时,灵敏板也是一个动态的概念,前已说明灵敏板与上、下塔板之间浓度差较大,在受到干扰(或控制作用)时,温度变化的初始速度较快,即反应快,它反映了动态行为。

3)中温控制

取加料板稍上、稍下的塔板,或加料板自身的温度作为被控变量,这常称为中温控制。从其设计企图来看,希望及时发现操作线左右移动的情况,并得以兼顾塔顶和塔底成分的效果。这种控制方案在某些精馏塔上取得成功,但在分离要求较高时,或是进料浓度变动较大时,中温控制看来并不能正确反映塔顶或塔底的成分。

2. 采用压力补偿的温度作为间接质量指标

用温度作为间接质量指标有一个前提,塔内压力应恒定,虽然精馏塔的塔压一般设有控制系统,但对精密精馏等控制要求较高场合,微小压力变化将影响温度与组分间关系,造成产品质量控制难以满足工艺要求,因此需对压力的波动加以补偿,常用的有温差和双温差控制。

1)温差控制

在精密精馏时,可考虑采用温差控制。在精馏中,任一塔板的温度是成分与压力的函数,影响温度变化的因素可以是成分,也可以是压力。在一般塔的操作中,无论是常压塔、减压塔、还是加压塔,压力都是维持在很小范围内波动,所以温度与成分才有对应关系。但在精密精馏中,要求产品纯度很高,两个组分的相对挥发度差值很小,由于成分变化引起的温度变化较压力变化引起温度的变化要小得多,所以微小压力波动也会造成明显的效应。例如,苯—甲苯—二甲苯分离时,气压变化 6.67 kPa,苯的沸点变化 2℃,已超过了质量指标的规定。这样的气压变化是完全可能发生的,由此破坏了温度与成分之间的对应关系。所以在精密精馏时,用温度作为被控变量往往得不到好的控制效果,为此应该考虑补偿或消除压力微小波动的影响。

在选择温差信号时,检测点应按以下原则进行。例如当塔顶馏出液为主要产品时,应将一个检测点放在塔顶(或稍下一些)即成分和温度变化较小、比较恒定的位置,另一个检测点放在灵敏板附近,即成分和温度变化较大、比较灵敏的位置,然后取两者的温差 T_D 作为被控变量。只要这两点温度随压力变化的影响相等(或十分相近),则选取温差作为被控变量时,其压力波动的影响就几乎相抵消。

在石油化工和炼油生产中,温差控制已成功地应用于苯—甲苯—二甲苯、乙烯—乙烷、丙烯—丙烷等精密精馏系统。要应用得好,关键在于选点正确、温差设定值合理(不能过大)以及操作工况稳定。

2)温差差值(双温差)控制

采用温差控制还存在一个缺点,就是进料流量变化时将引起塔内成分变化和塔内压降发生变化。这两者均会引起温差变化,前者使温差减小,后者使温差增加,这时温差和成分就不再呈现单值对应关系,难以采用温差控制。

采用温差差值控制后,若由于进料流量波动引起塔压变化对温差的影响,在塔的上段、下段温差同时出现,因而上段温差减去下段温差的差值就消除了压降变化的影响。从国内外应用温差差值控制的许多装置来看,在进料流量波动影响下,仍能得到较好的控制效果。

三、常用控制方案

目前最常见的方案是精馏塔的基本控制方案,它们是精馏塔设置复杂及特殊控制方案的基础。根据精馏塔的主要控制系统划分基本控制方案包括提馏段温度控制及精馏段温度控制。

1. 提馏段温度控制

提馏段温度控制方案如图 10-32 所示。由主要控制系统和辅助控制系统两部分组成。

1）主要控制系统

提馏段温度控制系统，即提馏段温度为被控变量，其测温元件装在提馏段，塔釜热剂量为操纵变量。

由于这个控制系统的测温元件和控制手段都在塔的下部，所以它对克服首先进入提馏段的干扰比较有效。其次，由于测温元件在提馏段，所以它能直接地反映提馏段的产品质量情况。它的控制效果要比用回流量作为操纵变量来得迅速、及时。提馏段温度控制能较好地保证塔底产品的质量。

2）辅助控制系统

为克服进入精馏塔的其他主要干扰，设有四个辅助控制系统：回流量的定值控制系统，而且回流量应足够大，以便当塔负荷最大时，仍能保持塔顶产品的质量指标在规定的范围内；为维持塔压的恒定，在塔顶引出管线上设置塔内压力控制系统，控制手段一般为改变冷凝器的冷剂量；为减小进料波动对塔操作的影响，对塔的进料设置定值控制系统，如不可控也可采用均匀控制系统；为使塔釜液面和冷凝罐液面在一定范围内波动，不致因液面过低而产生设备抽空的危险或液面过高而影响传热效果及克服动态上的滞后，设置液位控制系统。

上文所述的基本控制方案不是绝对不能改变的，根据现场具体情况，可以做某些改动。

采用提馏段温控的场合是：(1)塔底产品纯度比塔顶要求严格时。对成品塔，因为保证产品质量是首要的，所以当主要产品从塔底采出时，往往总是采用提馏段温度控制的方案。(2)全部为液相进料时。全部为液相进料时进料量或进料成分的变化首先影响塔底成分，采用提馏段温度控制具有对干扰的感知及时、控制手段有效等特点。

由于提馏段温度控制时回流量足够大，当塔负荷最大时，仍能保持塔顶产品的质量指标在规定的范围内，在生产过程中即使塔顶产品质量要求比塔底严格时，仍采用提馏段温度控制。

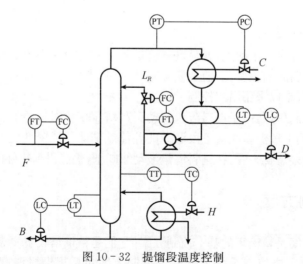

图 10-32　提馏段温度控制

2.精馏段温度控制

精馏段温度控制的控制方案如图 10-33 所示，由主要控制系统和辅助控制系统两部分组成。

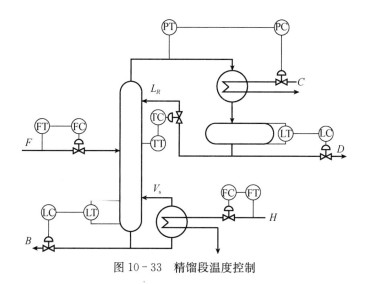

图 10-33　精馏段温度控制

1）主要控制系统

精馏段温度控制系统，被控变量为精馏段温度，其测温元件在精馏段，操纵变量为回流量。由于该控制系统测温元件和控制手段都在精馏段，所以对克服进入精馏段干扰和保证塔顶产品质量是有利的。

2）辅助控制系统

精馏段温度控制所配备的辅助控制系统有：再沸器加热量的定值控制，由于加热量稳定，可使塔的气相速度比较恒定，保证塔顶产品纯度——该方案要求加热量必须有所富余，这是因为当进料量为最大值时，以维持塔顶产品纯度要求；其他辅助控制系统，包括回流罐与塔釜液位控制，进料量控制等，它们的设置目的与提馏段温度控制方案相近，不再讨论。

精馏段温控的适用场合为：塔顶产品纯度比塔底要求严格；全部为气相进料。

当塔底或提馏段塔板上温度不能很好反映组分变化时，当组分变化，板上温度变化不显著，或者由于进料含有比塔底产品更重的杂质，使测温点设在塔底而温度控制质量降低，故测温点应适当向上移动。精馏段温度控制方案可以根据具体情况作适当变动。

四、乙烯精馏塔的控制方案

乙烯精馏塔管道及仪表流程图如图 10-34 所示。由图可见，其主要控制方案包括中间再沸器液位与侧线加热流量的选择性控制系统、乙烯回流罐液位与乙烯回流流量串级控制系统、乙烯回流与乙烯产品采出量的比值控制系统、塔顶冷凝器乙烯排气流量控制系统、塔压控制系统以及相关变量的显示、记录、联锁和报警等。各控制回路既相互独立又彼此联系，总体上保证了工艺的物料平衡和能量平衡，从对各回路变量的控制要求来看，主要是采用集散型控制系统（DCS）控制，各主要变量均在计算机屏幕或 DCS 仪表上显示记录。

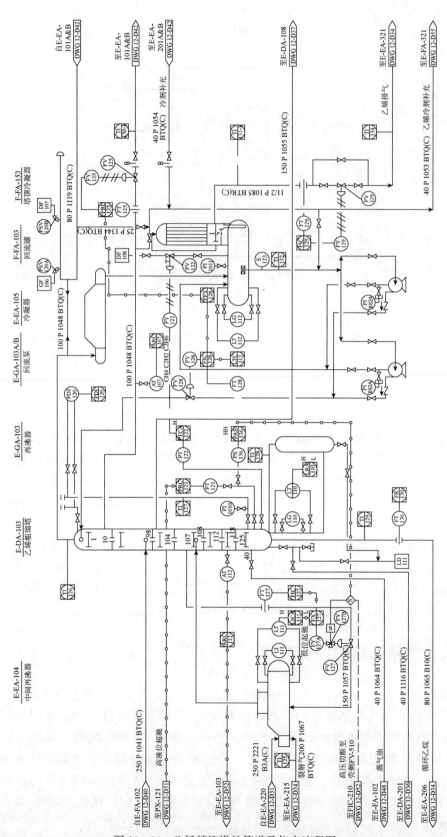

图 10-34　乙烯精馏塔的管道及仪表流程图

1. 中间再沸器液位选择性控制系统

乙烯塔中采用中间再沸器 E—EA—104 产生上升蒸气。从第 105 块塔板侧线流出的液相流体流入中间再沸器壳程,被管程中的裂解气余热加热汽化后气相流入乙烯精馏塔,从第 108 块塔板处进入作为上升蒸气,为精馏塔的物料分离提供了能量。本段工艺既要保证足够的流量,以满足上升蒸气量的要求,又要保证中间再沸器的液位不能太低,以保护设备。

流量变送器 FT—127 测量从第 105 块塔板侧线流出的液相流体流量,并将信号送到控制器 FIC—127,进行运算后用内部数据线将结果送至选择器 FX—127。同时,液位变送器 LT—111 测量中间再沸器液位,并将信号送到控制器 LICA—111,进行运算后用内部数据线将结果送至选择器 FX—127,两路信号选择性输出至转换器 FY—127A 转换为气信号,通过电磁阀 FY—127B 操纵控制阀 FV—127。正常情况下进行流量控制,以满足上升蒸气量的要求。当再沸器中的液位偏低时,进行液位控制,以保持中间再沸器正常工作。

根据需要,对中间再沸器液位设置了就地指示 LI—111 和控制室屏幕显示报警 LICA—111。另外,再沸器壳程介质裂解气出口温度需要在控制室进行屏幕显示。电磁阀 FY—127B 的联锁信号来自 DCS 的塔压联锁报警系统 PAS—136。

2. 塔顶回流罐液位与回流量串级控制系统

乙烯精馏塔的塔顶采出为气相乙烯和少量甲烷,它们被冷凝器冷凝后进入回流罐,实现了气液分离。罐内气相排出为少量乙烯和甲烷。液相为乙烯,经回流泵 E—GA—103A/B 打入精馏塔的第一块塔板作为回流液。

本方案中采用了乙烯回流罐液位与回流量的串级控制系统。回流罐液位过高不利于分离,太低则会出现空罐的危险。因此,液位是串级控制系统的主变量,回流量为副变量。由变送器 LT—128 测得的回流罐液位信号送至控制室控制器 LTC—112 运算后,作为流量控制器 FIC—128 的外给定,实现了串级控制,FY—128 为电—气阀门定位器。回流量设置了控制室屏幕显示,回流罐液位设置了现场显示和控制室屏幕显示。

3. 乙烯回流与乙烯采出量比值控制系统

精馏塔操作的一个重要指标是回流比,即回流量与乙烯采出量之比。为了满足这一操作要求,精馏塔采用了回流量与乙烯采出量的比值控制系统。从 FIC—128 引来的回流液流量信号经运算器 FFY—128 进行比率运算后作为流量比率控制器 FFRC—125 的外给定,此控制器的输出经电—气阀门定位器 FY—125 转换为气信号后作为控制阀 FV—125 的输入信号,从而实现了回流量与采出量的比值控制。

4. 塔顶冷凝器乙烯排气流量控制系统

乙烯回流罐中的气相为甲烷和部分乙烯,这些介质被连续排出,作为脱甲烷塔的辅助进料。为了保证回流罐内的压力稳定,对这些介质的排出采取了定值控制方案,该控制系统由流量变送器 FT—129、控制器 FIC—129、电气阀门定位器 FY—129 及控制阀 FV—129 构成。

5. 塔压控制系统

精馏塔是一个二元体系,在温度和压力中只要有一个稳定即可。本方案中采用以塔压为被控变量,回流罐的排气量为操纵变量的压力控制系统。另外,塔压经变送器 PT—121、控制器 PRC—121 后作为高液位超驰控制系统信号,也是控制塔压的辅助手段。

乙烯分离过程的控制方案中,对一些参数设置了相关的控制室显示记录。例如塔顶采出温度显示 TI—126、塔釜温度显示 TI—127、塔顶与塔釜压力差显示 PDI—120、塔釜采出循环乙烷温度显示 TI—129、循环乙烷流量显示 FR—130、回流液温度显示 TI—132、乙烯排气温度显示 TI—134、乙烯采出成分测量 AT—107 等。

第四节 化学反应器的控制

化学反应器是工业生产过程中主要的设备之一,其作用是实现化学反应过程。化学反应过程机理复杂,它不仅受传热、传质过程的影响,而且还要受到温度、压力、浓度等一系列因素的影响。因此化学反应器的自动控制一般比较复杂。下面简单介绍反应器的控制要求及几种常见的控制方案。

一、化学反应器对控制的要求

反应器的控制方案应满足质量指标、物料平衡、能量平衡、约束条件等方面的要求。

(1)质量指标:要使反应达到规定的转化率,或使产品达到规定的浓度。

(2)物料平衡和能量平衡:为了使反应器能够正常运行,必须使反应器在生产过程中保持物料平衡和能量平衡。例如,为了保持热量平衡,需要及时除去反应热。为了保持物料平衡,需要定时的排除或放空系统中的惰性物料,以保证反应的正常进行。

(3)约束条件:对于反应器,要防止工艺变量进入危险区域或不正常工况。例如,在不少催化接触反应中,温度过高或进料中某些杂质含量过高,将会引起催化剂中毒或破损;在有些氧化反应中,物料配比不当会引起爆炸;在流化床反应器中,流体速度过高会将固相吹走,而流体速度过低会使固相沉降等。为此,应适当配置一些报警,联锁或自动选择性控制系统。

为了保证产品的质量,最好是以质量指标直接作为被控变量,即取出料成分或反应转化率作为被控变量。在一般情况下它们的测量比较困难,所以目前多数控制系统都以温度作为被控变量。温度作为反应质量的控制指标是有一定条件的,即只有其他参数不变时,才能正确反映质量情况。

反应器按结构来分,可分为釜式、管式、塔式、固定床、流化床反应器等,下面介绍几种常用反应器的自动控制方案。

二、釜式反应器的控制

釜式反应器在石油化工生产过程中广泛应用于聚合反应,另外在有机染料、农药等行业中还经常采用釜式反应器来进行炭化、硝化、卤化等反应。

1.控制进料温度

进料经过预热器(或冷却器)进入釜式反应器。采用控制进入预热器(或冷却器)的加热剂

（或冷却剂）流量,稳定釜内温度。方案如图10-35所示。

2.控制夹套温度

对于带夹套的反应釜,可采用控制进入夹套的加热剂(或冷却剂)流量,稳定釜内温度,方案如图10-36所示。但由于反应釜容量大,温度滞后严重,特别是进行聚合反应时,釜内物料黏度大,混合不均匀,传热效果差,很难使温度控制达到严格要求。这时就需要引入复杂控制系统。

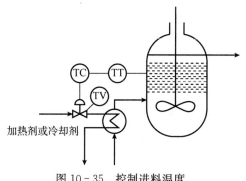
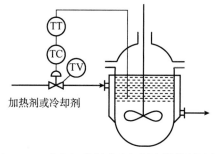

图 10-35　控制进料温度　　　　图 10-36　改变加热剂或冷却剂流量控制温度

三、固定床反应器的控制

固定床反应器的工作方式是催化剂床层固定不动,流体原料通过催化剂床层,在催化剂作用下进行化学反应以生产所需物质。如二氧化硫转化为三氧化硫的接触器,合成氨生产中的变换炉、合成塔都属于这一类型。

固定床反应器的温度控制关系到产品的质量,正确选择灵敏点的温度位置十分重要。对于多段催化剂床层,往往要求分段进行温度控制,这样可使操作更趋合理,控制更为有效。下面介绍几种常见的固定床反应器温度控制方案。

1.控制进料浓度

主要原料(即非过量的反应物)的浓度越高,对放热反应来说,反应后的温度也越高。如在硝酸生产中,氨氧化制取一氧化氮的过程是空气和氨分别进入混合器,然后通入氧化炉。这一反应基本上是不可逆的。为了使氨的浓度低于爆炸限度,空气是过量的。当氨的浓度在 9%～11% 范围之内时,氨含量增高 1%,将使反应温度提高 60～70℃。最常用的控制方案是通过改变氨气与空气流量的比值稳定氧化炉的温度。控制方案如图 10-37 所示。

2.控制进料温度

提高进料温度,将使反应器内温度升高。图 10-38 所示方案中,进口物料与出口物料进行热交换,以便回收热量。此方案是通过控制出料或进料旁路流量,即改变进料温度稳定反应器的温度。

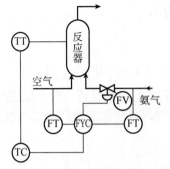

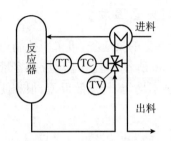

图 10-37　改变进料浓度控制反应温度　　　　图 10-38　用载热体流量控制温度

四、流化床反应器的控制

　　流化床反应器的工作原理是,反应器底部装有多孔筛板,催化剂呈粉末状,放在筛板上,当从底部进入的原料气流速达到一定数值时,催化剂开始上升呈沸腾状,这种现象称为固体流态化。催化剂沸腾后,由于搅动剧烈,因而传质、传热和反应强度都较高,并且有利于连续化和自动化生产。

　　流化床反应器的控制与固定床反应器的控制相似,温度控制十分重要的。控制流化床温度的方法有,通过控制热载体流量来改变原料进口温度,如图 10-39 所示;也可通过控制进入流化床的冷却剂流量来控制流化床反应器内的温度,如图 10-40 所示。

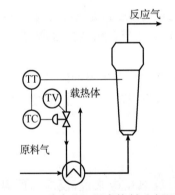

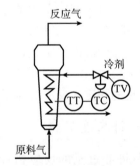

图 10-39　改变入口温度控制反应温度　　　　图 10-40　改变冷剂流量控制温度

第五节　生化过程的特点与控制

一、生化过程的特点

　　生化过程是指由生物参与各种反应、分离、纯化等设备的处理过程。它涉及生物学、生物化学、化学工程等学科,是一门交叉学科。生化过程的特点包括机理复杂、控制复杂、过程变量检测困难。

1.机理复杂

除了参与生化过程的细胞外,生化过程对外部环境要求也很高。例如,参与生化过程的各种酶制剂就有几百种,生物发酵过程中根据生长过程中细胞的形态确定过程进展等。

2.控制复杂

生化过程的控制包括细胞内部控制和外部控制。细胞内部控制是指如何改变细胞的遗传组成和代谢特征;细胞外部控制是指对细胞生长环境的控制。细胞外部控制要通过细胞内部控制才能发挥作用,而细胞的生长又能反过来影响细胞生长环境,如 pH 值、溶解氧含量等,从而制约细胞的生长和繁殖。

生化过程初期、中期和终止期的过程机理不同,使其难以控制。生化过程的参数之间相互关联,如提高发酵罐压力可提高溶氧浓度,同时也可提高二氧化碳浓度。因此,其各个控制系统之间的关联较紧密。

此外,为了有利于生物生长,对细胞和微生物的接种设备等要进行消毒,这对过程控制提出了更高的要求。例如,要消除检测仪表的死角,防止发生未被消毒部位造成染菌事故。

3.过程变量检测困难

除了常用的温度、压力等过程变量可以检测外,生化过程中的许多过程变量没有手段检测,或检测难度较大,或不能在线检测。例如细胞的形态检测只能由熟练的操作人员根据显微镜下的观察结果来确定,发酵液的 pH 值、溶解氧含量等过程变量的检测缺乏能够耐高温消毒的电极等,菌体的干重、养料的浓度变化等只能离线检测。

二、常用生化过程控制

1.发酵罐温度控制

发酵是放热反应的过程。随着反应的进行,发酵罐内的温度会逐渐升高。温度对发酵过程具有多方面的影响:它会影响各种酶反应的速率,改变菌体代谢产物的合成方向,影响微生物的代谢调控机制;除这些直接影响外,温度还对发酵液的理化性质产生影响,如发酵液的黏度、基质和氧在发酵液中的溶解度和传递速率、某些基质的分解和吸收速率等,进而影响发酵的动力学特性和产物的生物合成。现代发酵工程不但应用于生产酒精

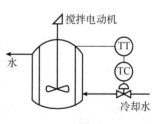

图 10 - 41　发酵罐的温度控制

类饮料、醋酸和面包,而且还可以生产胰岛素、干扰素、生长激素、抗生素和疫苗等多种医疗保健药物,天然杀虫剂、细菌肥料和微生物除草剂等农用生产资料,在化学工业方面还可生产氨基酸、香料、生物高分子制品等。而发酵过程是酵母在一定的条件下,利用可发酵性物质而进行的正常生命活动。

一般发酵过程均为放热过程,温度多数要求控制在 30～50℃(±0.5℃)。过程操纵变量为冷却水量,一般不需加热(特别寒冷地区除外)。图 10 - 41 为发酵罐温度控制图。由于发酵过程容量滞后较大,因此大部分温度控制器的控制规律采用比例积分微分(PID)控制。

2. 通气流量、罐压和搅拌转速控制

当搅拌转速、罐压和通气流量采用简单控制系统时，其控制方案如图 10-42 所示。由于在同一发酵罐中通气流量和罐压相互关联，相互影响，因此这两个变量不宜同时控制。图 10-42(a)所示为罐压和搅拌转速控制，图 10-42(b)所示为通气流量和搅拌转速控制。

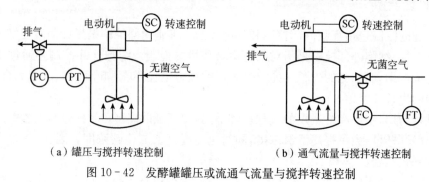

（a）罐压与搅拌转速控制 　　　　　　　（b）通气流量与搅拌转速控制

图 10-42　发酵罐罐压或流通气流量与搅拌转速控制

3. 溶解氧浓度控制

溶解氧浓度是需氧发酵控制最重要的参数之一。由于氧在水中的溶解度很小，在发酵液中的溶解度亦如此，因此，需要不断通风和搅拌，才能满足不同发酵过程对氧的需求。溶解氧浓度的大小对菌体生长和产物的形成及产量都会产生不同的影响。如谷氨酸发酵，供氧不足时，谷氨酸积累就会明显降低，产生大量乳酸和琥珀酸。

在好气菌的发酵过程中，必须连续地通入无菌空气，使空气中的氧溶解到培养液中，然后在液流中传给细胞壁进入细胞质，以维持菌体生长和产物的生物合成，在发酵过程中必须控制溶解氧浓度，使其在发酵过程的不同阶段都略高于临界值，这样既不影响菌体的正常代谢，又不致为维持过高的溶氧水平而大量消耗动力。

由于溶解氧受到传氧与耗氧两方面影响，从耗氧方面考虑，溶解氧可作为补料控制的依据。从传氧方面考虑，一般通过加大搅拌转速、通气量或罐顶压力的方法，提高氧传递速率。

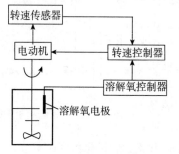

图 10-43　改变搅拌转速的溶解氧串级控制系统

在通气速率低时，改变通气速率可以改变供气能力，加大通气量对提高溶解氧浓度有明显效果。但是在空气流速已经较大时，再提高通气速率则控制作用并不明显，反而会产生副作用，如泡沫形成、罐温变化等。

改变搅拌转速这一方案的控制效果一般要比改变通气速率方案好。这是因为通入的气泡被充分破碎，增大有效接触面积，而且液体形成涡流，可以减少气泡周围液膜厚度和菌丝表面液膜厚度，并延长气泡在液体中停留时间，提高供氧能力。如图 10-43 所示为改变搅拌转速的溶解氧串级控制系统。

4. pH 值控制

pH 值控制一般是指控制发酵过程中的代谢平衡反应。在发酵过程中为控制 pH 值而加

入的酸碱性物料,往往就是工艺要求所需的补料基质,所以在 pH 值控制系统中还须对所加酸碱物料进行计量,以便进行有关离线参数的计算,图 10-44 所示为采用连续流加酸碱物料方式 pH 值控制系统。

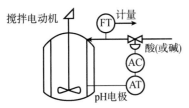 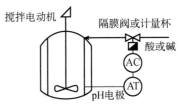

图 10-44　采用连续流加酸碱物料方式 pH 值控制系统　图 10-45　采用脉冲式流量方式 pH 值控制系统

图 10-45 为采用脉冲式流量方式的 pH 值控制系统。在这种控制方式中,控制器将 PID 运算的输出转换成在一定周期内的开关信号,控制隔离阀(或计量杯)。该控制方式在目前应用较为广泛。

5.自动消泡控制

在大多数微生物发酵过程中,因通气、搅拌以及代谢气体的逸出,再加上培养基中糖、蛋白质、代谢物等表面活性剂的存在,培养液中就形成了泡沫。一定数量的泡沫是正常现象,可以增加气液接触面积,导致氧传递速率增加。

在很多发酵过程中,由于多种原因会产生大量泡沫,其危害为:降低发酵罐操作容积;使菌体和固体基质颗粒在泡沫层相对集中,易附着在上方罐壁及搅拌轴上,降低液层内菌体和基质浓度;泡沫层菌体由于缺氧易自溶,影响产率,释放的菌体蛋白进一步加剧泡沫;泡沫层不易搅动,使上方加入的物料和调 pH 值的酸、碱不能及时分散;易染菌;造成逃液。

通常在搅拌轴的上方安装机械消泡桨,少量的泡沫会不断地被打破。但当泡沫量较大时,就必须加入消泡剂进行消泡,采用位式控制方式。

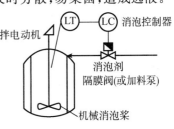

当电极检测到泡沫信号后,控制器打开消泡剂阀门,加入消泡剂,直至泡沫消失,控制器关闭消泡剂阀门。在控制系统中可以对加入的消泡剂进行计量,以便控制消泡剂总量和进行有关参数计算,控制流程见图 10-46。

图 10-46　消泡控制

三、青霉素发酵过程控制

青霉素发酵水平随着菌种筛选与改造、自动化水平及工艺控制日渐成熟水平的提高而得到显著的提高。菌种的生产能力不断提高是青霉素发酵水平提高的最主要因素。然而想要发挥出菌种的最大生产能力,主要还是在于对发酵过程的控制,青霉素发酵过程的控制是在对生产菌的环境条件和代谢变化参数测量的基础上,结合代谢调控的基础理论进行,使产生菌的代谢变化沿着最佳的轨迹进行,以较低的能量和物料消耗生产更多的青霉素,因此,为了提高青霉素的产量,降低生产成本,对青霉素发酵过程进行精细化控制就显得格外重要。

青霉素发酵过程中直接检测的变量有温度、pH 值、溶解氧、通气流量、转速、罐压、溶解二氧化碳、发酵液体积、排气二氧化碳、排气氧等。离线检测的参数有:菌体量、残糖量、含氮量、前体浓度和产物浓度等。通过检测这些参数,还可以进一步获取有关间接参数。各种参数随着菌体培养代谢过程的进行而变化,并且参数之间有耦合相关,会影响控制的稳定性。相关性包括两个方面,其一是理化相关,指参数之间由于物质理化性质的变化引起的关联,如传热与温度、酸碱与 pH 值、酸碱与转速、通气流量和罐压与溶氧水平的相关性。其二是生物相关,指通过生物细胞的生命活动所引起的参数之间关联,如青霉素发酵一定条件下,补糖将引起排气 CO_2 浓度的增加和培养液的 pH 值的下降。

四、啤酒发酵过程控制

啤酒发酵过程是一个微生物代谢过程,它通过酵母的多种酶解作用,将可发酵的糖类转化为酒精和二氧化碳,以及其他一些影响质量和口味的代谢物。在发酵期间,工艺上主要控制的变量是温度、糖度和时间的变化。糖度的控制是由控制发酵温度来完成,而在一定麦芽汁浓度、酵母数量和活性的条件下,时间的控制也取决于发酵温度。因此控制好啤酒发酵过程的温度及其升降速率是决定啤酒质量和生产效率的关键。

啤酒发酵过程的典型温度控制曲线如图 10 - 47 所示。oa 段为自然升温段,无须外部控制;ab 段为主发酵阶段,典型温度控制点为 12℃;bc 段为降温逐渐进入后醛,典型的降温速度为 0.3℃/h;cd 段为后醛阶段,典型温度控制点为 5℃;de 段为降温进入储酒阶段,典型的降温速度为 0.15℃/h;ef 段为储酒阶段,典型温度控制点是 0～-1℃。

啤酒发酵生产工艺对控制的主要要求是:

(1)控制罐温在特定阶段时与标准的工艺生产曲线相符;

(2)控制罐内气体的有效排放,使罐内压力符合不同阶段的需要;

(3)控制结果不应与工艺要求相抵触,如局部过冷、破坏酵母沉降条件等。

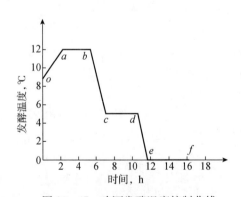

图 10 - 47 啤酒发酵温度控制曲线

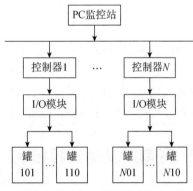

图 10 - 48 系统硬件结构

发酵工艺过程对温控偏差要求很高,但由于采用外部冷媒间接换热方式来控制体积较大的发酵罐温度,极易引起超调和持续振荡,整个过程存在大纯滞后环节。使用普通的 PID 控制是无法满足控制要求的,因此采用了一些特殊的控制方法,如工艺曲线分解、温度超前拦截、连续交互式 PID 控制技术等,以获得较高的控制品质。

啤酒发酵过程通常采用计算机控制。整个控制系统的硬件结构见图 10 - 48。控制系统分为二级。第一级是 PC 监控站,用于提供操作界面,并且向控制器下装控制组态软件,便于系统功能和控制算法的修改。第二级是控制器和 I/O 模块,每个控制器可以完成对十个发酵大罐的全部测控任务。

习题与思考题

1. 离心泵的控制方案有几种？各有什么特点？控制阀能否安装在入口管线？为什么？

2. 往复泵出口流量控制方案中,控制阀能否安装在出口管线？为什么？

3. 简述离心式压缩机固定极限防喘振方案。

4. 两侧均无相变的换热器常采用哪几种控制方案？各有什么特点？

5. 蒸汽换热器常采用哪几种控制方案？各有什么特点？

6. 低温冷却器常采用哪几种控制方案？各有什么特点？

7. 精馏塔操作过程中的主要干扰有哪些？

8. 精馏塔的精馏段温度控制和提馏段温度控制各有什么特点？分别适用在什么场合？

9. 釜式反应器、固定床反应器、流化床反应器的自动控制方案有哪些？

第十一章 实 训

项目一 弹簧管压力表的校验

一、学习目标

1. 知识目标

(1)掌握绝对误差的计算方法。

(2)掌握变差和精度的计算方法。

(3)掌握弹簧管压力表的结构及工作原理。

(4)掌握弹簧管压力表的调校方法。

(5)掌握活塞式压力计的使用方法。

2. 能力目标

(1)初步具备调校弹簧管压力表的能力。

(2)初步具备计算变差和精度的能力。

(3)初步具备计算绝对误差的能力。

(4)初步具备活塞式压力计的使用技能。

二、实训设备、工具及材料

1. 实训设备

(1)活塞式压力计一台;

(2)标准压力表(0.4级)一块;

(3)被校压力表(2.5级)一块;

2. 实训工具

(1)300mm 扳手一把。

(2)200mm 扳手一把。

(3)平口螺丝刀一把。

(4)起针器一个

3. 实训材料

变压器油少量。

三、系统调校图

弹簧图压力表校验示意图如图 11 - 1 所示。

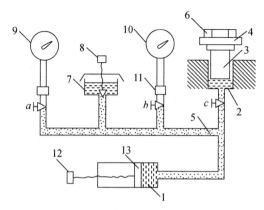

图 11 - 1 弹簧管压力表校验示意图

1—螺旋压力泵；2—活塞缸；3—测量活塞；4—承重盘；5—传压介质；6—砝码；7—油杯；8—油杯阀；9—被校压力表；

10—标准压力表；11—表接头；12—手轮；13—工作活塞；a、b、c—切断阀

四、实训任务

实训任务见表 11 - 1。

表 11 - 1 实训任务

任务一	弹簧管压力表的结构及工作原理
任务二	活塞压力计的使用
任务三	弹簧管压力表零点的调校方法
任务四	弹簧管压力表量程的调校方法
任务五	弹簧管压力表的上下行程校验
任务六	误差计算和精度计算

五、实训步骤

(1)识别被校压力表和标准压力表的种类、型号、精度等级和测量范围,填入表 11 - 2。

(2)打开被校表的表壳和面板观察仪表内部结构和工作原理,再将其复位组装好。

(3)在操作使用活塞式压力计以前,首先调整气液式水平器使之处于水平状态。

(4)按图 11 - 1 构成压力表校验系统。

(5)零位调整,首先观察未加压时被校压力表的零位指示是否准确,若不准,则重新安装表针。

(6)量程调整,关闭切断阀 a,b,c,打开油杯阀,逆时针旋转手轮使工作活塞退出,吸入工作液。待丝杆露出螺旋加压泵筒体的五分之四长度时,关闭油杯阀,打开 a、b 阀。顺时针旋转手轮给表加压至满量程(从标准表读出),看被校表的指示是否准确。否则应退油撤压,再打开仪表,调整量程调整螺钉,然后再校。

(7)重复(5)、(6)两步,对零点、量程反复调整,使二者均符合要求。

(8)示值误差校验,选择压力表量程的 0%,25%,50%,75%,100%五点进行正、反行程的校验。将校验结果填入表 11-2 中。

注意:活塞压力计加压时要缓慢加压;零点量程要反复调整。

计算各点的绝对误差和变差,找出最大绝对误差和最大变差,均填入表中。将最大绝对误差和最大变差与仪表的允许误差比较,判断仪表是否合格。

表 11-2　仪表校验单

实验日期：　年　月　日		指导教师：		实验人：		同组人员：	
项目	名称	型号	测量范围	精度等级	出厂编号	制造厂名	
标准表							
被校表							
校验记录							
被校表读数							
标准表读数	上行						
	下行						
绝对误差	Δ 上						
	Δ 下						
绝对变差	Δ'						
最大绝对误差	Δ_{max}						
最大绝对变差							

六、实训结果分析

要求学生分析实训数据,得出实训结果。

项目二　智能差压变送器的校验

一、学习目标

1. 知识目标

(1)掌握绝对误差的计算方法。

(2)掌握变差和精度的计算方法。

(3)掌握智能差压变送器的结构及工作原理。

(4）掌握智能差压变送器的调校方法。

2.能力目标

(1)初步具备调校智能差压变送器的能力。

(2)初步具备计算变差和精度的能力。

(3)初步具备计算绝对误差的能力。

二、实训设备材料及工具

1.实训设备

(1)智能差压变送器一台。

(2)造压台一套。

(3)手操器一个。

(4)精密压力表一个。

2.实训工具

(1)300mm 扳手一把。

(2)200mm 扳手一把。

(3)平口螺丝刀一把。

(4)万用表一个。

3.实训材料

(1)导线若干。

(2) PV 管少量。

三、系统调校图

智能差压变送器系统调校图如图 11 - 2 所示。

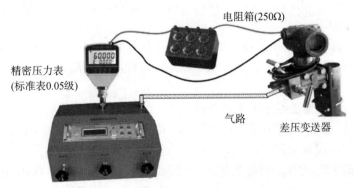

图 11 - 2　智能差压变送器系统调校图

四、实训任务

实训任务见表11-3。

表11-3 实训任务

任务一	智能差压变送器的结构、原理
任务二	电流表的使用
任务三	智能差压变送器校验的接线方法
任务四	智能差压变送器零点和量程的调校方法
任务五	智能差压变送器的上下行程校验
任务六	误差计算和精度计算

五、实训步骤

1. 智能差压变送器的认识

(1)仔细观察智能差压变送器的外表、铭牌、整体结构。

(2)查找各变送器的输入、输出信号的位置,了解各端子的作用。

(3)打开仪表外壳,大概认识内部结构。

(4)将仪表恢复原样。

2. 系统连接

按图11-2组成压力调校系统。

3. 检测、调整

经指导教师检查无误后,再通电。

(1)造压台量程的设置:左侧为微调阀,关截止阀和回检阀,按下造压台电源键,液晶显示器上显示的是目前压力和最大压力,按设置键,如果变送器的量程是0～60MPa,一般量程选择为仪表的量程的1.2倍,通过旋转手动设置按钮,量程设置为0～72MPa,然后进行确认,按下启动按钮,开始加压。

(2)大气零点修正:使用手操器,先在量程下限处设置0.000(不论是否是0都要输入0),然后进行大气零点调整(若以上调整零点不归零可再使用低端微调),调整完后将气管接到变送器高压端上。

(3)使用手操器将变送器进行组态并进行4mA、20mA电流微调。具体步骤如下:

①按要求进行组态(例如将单位设置为kPa,输出方式设置成线性,阻尼时间设置成0.2s,设置位号LT-105,设置量程)。

②4mA电流微调,操作定置器使压力处于测量范围下限时进行4mA电流微调。先使压力处于测量下限,输入选中4mA微调之前的电流值,点"确认"看有没有变化,出现变化后点"确认"看到没4mA,如果不到,把当前的值记下来再进入4mA电流微调进行反复调整。如

果没有变化则选"否",再输入一遍原电流值。

③20mA电流微调,操作定置器使压力处于测量范围上限时进行20mA电流微调。先使压力处于测量上限,输入选中20mA微调之前的电流值,点"确认"看有没有变化,出现变化后点"确认"看到没到20mA,如果不到,将当前的值记下来再进入20mA电流微调进行反复调整。如果没有变化则选"否",再输入一遍原电流值。

④电流调整完毕、符合要求后再检查零点与量程。下限允许范围为4.000mA±0.080mA,上限允许范围为20.000±0.080mA。

⑤采用五点法行程校验。以差压变送器量程的0%、25%、50%、75%、100%五点进行正、反行程的校验。应注意:在正行程打压过程中不要超过你所校验的校验点压力;反之,反行程不要低于所校验的校验点压力。将校验结果填入格式如表11-2中。

4.数据处理

正确填写校验单并处理实验数据,原始数据保留小数点后三位,原始数据、计算数据及其他填写项不得涂改,空格或虚假数据画斜线。

5.断电、拆除线路

拆除校验电路、气路、智能差压变送器装置并归位,工具归位、清洁,按规程操作,不得出现安全事故,在指定工位区域操作。

六、实训结果分析

要求学生分析实训数据,得出实训结果。

项目三　差压式流量计的校验

一、学习目标

1.知识目标

(1)掌握绝对误差的计算方法。
(2)掌握变差和精度的计算方法。
(3)掌握差压式流量计的结构原理。
(4)掌握差压式流量计的调校方法。

2.能力目标

(1)初步具备调校差压式流量计的能力。
(2)初步具备计算变差和精度的能力。
(3)初步具备计算绝对误差的能力。

二、实训设备材料及工具

1. 实训设备

(1)差压式流量计一台。

(2)显示仪表一台(配 4~20mA)。

(3)微型液位实验装置一套。

(4)节流式流量计一套(包括节流装置、差压式流量计、开方器、记录仪、积算器、平衡阀等)。

(5)毫安表一台(0~30mA)。

(6)直流稳压电源一台(0~30V DC)。

2. 实训工具

(1)300mm 扳手一把。

(2)200mm 扳手一把。

(3)平口螺丝刀一把。

3. 实训材料

(1)导线少量。

(2)生料带少量。

三、系统调校图

差压式流量计系统调校图如图 11-3 所示。

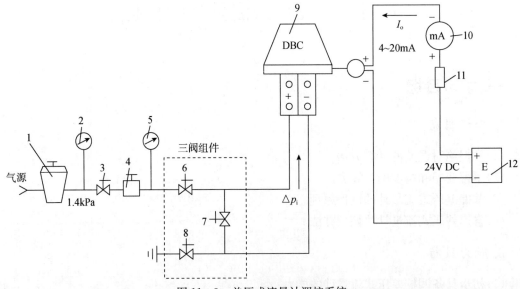

图 11-3　差压式流量计调校系统

1—过滤器;2、5—标准压力表;3—截止阀;4—气动定值器;6—高压阀;7—平衡阀;8—低压阀;

9—被校差压式流量变送器;10—标准电流表;11—显示仪表;12—直流稳压电源

四、实训任务

实训任务见表 11-4。

表 11-4 实训任务

任务一	差压式流量计的结构、原理
任务二	差压式流量计零点的调校方法
任务三	差压式流量计量程的调校方法
任务四	差压式流量计的上下行程校验
任务五	误差计算和精度计算

五、实训步骤

差压式流量计的认识：

(1)了解各类流量计的结构、型号规格、适用范围、主要特点和安装使用注意事项。

(2)观察孔板的安装方向和取压方法。

(3)由指导教师开启一套用差压式流量计实现的流量检测系统。

(4)由指导教师进行演示，改变进水阀的开度，从而改变流量，观察记录仪的变化曲线以及比例积算器的数值。

(5)流量信号为零时，调整调零螺钉，使电流表(变送器输出)指示 4mA，显示仪表指 0%。

(6)使流量信号为测量上限，调整量程调整螺钉，使电流表指示 20mA，显示仪表指 100%。

(7)反复调整零点、量程，直到合格为止。

(8)示值校验，选择差压式流量计量程的 0%、25%、50%、75%、100% 五点进行正、反行程的校验。将校验结果填入格式如表 11-2 中。

计算各点的绝对误差和变差，找出最大绝对误差和最大变差，均填入表中。将最大绝对误差和最大变差与仪表的允许误差比较，判断仪表是否合格。

六、实训结果分析

要求学生分析实训数据，得出实训结果。

项目四　沉筒液位变送器的校验

一、学习目标

1.知识目标

(1)理解沉筒液位变送器的校验原理。

(2)掌握沉筒液位变送器的结构和使用方法。

2.能力目标

(1)能够完成硬件安装及设备接线。
(2)能实施沉筒液位变送器的校验。
(3)能够确定沉筒液位变送器的精度等级。

二、实训设备材料及工具

1.实训设备

(1)UTD系列电动浮筒液位变送器一台。
(2)直流稳压电源一台(0~30V DC)。
(3)电流表一台。
(4)砝码一套,托盘一个。
(5)可调电阻箱一台。

2.实训工具

(1)万用表一个。
(2)平口螺丝刀一把。

3.实训材料

(1)导线少量。
(2)绝缘带少量。

三、系统调校图

375手操器与变送器电气连接:375手操器可并联接入回路的任意端子点进行通信。但电源与端子点必须有240~1100Ω的电阻,接线方法如图11-4所示。

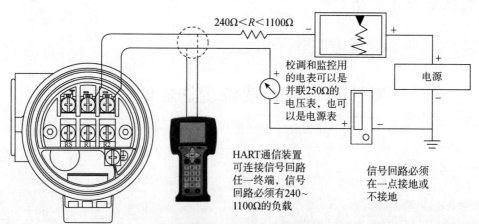

图11-4　375手操器调校UTD-ZB智能液位变送器接线图

四、实训任务

实训任务见表11-5。

表11-5　实训任务

任务一	液位变送器的结构、原理
任务二	液位变送器零点的调校方法
任务三	液位变送器量程的调校方法
任务四	液位变送器的上下行程校验
任务五	误差计算和精度计算

五、实训步骤

1. 物位检测仪表的认识

①仔细观察检测仪表的外观,学会通过仪表及铭牌辨认物位检测仪表。
②如有条件时,拆开物位检测仪表,大概了解内部结构。
③观察液位变送器与压力(压差)变送器的不同点。

2. 观察

观察实训室中所有物位仪表的安装。

3. 用手操器调校 UTD-ZB 智能液位变送器

375手操器与变送器通信连接:打开375手操器电源→HART通信→375手操器显示HART Application 等提示信息→选择"YES"按钮进入调试主菜单。

1 Device setup	(设备调试)
2 PV	XXX. XX mm
3 PV AO	XX. XX mA
4 PV LRV	0. 000 mm
5 PV URV	XXX. XXmm

选择"1　Device setup"项进入菜单。

1 Process variables	(过程变量)
2 Diag/Service	(诊断与维护)
3 Basic setup	(基础设置)
4 Detailed setup	(详细设置)
5 Review	(查看)

选择"2　Diag/Service"项进入菜单。

```
1 Test device  （设备测试）
2 Loop test    （诊断与维护）
3 Calibration  （校准）
4 D/A trim     （输出调整）
```

选择"3　Calibration"项进入菜单。

```
1 Apply values（应用值）
2 Enter values（输入值）
```

选择"1　Apply Values"项弹出警告信息，选择"OK"项进入菜单。

```
1 4mA
2 20mA
3 Exit
```

首先调试零点（4mA 输出），选择"4mA"项弹出"Apply new 4mA input"，这时调整液位低于浮筒底部使浮筒悬空或者在扭力臂上加液位零点时相对应重量的砝码，调整好后选择"OK"项进入菜单。

```
1 Set as 4 mA value
2 Read new value
3 Leave as found
```

选择"1 Set 4mA value"项再点击 ENTER，至此，零点（4mA）输出调试完毕，菜单返回。

```
1 4mA
2 20mA
3 Exit
```

接下来调试满点（20mA 输出），选择"2　20mA"项弹出"Apply new 20mA input"，这时调整液位高于浮筒顶部，使浮筒淹没或者在扭力臂上加液位满点时相对应重量的砝码，调整好后选择"OK"项进入

```
1 Set as 20 mA value
2 Read new value
3 Leave as found
```

选择"1 Set 20mA Value"项再点击 ENTER。至此满点（20mA）输出调试完毕，菜单返回。

```
1 4mA
2 20mA
3 Exit
```

仪表校准过程完成,可以测试一下 0％、25％、50％、75％、100％各点测量是否满足精度要求,如果不满足要求精度,可以重复以上 4mA/20mA 校准步骤。

示值校验,选择液位变送器量程的 0％、25％、50％、75％、100％五点进行正、反行程的校验。将校验结果填入表 11 - 2 中。计算各点的绝对误差和变差,找出最大绝对误差和最大变差,均填入表中。将最大绝对误差和最大变差与仪表的允许误差比较,判断仪表是否合格。

六、校验计算方法

1. 室内砝码校验计算方法

零点时的重量是液位处于最低(输出为 0％)时浮筒尚未浸没在液体中,未受到浮力作用,挂重的重量等于浮筒重量(包括连接件重量)$M=(M_{筒重}+M_{挂件})$,即为浮筒总重量。

满量程时的重量是液位处于最高(输出为 100％)时浮筒全部浸没在液体中,浮筒所受的浮力最大,挂重的重量数值为 M_0,有

$$M_0 = M - V\rho_介 = M - \frac{\pi D^2}{4} L \rho_介$$

其中,L 为测量范围(内筒长);D 为内筒外径;V 为液体体积;$\rho_介$ 为被测液体密度。

从零点到满量程时的变化重量为

$$M_变 = \frac{\pi D^2}{4} L \rho_介$$

则可得出每个调试点输出电流与挂重砝码对应关系如表 11 - 6 所示。

表 11 - 6　调试点输出电流与砝码质量对应关系

输出电流,mA	4	8	12	16	20
砝码质量,g	M	$M-25\%M_变$	$M-50\%M_变$	$M-75\%M_变$	$M-100\%M_变$

2. 现场校验计算方法(水校验法)

首先在外筒外部标注零点(一般是下法兰中心)量程位置,水对应于实际液体高度,灌水高度 $L_灌 = \dfrac{\rho_介}{\rho_水} L$,其中 L 为浮筒长度或量程值。一般由外筒的排空阀处连接软管至量程处往里面注水到 0％、25％、50％、75％、100％,分别观察变送器显示是否对应于 4mA、8mA、12mA、16mA、20mA。

七、实训结果分析

要求学生分析实训数据,得出实训结果。

项目五　控制阀及定位器的校验

一、学习目标

1.知识目标

(1)掌握变差和精度的计算方法。
(2)熟悉控制阀及定位器的结构及工作原理。
(3)了解控制阀及定位器的调校方法。
(4)了解气动薄膜控制阀的动作过程。

2.能力目标

(1)初步具备调校控制阀及定位器的能力。
(2)初步具备计算变差和精度的能力。

二、实训设备材料及工具

1.实训设备

(1)气动薄膜控制阀(ZMAP—16K 或 ZMAP—16B)1 台。
(2)电/气阀门定位器(DZF—Ⅲ)1 台。
(3)标准压力表(不低于 0.4 级,0~160kPa)1 块。
(4)QGD—100 型气动定值器 1 台。
(5)百分表 1 个。
(6)可调电流源(电流发生器)1 台。
(7)标准电流表 1 块。

2.实训工具

(1)300mm 扳手一把。
(2)200mm 扳手一把。
(3)平口螺丝刀一把。

3.实训材料

(1)导线少量。
(2)生料带少量。

三、系统调校图

控制阀及定位器系统调校图如图 11-5 所示。

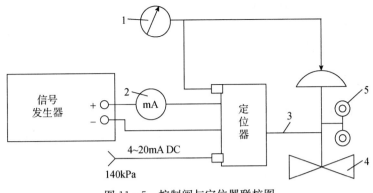

图 11 - 5　控制阀与定位器联校图

1—精密压力表;2—直流毫安表;3—反馈杆;4—执行器;5—百分表

四、实训任务

实训任务见表 11 - 7。

表 11 - 7　实训任务

任务一	控制阀及定位器的结构、工作原理认识
任务二	百分表的使用
任务三	控制阀及定位器零点的调校
任务四	控制阀及定位器量程的调校
任务五	控制阀及定位器的上下行程校验
任务六	误差计算和精度计算

五、实训步骤

1. 执行机构的拆卸(演示)

对照结构图,卸下上阀盖,并拧动下阀杆使之与阀杆连接螺母脱开。依次取下执行机构内各部件,记住拆卸顺序及各部件的安装位置以便于重新安装。

在执行机构的拆装过程中可观察到执行机构的作用形式,通过薄膜与上阀杆顶端圆盘的相对位置即可分辨。若气压信号从膜头上方引入,为正作用执行机构;反之若气压信号是从膜头下方引入,为反作用执行机构。

2. 阀体部分的拆卸(演示)

卸去阀体下方各螺母,依次卸下阀体外壳,慢慢转动并抽出下阀杆(因填料函对阀杆有摩擦作用),观察各部件的结构。在阀的拆卸过程中可观察如下几点。

(1)阀芯及阀座的结构形式:拆开后可辨别阀门是单座阀还是双座阀。

（2）阀芯的正、反装形式：观察阀芯的正、反装形式后可结合执行机构的正、反作用来判断执行器的气开气关形式。

（3）阀的流量特性：根据阀芯的形状可判断阀的流量特性。

3. 执行器的安装（演示）

将所拆卸的各部件复位并安装，在安装过程中要遵从装配规程，注意膜头及阀体部分要上紧，以防介质和压缩空气泄漏。安装后的执行器要进行膜头部分的气密性实验，即通入 0.25MPa 的压缩空气后，观察在 5min 内的薄膜气室压力降低值，看其是否符合技术指标要求，也可以用肥皂水检查各接头处，看是否有漏气现象。

4. 电/气阀门定位器与气动薄膜控制阀的联校

按图 11-5 连线，经指导教师检查无误后，进行下列操作。

1）电/气阀门定位器零点及量程的调整

（1）零点调整：给电/气阀门定位器输入 4mA DC 的信号，其输出气压信号应为 20kPa，执行器阀杆应刚好启动。否则，可调整电/气阀门定位器的零点调节螺钉来满足。

（2）量程调整：给电/气阀门定位器输入 20mA DC 的信号，输出气压信号应为 100kPa，执行器阀杆应走完全行程。否则，调整量程调节螺钉。

零点和量程应反复调整，直到符合要求为止。

2）非线性误差及变差的校验

输入信号由电流发生器提供，作正反行程校验，结果填入表 11-8 中。

表 11-8　联校时非线性偏差、变差校验记录表

校验点		阀杆位置		阀杆位移量	
百分值，%	信号值，kPa	正行程，%	反行程，%	正行程，%	反行程，%
0					
25					
50					
75					
100					
非线性					
变差					

六、实训结果分析

分析实训数据，得出实训结果。

项目六　简单控制系统的认知

一、学习目标

1. 知识目标

(1)通过熟悉装置,掌握简单控制系统的组成。
(2)通过熟悉装置,掌握简单控制系统的各环节的作用。
(3)通过熟悉装置,掌握简单控制系统的投运方法。

2. 能力目标

(1)初步具备构建简单控制系统的能力。
(2)初步具备简单控制系统的投运能力。

二、实训设备材料及工具

1. 实训设备

过程控制系统一套。

2. 实训工具

(1)300mm 扳手一把。
(2)200mm 扳手一把。
(3)平口螺丝刀一把。
(4)管钳一把。

3. 实训材料

(1)导线少量。
(2)生料带少量。

三、实训相关概念

1. 过程控制系统组成

一般情况下,一个控制系统由对象、测量变送器、控制器和控制阀这四个主要的环节组成。

2. 开环控制系统、闭环控制系统

在四个基本环节中,根据控制器的操作方式不同,可分为开环控制系统和闭环控制系统。在开环控制系统中,当控制器工作在手动状态时,被控变量(指主要工艺参数)不影响控制

器的输出。

在闭环控制系统中,当控制器工作在自动状态时,被控变量(指主要工艺参数)影响控制器的输出。

3.各类简单控制系统的组成及信号传递关系

从控制系统发展,可将控制系统分为常规仪表控制系统和计算机控制系统。常规仪表控制系统有:

(1)电动Ⅲ型仪表组成的控制系统,能源信号为 24V 的直流电源,标准传输信号为 4~20mA 或 1~5V 的信号。

(2)智能仪表组成的控制系统,能源信号为 24V 的直流电源,标准传输信号为 4~20mA 或 1~5V 的信号。

四、实训任务

实训任务见表 11-9。

表 11-9 实训任务

任务一	认识电动Ⅲ型仪表控制系统的组成及信号传递
任务二	认识智能仪表控制系统的组成及信号传递

五、实训步骤

对照学校具体实训装置,分步熟悉控制系统的组成、各环节的连接、信号的传递关系。

项目七 简单控制系统中控制器的参数整定训练

一、学习目标

1.知识目标

(1)掌握比例度对系统过渡过程的影响。
(2)掌握积分时间对系统过渡过程的影响。
(3)掌握微分时间对系统过渡过程的影响。

2.能力目标

(1)初步具备系统过渡过程中比例度的调整能力。
(2)初步具备系统过渡过程中积分时间的调整能力。
(3)初步具备系统过渡过程中微分时间的调整能力。

二、实训设备材料及工具

1. 实训设备

过程控制系统一套。

2. 实训工具

(1)300mm 扳手一把。
(2)200mm 扳手一把。
(3)平口螺丝刀一把。
(4)管钳一把。

3. 实训材料

(1)导线少量。
(2)生料带少量。

三、实训任务

实训任务见表 11-10。

表 11-10 实训任务

任务一	认识控制系统的构成
任务二	认识控制系统的投运
任务三	认识比例度对系统过渡过程的影响
任务四	认识积分时间对系统过渡过程的影响
任务五	认识微分时间对系统过渡过程的影响

四、实训步骤

1. 绘图

仔细观察装置,绘制控制系统组成框图。

2. 完成投运

参照第七章第二节,完成对控制系统的投运。

了解比例度对系统过渡过程的影响。

将控制器给定值置于 50%,积分时间置于 ∞ 或最大,微分时间置于关或为零,将比例度置于 500%,系统采用纯比例控制,等待系统稳定。利用改变给定值(改变 10% 左右)的方法,给系统施加一个阶跃干扰,干扰的幅值为 10% 左右,用记录装置记录被控变量的变化过程,获得系统的一条过渡过程曲线。

过程稳定后,将比例度分别置于200%、100%、50%、20%、10%、3%等,在每次改变比例度后,采用改变给定值的方法对系统施加阶跃干扰,阶跃干扰的方向要围绕中间位置交替改变。获得若干条过渡过程曲线,直到系统不稳定。

在前两步的基础上,找出近似4∶1或4∶1的衰减振荡曲线。

3. 了解积分时间对系统过渡过程的影响

将控制器的比例度放在略大于纯比例情况下出现4∶1的衰减振荡的比例度数值上,积分时间置于∞或最大,等待系统稳定。

积分时间由大到小变化(在其刻度范围内至少选择五点校验),每改变一次积分时间,采用改变给定值的方法对系统施加阶跃干扰,阶跃干扰的方向要围绕中间交替改变。获得若干条过渡过程曲线,直到系统不稳定。

记录每条过渡过程曲线所对应的积分时间,对比曲线,分析积分时间对系统过渡过程的影响,并在曲线中找出近似4∶1或4∶1的衰减振荡曲线。

4. 了解微分时间对系统过渡过程的影响

将控制器的比例度和积分时间放置在使系统出现近似4∶1或4∶1的衰减振荡的数值上。

加入微分作用,微分时间由小到大变化(在其刻度范围内至少选择五点校验),每改变一次微分时间,采用改变给定值的方法对系统施加阶跃干扰,阶跃干扰的方向要围绕中间交替改变。获得若干条过渡过程曲线。

记录每条过渡过程曲线所对应的微分时间,对比曲线,分析微分时间对系统过渡过程的影响,并在曲线中找出近似4∶1或4∶1的衰减振荡曲线。

五、实训结论

掌握实训过程,分析实训结果,得出实训结论。

项目八　集散控制系统的认知和操作运行

一、学习目标

1. 知识目标

(1)掌握CS3000集散控制系统的整体结构。
(2)熟练把握CS3000硬件主要部分基本情况的要求。
(3)掌握CS3000集散控制系统反馈控制功能组态的内容。

2. 能力目标

(1)初步具备简单工程的分析能力。
(2)初步能够利用CS3000实现对过程系统进行反馈控制的要求。

二、实训设备

CS3000 集散控制系统一套,如图 11-6 所示。

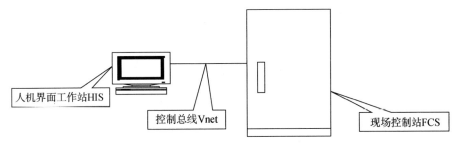

图 11-6　CS3000 集散控制系统的整体构成

三、实训相关概念

1. 系统配置及域

CS3000 系统是由操作站、现场控制站、工程师站、通信总线、远程节点等部分所组成的,如图 9-3 所示。

2. 现场控制站

1)硬件构成

标准型 FCS 主要由一个现场控制单元 FCU、数个节点(NODE)、连接总线(RIO Bus 或 ESB Bus/ER Bus)、输入/输出(I/O)卡件等组成。

(1)中央控制单元 FCU 构成。

FCU 机箱的硬件构成如图 11-7 所示。

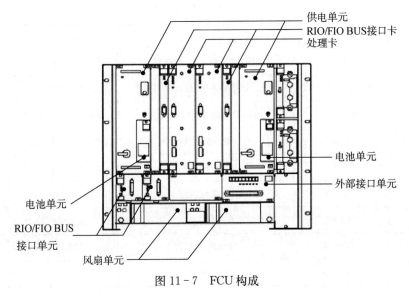

图 11-7　FCU 构成

2)RIO 标准型 FCS

RIO 标准型 FCS 的硬件配置关系如图 11-8 所示,图中 IOU 为输入输出单元,RIO 为远程输入输出。

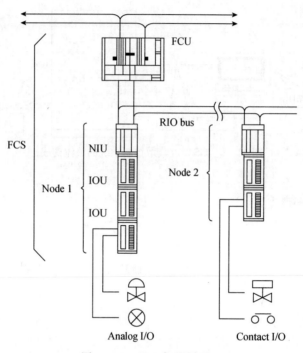

图 11-8　RIO 标准型 FCS

3)FIO 标准型 FCS

(1)卡件功能。

现场控制站的两种卡件 RIO 和 FIO 不能相互通用,RIO 型卡件说明见表 11-11 。

表 11-11　RIO 型卡件

卡件名称	型号	卡件说明	插件箱/卡件个数	连接方式
模拟 I/O 卡件	AAM10	电流/电压输入卡(简捷型)	AMN11、AMN12/16	端子
	AAM11/AAM11B	电流/电压输入卡/BRAIN 协议	AMN11、AMN12/16	
	AAM12	mV、热电偶、RTD 输入卡	AMN11、AMN12/16	
	APM11	脉冲输入卡	AMN11、AMN12/16	
	AAM50	电流输出卡	AMN11、AMN12/16	
	AAM51	电流/电压输出卡	AMN11、AMN12/16	
	ACM80	多点控制模拟量 I/O 卡(8I/8O)	AMN34/2	连接器
继电器 I/O 卡件	ADM15R	继电器输入卡	AMN21/1	端子
	ADM55R	继电器输出卡	AMN21/1	

卡件名称	型号	卡件说明	插件箱/卡件个数	连接方式
多点模拟 I/O 卡件	AMM12T	多点电压输入卡	AMN31、AMN32/2	端子
	AMM22T	多点热电偶输入卡	AMN31、AMN32/2	
	AMM32T	多点 RTD 输入卡	AMN31/1	
	AMM42T	多点 2 线制变送器输入卡	AMN31/1	
	AMM52T	多点电流输出卡	AMN31/1	
	AMM22M	多点 mV 输入卡	AMN31、AMN32/2	
	AMM12C	多点电压输入卡	AMN32/2	连接器
	AMM22C	多点热电偶输入卡	AMN32/2	
	AMM25C	多点热电偶带 mV 输入卡	AMN32/2	
	AMM32C	多点 RTD 输入卡	AMN32/2	
数字 I/O 卡件	ADM11T	16 点接点输入卡	AMN31/2	端子
	ADM12T	32 点接点输入卡	AMN31/2	
	ADM51T	16 点接点输入卡	AMN31/2	
	ADM52T	32 点接点输入卡	AMN31/2	
	ADM11C	16 点接点输入卡	AMN32/4	连接器
	ADM12C	32 点接点输入卡	AMN32/4	
	ADM51C	16 点接点输入卡	AMN32/4	
	ADM52C	32 点接点输入卡	AMN32/4	

四、实训任务

实训任务见表 11-12。

表 11-12　实训任务

任务一	了解集散控制系统的组成及信号传递
任务二	整体构成的操作练习
任务三	反馈控制功能组态的操作练习

五、实训步骤

1. 整体构成的操作练习

(1)观察 CS3000 集散控制系统的整体结构,现场控制站、人机界面站和控制总线的连接方式。

（2）观察现场控制单元，考证 CPU 插件、电源插件、Vnet 插件的位置和相关接线，如图 11-9 所示。

图 11-9　RIO 标准型 FCS

（3）观察输入输出单元，考证节点的数量、插件箱的名称、选用插件的型号及其功能。

2. 了解软件构成

（1）了解 CS3000 集散控制系统所使用软件的名称及作用。

（2）翻阅电子操作手册，考证电子操作手册的作用和功能。

3. 初步操作使用

（1）点击开始/程序/YOKOGAWA CENTUM/System View。弹出 System View 窗口。

（2）点击 File/Create New/Project。弹出 Outline 窗口，在 Project Information 处填上"组态练习"点击 OK，弹出 Creat New Project 窗口，在 Project comment 处填上"研究生使用"，点击确定，弹出 Creat New FCS 窗口，如下图 11-10 所示。由此生成一个新的 Project。

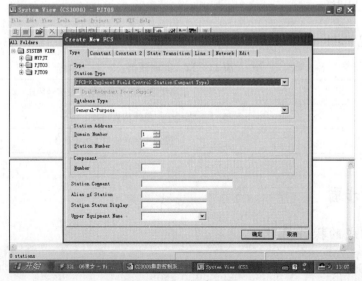

图 11-10　新建工程

4. 反馈控制功能组态的操作练习

1)创建新项目

(1)点击开始/程序/YOKOGAWA CENTUM/System View。

(2)在 System View 窗口中,点击 File/Great New/Project,弹出 Outline 窗口。

(3)在 Outline 窗口中定义 Project Information,点击 OK,弹出 Great New Project 窗口,定义 Project 和 Project Comment,点击确定。弹出 Great New FCS 窗口,如下图 11－11 所示。在 Station Type 处选择 PFCD－H Duplexed Field Control Station(Compact Type),点击确定,弹出 Great New HIS 窗口。在 Station Type 处选择 PC With Operation and monitoring function,点击确定。

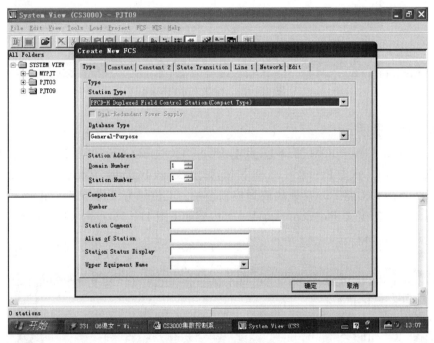

图 11－11　新建控制站

2)定义 IOM 模块

(1)点击 FCS0101/鼠标右键/Great New/IOM,弹出 Great New IOM 窗口。在 Category 处选择 AMN11/AMN12(Control I/O),在 Type 处选择 AMN11(Control I/O),点击确定。

(2)双击 FCS0101,点击 IOM,在 Name 处双击 1－1AMN11,弹出 IOM Builder 窗口。在 Signal 处选择％Z011101～％Z011103 的数值分别为 3、3、12,如下图 11－12 所示。然后点击 Save/File/Exit IOM Builder。

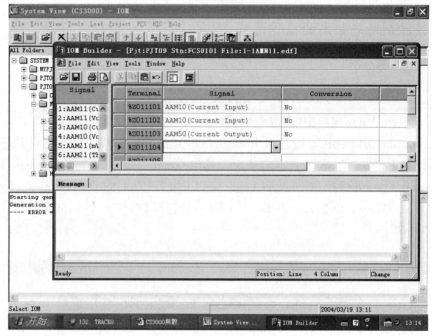

图 11-12　定义 IOM 模块

3)功能模块组态

(1)在 System View－IOM 窗口上,点击 FUNCTION BLOCK,双击 DR0001,弹出 Control Drawing Builder 窗口,点击 Function Block 按钮,弹出 Select Function Block 窗口,在 Model Name 处,选择 PID,点击 OK,将 PID 功能块放到控制图中。工位号为"LIC001",双击该功能块,弹出 Function Block 窗口,定义 Tag Comment、Lvl 等内容如下图 11-13,点击应用/确定。

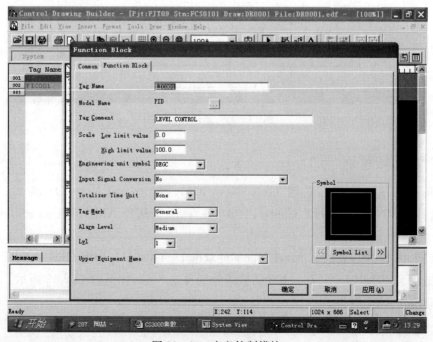

图 11-13　定义控制模块

（2）生成另一个PID功能块FIC001,定义如下图11-14,点击应用/确定。

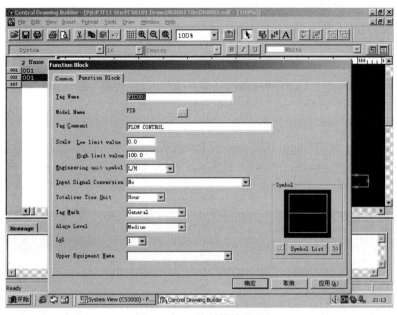

图11-14　控制模块设置

（3）点击FIC001/鼠标右键/Edit detail,弹出Function Block Detail Builder窗口,点击Show/Hide Detailed Setting Items按钮,把MAN mode改为Yes,把Fully－open/Tightly－shut改为No,点击File/Update/Save/Exit Function Block Detail Builder。

（4）在Control Drawing Builder窗口上,点击Function Block/Link Block/PIO/OK,把PIO放到控制图上,定义为%Z011101,依次定义第二个为%Z011102,第三个为%Z011103。

（5）点击Wiring按钮,点击功能块的一个×号,再双击另一个功能块的×号进行连接如图11-15所示。

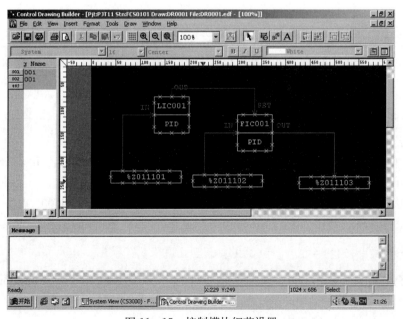

图11-15　控制模块细节设置

注意:将 LIC001 的 OUT 和 FIC001 的 SET 连接时,SET 设定的方法是:双击 IN,弹出下拉菜单,点击 Terminal Name/IO1/SET。

(6)点击 Save/File/Exit control drawing builder。

4)趋势窗口组态

(1)双击 HIS1064,点击 CONFIGURATION/TR0001/鼠标右键/Properties,弹出 Properties 窗口。定义 Trend Format 为 Continues and Rotary Type,定义 Sampling Period 为 1 Second,点击确认。

(2)双击 TR0001,弹出 Trend Acquisition Pen Assignment Builder 窗口。点击 Group01,在 Acquisition Data 处定义如图 11-16 所示,点击 Save/File/Exit Trend Acquisition Pen Assignment Builder。

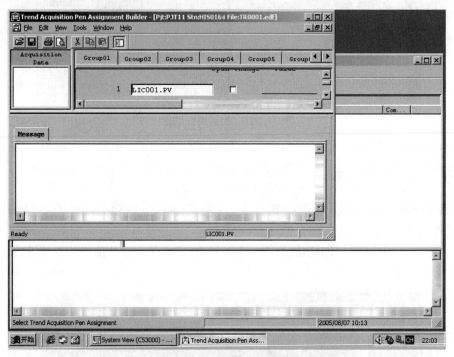

图 11-16 趋势窗口组态

5)分组窗口组态

(1)点击 WINDOWS,双击 CG0001。

(2)点击鼠标左键选择第一块仪表面板,点击鼠标右键/Properties,弹出 Instrument Diagram 窗口。将 Instrument Diagram 中的工位号定义为 LIC001,点击 Apply/OK。

(3)选择第二块仪表面板,将 Instrument Diagram 中的工位号定义为 FIC001,点击 Apply/OK。

(4)点击 File/Save/File/Exit Graphic Builder。

6)组态测试

(1)在 System View 窗口中,点击生成项目的 FCS0101/FCS/Test Function,进入测试状态。

(2)在 Test Function 窗口中,点击 Tool/Wiring Editor。

(3)点击 File/Open/DR0001. wrs/打开。

(4)在 Lag 中,两个回路都输入 10,如图 11 - 17 所示。

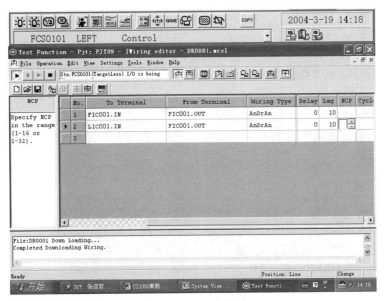

图 11 - 17　组态测试

(5)点击 File/Download/OK,并将窗口最小化。

(6)点击系统信息区的 NAME,输入"CG0001"。点击 OK,弹出 CG0001 窗口,分别点击 LIC001 和 FIC001 面板,点击 Toolbox/Tuning Panel,调出调整画面如图 11 - 18 所示。

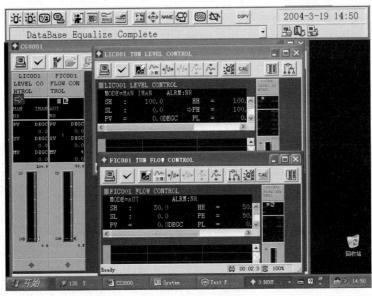

图 11 - 18　调整画面

(7)在 FIC001 的调整画面中,点击仪表图,设定 P＝150、I＝20,然后关闭窗口;对 LIC001 做相同的操作。

(8)FIC001 的运行方式设定为 CAS(点击 CG0001 中的 FIC001 仪表图的 MAN,选择即可)。LIC001 的运行方式设定为 AUT,令 SV＝50。

(9)在 NAME 中输入 TG0101,点击 OK,弹出趋势窗口 TG0101,观察趋势的变化,如图 11-19 所示。

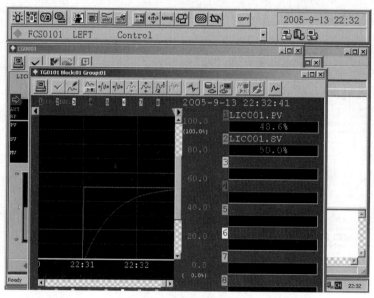

图 11-19 调整画面设置

六、思考题

1. CS3000 集散控制系统的输入输出部分都是由那些部件组成的？实验室配置的 CS3000 集散控制系统的输入输出插件有哪些型号？

2. 如果控制总线 Vnet 出现故障,现场控制站是否可以正常工作？为什么？

3. 现场控制站的机柜为何采用微正压措施？

参考文献

[1]张井岗. 过程控制与自动化仪表. 北京：北京大学出版社，2007.

[2]俞金寿，蒋慰孙. 过程控制工程. 北京：电子工业出版社，2007.

[3]厉玉鸣. 化工仪表及自动化. 3版. 北京：化学工业出版社，2004.

[4]周泽魁. 控制仪表与计算机控制装置. 北京：化学工业出版社，2002.

[5]张永德. 过程控制装置. 北京：化学工业出版社，2000.

[6]张德泉. 集散控制系统原理及其应用. 北京：电子工业出版社，2015.

[7]王骥程. 化工过程控制工程. 北京：化学工业出版社，1981.

[8]厉玉鸣. 化工仪表及自动化. 4版. 北京：化学工业出版社，2006.

[9]翁维勤，周庆海. 过程控制系统及工程. 北京：化学工业出版社，1996.

[10]丁炜. 过程检测及仪表. 北京：北京理工大学出版社，2010.

[11]王爱广，王琦. 过程控制技术. 北京：化学工业出版社，2005.

[12]陈夕松，汪木兰. 过程控制系统. 北京：科学出版社，2005.

[13]王树青. 工业过程控制工程. 北京：化学工业出版社，2003.

[14]黄安明. 石油化工自动化基础. 北京：中国石化出版社，1996.

[15]明赐东. 调节阀应用. 北京：化学工业出版社，2006.

[16]何衍庆，俞金寿，蒋慰孙. 工业生产过程控制. 北京：化学工业出版社，2004.

[17]张德泉. 仪表工识图. 北京：化学工业出版社，2006.

[18]方康玲. 过程控制系统. 武汉：武汉理工大学出版社，2002.

[19]俞金寿. 过程自动化及仪表. 北京：化学工业出版社，2003.

附 录

附录一　常用弹簧管压力表型号与规格

附表 1　常用弹簧压力表型号与规格

名称	型号①	测量范围,MPa	准确度等级
普通弹簧管压力表	Y—40 Y—40Z	0～0.1,0.16,0.25,0.4,0.6,1,1.6,2.5,4,6	2.5
	Y—60 Y—60T Y—60TQ Y—60Z Y—60ZT	低压:0～0.06,0.1,0.16,0.25,0.4,0.6,1,2.5,4,6 中压:0～10,16,25,40	1.5 2.5
	Y—100 Y—100T Y—100TQ Y—100Z Y—100ZT	低压:0～0.06,0.1,0.16,0.25,0.4,0.6,1,2.5,4,6 中压:0～10,16,25,40,60	1.5 2.5
	Y—150 Y—150T Y—150TQ Y—150Z Y—150ZT	低压:0～0.06,0.1,0.16,0.25,0.4,0.6,1,2.5,4,6 中压:0～10,16,25,40,60 高压:0～100,160,250(Y—150)	1.5 2.5
	Y—200 Y—200T Y—200ZT	低压:0～0.06,0.1,0.16,0.25,0.4,0.6,1,2.5,4,6 中压:0～10,16,25,40,60 高压:0～100,160,250(Y—200)	1.5 2.5
	Y—250 Y—250T Y—250ZT	低压:0～0.06,0.1,0.16,0.25,0.4,0.6,1,2.5,4,6 中压:0～10,16,25,40,60 高压:0～100,160,250(Y—250) 超高压:0～400,600,100(Y—250)	1.5
标准压力表	YB—150	−0.1～0,0～0.1,0.16,0.25,0.4,0.6,1,1.6,2.5,4,6,10,25,40,60, 100,160,250	0.25 0.35 0.5

　①符号说明:Y—压力;Z—真空;B—标准;A—氨用表;X—信号电接点(型号后面的数字表示表盘外壳直径,单位为mm)。数字后面的符号:Z—轴向无边;T—径向有后边;TQ—径向有前边;ZT—轴向带边。数字后面无符号表示径向。

名称	型号①	测量范围/MPa	准确度等级
真空表	Z—60 Z—100 Z—150 Z—200 Z—250	—0.1～0	1.5
压力真空表	YZ—60 YZ—100 YZ—150 YZ—200	—0.1～0～0.1,0.16,0.25,0.4,0.6,1,1.6,2.5	1.5
氨用压力表	YA—100 YA—150	0～0.25,0.4,0.6,1,1.6,2.5,4,6,10,16,25,40,60,100,160	1.5 2.5
氨用真空表	ZA—100 ZA—150	—0.1～0	1.5 2.5
氨用压力真空表	YZA—100 YZA—150	—0.1～0,0.1,0.16,0.25,0.4,0.6,1,1.6,2.5	1.5 2.5
电接点压力表	YX—150 YXA—150 （氨用）	0～0.1,0.16,0.25,0.4,0.6,1,1.6,2.5,4,6,10,16,25,40,60	1.5 2.5
电接点真空表	ZX—150 ZXA—150 （氨用）	—0.1～0	1.5 2.5
电接点压力真空表	YZX—150 YZXA—150	—0.1～0.1,0.16,0.25,0.4,0.6,1,1.6,2.5	1.5 2.5

附录二 常用热电偶、热电阻分度表

附表2 铂铑₁₀—铂热电偶分度表

分度号:S(冷端温度为0℃)

t,℃	0	−10	−20	−30	−40	−50				
	E,mV									
0	−0.000	−0.053	−0.103	−0.150	−0.194	−0.236				

t,℃	0	10	20	30	40	50	60	70	80	90
	E,mV									
0	0.000	0.055	0.113	0.173	0.235	0.299	0.365	0.433	0.502	0.573
100	0.646	0.720	0.795	0.872	0.950	1.029	1.110	1.191	1.273	1.357
200	1.441	1.526	1.612	1.698	1.786	1.874	1.962	2.052	2.141	2.232
300	2.323	2.415	2.507	2.599	2.692	2.786	2.880	2.974	3.069	3.164
400	3.259	3.355	3.451	3.548	3.645	3.742	3.840	3.938	4.036	4.134
500	4.233	4.332	4.432	4.532	4.632	4.732	4.833	4.934	5.035	5.137
600	5.239	5.341	5.443	5.546	5.649	5.753	5.857	5.961	6.065	6.170
700	6.275	6.381	6.486	6.593	6.699	6.806	6.913	7.020	7.128	7.236
800	7.345	7.454	7.563	7.673	7.783	7.893	8.003	8.114	8.226	8.337
900	8.449	8.562	8.674	8.787	8.900	9.014	9.128	9.242	9.357	9.472
1000	9.587	9.703	9.819	9.935	10.051	10.168	10.285	10.403	10.520	10.638
1100	10.757	10.875	10.994	11.113	11.232	11.351	11.471	11.590	11.710	11.830
1200	11.951	12.071	12.191	12.312	12.433	12.554	12.675	12.796	12.917	13.038
1300	13.159	13.280	13.402	13.523	13.644	13.766	13.887	14.009	14.130	14.251
1400	14.373	14.494	14.615	14.736	14.857	14.978	15.099	15.220	15.341	15.461
1500	15.582	15.702	15.822	15.942	16.062	16.182	16.301	16.420	16.539	16.658
1600	16.777	16.895	17.013	13.131	17.249	17.366	17.483	17.600	17.717	17.832
1700	17.947	18.061	18.174	18.285	18.395	18.503	18.609			

附表3 镍铬—镍硅热电偶分度表

分度号:K(冷端温度为0℃)

t,℃	0	−10	−20	−30	−40	−50	−60	−70	−80	−90
	E,mV									
−200	−5.891	−6.035	−6.158	−6.262	−6.344	−6.404	−6.441	−6.458		
−100	−3.554	−3.852	−4.138	−4.411	−4.669	−4.913	−5.141	−5.354	−5.550	−5.730

t,℃	0	−10	−20	−30	−40	−50	−60	−70	−80	−90
	E,mV									
0	0.000	−0.392	−0.778	−1.156	−1.527	−1.889	−2.243	−2.587	−2.920	−3.243

t,℃	0	10	20	30	40	50	60	70	80	90
	E,mV									
0	0.000	0.397	0.798	1.203	1.612	2.023	2.436	2.851	3.267	3.682
100	4.096	4.509	4.920	5.328	5.735	6.138	6.540	6.941	7.340	7.739
200	8.138	8.539	8.940	9.343	9.747	10.153	10.561	10.971	11.382	11.795
300	12.209	12.624	13.040	13.457	13.874	14.293	14.713	15.133	15.554	15.975
400	16.397	16.820	17.243	17.667	18.091	18.516	18.941	19.366	19.792	20.218
500	20.644	21.071	21.497	21.924	22.350	22.776	23.203	23.629	24.055	24.480
600	24.905	25.330	25.755	26.179	26.602	27.025	27.447	27.869	28.289	28.710
700	29.129	29.548	29.965	30.382	30.798	31.213	31.628	32.041	32.453	32.865
800	33.275	33.685	34.093	34.501	34.908	35.313	35.718	36.121	36.524	36.925
900	37.326	37.725	38.124	38.522	38.918	39.314	39.708	40.101	40.494	40.885
1000	41.276	41.665	42.053	42.440	42.826	43.211	43.595	43.978	44.359	44.740
1100	45.119	45.497	45.873	46.249	46.623	46.995	47.367	47.737	48.105	48.473
1200	48.838	49.202	49.565	49.926	50.286	50.644	51.000	51.355	51.708	52.060
1300	52.410	52.759	53.106	53.451	53.795	54.138	54.479	54.819		

附表4　镍铬—铜镍合金(康铜)热电偶分度表

分度号:E(冷端温度为0℃)

t,℃	0	−10	−20	−30	−40					
	E,mV									
0	0.000	−0.582	−1.152	−1.709	−2.255					

t,℃	0	10	20	30	40	50	60	70	80	90
	E,mV									
0	0.000	0.591	1.192	1.801	2.420	3.048	3.685	4.330	4.985	5.648
100	6.319	6.998	7.685	8.379	9.081	9.789	10.503	11.224	11.951	12.684
200	13.421	14.164	14.912	15.664	16.420	17.181	17.945	18.713	19.484	20.259
300	21.036	21.817	22.600	23.386	24.174	24.964	25.757	26.552	27.348	28.146
400	28.946	29.747	30.550	31.354	32.159	32.965	33.772	34.579	35.387	36.196
500	37.005	37.815	38.624	39.434	40.243	41.053	41.862	42.671	43.479	44.286
600	45.093	45.900	46.705	47.509	48.313	49.116	49.917	50.718	51.517	52.315
700	53.112	53.908	54.703	55.497	56.289	57.080	57.870	58.659	59.446	60.232

附表5 铁—铜镍合金(康铜)热电偶分度表

分度号:J(冷端温度为0℃)

t,℃	0	−10	−20	−30	−40					
	E,mV									
0	0.000	−0.501	−0.995	−1.482	1.961					

t,℃	0	10	20	30	40	50	60	70	80	90
	E,mV									
0	0.000	0.507	1.019	1.537	2.059	2.585	3.116	3.650	4.187	4.726
100	5.269	5.814	6.360	6.909	7.459	8.010	8.562	9.115	9.669	10.224
200	10.779	11.334	11.889	12.445	13.000	13.555	14.110	14.665	15.219	15.773
300	16.327	16.881	17.434	17.986	18.538	19.090	19.642	20.194	20.745	21.297
400	21.848	22.400	22.952	23.504	24.057	24.610	25.164	25.720	26.276	26.834
500	27.393	27.953	28.516	29.080	29.647	30.216	30.788	31.362	31.939	32.519
600	33.102	33.689	34.279	34.873	35.470	36.071	36.675	37.284	37.896	38.512
700	39.132	39.755	40.382	41.012	41.645	42.281	42.919	43.559	44.203	44.848

附表6 工业用铂热电阻分度表

分度号:Pt$_{100}$(R_0=100.00,α=0.003850)

t,℃	0	−10	−20	−30	−40	−50	−60	−70	−80	−90
	热电阻值,Ω									
−200	18.49									
−100	60.25	56.19	52.11	48.00	43.87	39.71	35.53	31.32	27.08	22.80
0	100.00	96.09	92.16	88.22	84.27	80.31	76.33	72.33	68.33	64.30

t,℃	0	10	20	30	40	50	60	70	80	90
	热电阻值,Ω									
0	100.00	103.90	107.79	111.67	115.54	119.40	123.24	127.07	130.89	134.70
100	138.50	142.29	146.06	149.82	153.58	157.31	161.04	164.76	168.46	172.16
200	175.84	179.51	183.17	186.82	190.45	194.07	197.69	201.29	204.88	208.45
300	212.02	215.57	219.12	222.65	226.17	229.67	233.97	236.65	240.13	243.59
400	247.04	250.48	253.90	257.32	260.72	264.11	267.49	270.86	274.22	277.56
500	280.90	284.22	287.53	290.83	294.11	297.39	300.65	303.91	307.15	310.38
600	313.59	316.80	319.99	323.18	326.35	329.51	332.66	335.79	338.92	342.03
700	345.13	348.22	351.30	354.37	357.42	360.47	363.50	366.52	369.53	372.52
800	375.50	378.48	381.45	384.40	387.34	390.26				

附表 7 工业用铜热电阻分度表之一

分度号：Cu_{50} ($R_0 = 50.00$, $\alpha = 0.004280$)

t, ℃	0	-10	-20	-30	-40	-50				
	热电阻值, Ω									
0	50.00	47.85	45.70	43.55	41.40	39.24				

t, ℃	0	10	20	30	40	50	60	70	80	90
	热电阻值, Ω									
0	50.00	52.14	54.28	56.42	58.56	60.70	62.84	64.98	67.12	69.26
100	71.40	73.54	75.68	77.83	79.98	82.13				

附表 8 工业用铜热电阻分度表之二

分度号：Cu_{100} ($R_0 = 100.00$)

t, ℃	0	-10	-20	-30	-40	-50				
	热电阻值, Ω									
0	100.00	95.70	91.40	87.10	82.80	78.49				

t, ℃	0	10	20	30	40	50	60	70	80	90
	热电阻值, Ω									
0	100.00	104.28	108.56	112.84	117.12	121.40	125.68	129.96	134.24	138.52
100	142.80	147.08	151.36	155.66	159.96	164.27				